国家自然科学基金资助(项目编号:51704230)

陕西省自然科学基础研究计划项目资助(项目编号:2019JL-01)

陕西省重点研发计划项目资助(项目编号:2019ZDLSF05-05-01)

褐煤热解焦催化剂对低阶煤热解过程中油气品质的研究

张　蕾　著

哈尔滨工程大学出版社

Harbin Engineering University Press

内 容 简 介

本书针对低阶煤的赋存规律及利用现状进行分析,研究低阶煤热解工艺技术的发展现状,通过对煤热解过程中产物的利用现状及特性进行研究,针对热解过程中重质焦油利用率低等问题,研究催化剂的制备方法对重质焦油裂解效率的影响,并通过等离子体技术制备负载型热解焦催化剂,使重质焦油裂解产生更多的轻质油及气体,从而提高其利用率。

本书适于煤炭专业的学生学习使用,也可作为煤炭相关专业研究人员的研究参考用书。

图书在版编目(CIP)数据

褐煤热解焦催化剂对低阶煤热解过程中油气品质的研究 / 张蕾著.
— 哈尔滨:哈尔滨工程大学出版社,2019.11
ISBN 978 - 7 - 5661 - 2492 - 0

Ⅰ.①褐… Ⅱ.①张… Ⅲ.①高温褐煤焦 – 炼油催化剂 – 作用 – 煤炭 – 高温分解 – 研究 Ⅳ.①TF526 ②TQ523.6

中国版本图书馆 CIP 数据核字(2019)第 223059 号

选题策划	夏飞洋
责任编辑	夏飞洋
封面设计	李海波

出版发行	哈尔滨工程大学出版社
社　　址	哈尔滨市南岗区南通大街 145 号
邮政编码	150001
发行电话	0451 – 82519328
传　　真	0451 – 82519699
经　　销	新华书店
印　　刷	北京中石油彩色印刷有限责任公司
开　　本	787 mm ×960 mm　1/16
印　　张	16.75
字　　数	290 千字
版　　次	2019 年 11 月第 1 版
印　　次	2019 年 11 月第 1 次印刷
定　　价	45.80 元

http://www.hrbeupress.com
E-mail:heupress@ hrbeu.edu.cn

前　言

我国能源结构具有"富煤、少油、贫气"的显著特征,即油气资源匮乏而煤炭资源相对较丰富。如今促进煤炭产品由燃料向原料与燃料并重转变已成为煤炭行业的共识,实施以"煤变油"和"煤制气"为核心的新型洁净煤技术是解决我国能源困局的重要途径。因此,将中国丰富的煤炭资源转化为清洁的液体、气体燃料对于我国能源的利用和环境问题的解决具有重要意义。把低温热解技术和高效燃煤发电技术相结合,将煤炭分级分质转化为油、气、电,可大量减少二氧化碳、二氧化硫、粉尘等燃煤污染。在上述技术思路的指导下,以热解技术为先导的煤综合利用技术逐渐受到各研究所和高校的关注。由于热解过程的处理温度较低,热解工艺过程灵活,既可以作为中端处理,制备富氢气体、焦油和半焦等产品,满足用户的多目标需求,也可以作为中间处理过程,对热解过程中形成的气体、焦油和半焦进一步加工处理,实施多联产。煤低温热解实现油、气、电一体化多联产项目,可以推进我国煤炭生产和消费革命。

近年来,课题组先后得到了国家自然科学基金(项目编号:51704230)、陕西省自然科学基础研究计划项目(项目编号:2019JL - 01)、陕西省重点研发计划项目(项目编号:2019ZDLSF05 - 05 - 01)、自然资源部煤炭资源勘察与综合利用重点实验室开放课题资助项目(项目编号:KF2019 - 7)、西安市科技计划项目(项目编号:2019217714GXRC013CG014 - GXYD13.4)等资助,先后开展了褐煤热解等相关方面的基础研究,并以褐煤热解焦作为催化剂对低阶煤热解过程中油气品质进行了探索,并取得了一些进展,本书展示了目前课题组所取得的部分研究成果。

全书共分为9章。第1章低阶煤的赋存规律及利用现状,介绍了我国煤炭资源的分布特点、开采应用现状及低阶煤的利用现状;第2章低阶煤热解工艺技术的研究,介绍了煤热解分类的影响因素及热解工艺研究现状;第3章热解过程中污染物的产生及控制技术,介绍了煤热解过程中硫元素的迁移与控制;第4章热解过程中重质焦油的利用现状及特性,介绍了煤焦油的利用现状及重质焦油的催化改质利用;第5章重质焦油裂解催化剂的研究进展,介绍了重质焦油的危害及催化裂解技术;第6章褐煤热解焦负载型催化剂的制备及其应用,介绍了热解焦催化剂的制备及其作为催化剂在脱硫脱硝工艺中的应用;第7

章等离子体技术在煤热解催化剂制备过程中的应用,介绍了等离子体技术及等离子体技术对材料的改性;第8章煤催化热解制备可燃性气体的研究,介绍了不同热解焦的制备方法及负载型热解焦催化剂对热解产物的影响;第9章煤催化热解制备轻质焦油的研究,介绍了热解焦对焦油气催化裂解的影响并对等离子体制备热解焦催化裂解焦油的机理进行了分析。

本书由西安科技大学、自然资源部煤炭资源勘察与综合利用重点实验室学术骨干张蕾和西安科技大学贾阳统筹定稿,西安科技大学田华副教授、谭晨曦、赵璐、中国重型机械研究院股份公司张磊高工、西安理工大学舒浩博士为本书的出版做出了不懈的努力和很大的贡献,课题组的研究生马振华、文欣、陈吉浩、罗敏、杨超、高浩、严佳佳、常新、齐凌博、况伟、尚进等均在相关课题中进行了部分实验和研究工作,在此一并表示感谢!

本书引用了国内外许多学者的相关研究成果或者观点,在此深表感谢!哈尔滨工程大学出版社的夏飞洋编辑为本书的出版做出了卓有成效的工作,在此表示感谢!

由于我们知识水平有限,加之时间紧迫,书中难免存在不妥或错误,诚请专家及读者批评指正。

著　者

2019 年 9 月 20 日

目　　录

第1章 低阶煤的赋存规律及利用现状

1.1 我国煤炭资源的特点

能源是现代化的基础和动力,而煤炭是我国的主体能源。中国是世界上煤炭资源最丰富的国家之一,煤炭储量大、分布广、煤种齐全。自中华人民共和国成立以来,煤炭一直是我国的基础能源,在我国能源消费构成中占70%以上的比例。而且这种趋势短期内也不会有大的改变。煤炭作为基础能源,有力地支撑着国民经济的发展,维系着国民经济的安全,为国民经济建设做出了卓越贡献。

1.1.1 中国煤炭资源"井"字形分区及"九宫格"分布特点

我国煤炭资源分布地域广阔,煤炭资源形成和演化的地质背景多样,毛节华等根据我国主要含煤地质时代成煤大地构造单元划分的Ⅰ级单元包括东北、华北、西北、华南、滇藏五大赋煤区。东西向的昆仑山－秦岭－大别山构造带、天山－阴山－图们山构造带,南北向的大兴安岭－太行山－雪峰山构造带和汉兰山－六盘山－龙门山构造带控制了我国煤炭资源的分布的总体特征,田山岗等形象地将此种分布格局称为"井"字形分布格局。

我国煤炭资源分布的主要特点是南北方向上,以秦岭－大别山造山带为界,北方赋煤盆地多而南方少。东西向上,西部蒙东地区煤炭资源主要集中于二连盆地,而以东的东三省,煤炭资源呈明显零星分布,大兴安岭一线几乎不存在煤炭资源,进入太行山脉延伸区,两侧煤炭资源较为集中,再往南的河南南部至湖北鄂西又进入空白区,而往西到六盘山山两侧煤炭资源仍然丰富。另一个特点是造山带附近往往无煤炭资源分布,究其原因先期形成的造山带,在后期煤炭资源形成的过程中通常作为构造高部位,充当物源供给区而几乎没有聚煤作用发生;或者先期形成的煤炭资源,在后期造山带隆起过程中被剥蚀殆尽。彭苏萍等结合我国煤炭地质分区背景,以大兴安岭－太行山－雪峰山－贺兰山－六盘山－龙门山、天山－阴山－图们山和昆仑山－秦岭－大别山为界进一步划分为9个赋煤区,系统地呈现了煤炭资源空间分布格局的"九宫"分布。

由北而南、自东向西分别为：东部地区辽吉黑赋煤分区（东北三省）、黄淮海赋煤分区（冀、鲁、豫、京、津、苏北、皖北）、华南赋煤分区（闽、浙、赣、苏南、皖南、鄂、湘、粤、桂、琼）；中部地区蒙东赋煤分区（内蒙古东部地区）、晋陕蒙宁赋煤分区（晋、陕、陇东、宁东、内蒙古西部）、西南云贵川渝赋煤分区（云、贵、川东、渝）；西部地区北疆赋煤分区（新疆北部地区）、南疆赋煤分区（青、甘、新疆南疆地区）、滇藏赋煤分区（藏、滇及川西地区）。

中国煤炭资源的"九宫格"分布格局不仅体现出各区含煤岩系沉积特点、主聚煤期分布、资源聚集与赋存等地质规律的不一致，同时也体现出各分区地理环境、气候、水资源、生态特点等要素的不尽一致，更为突出的是还与中国区域经济社会的发展状况基本吻合。这种分布的区域性造成了我国煤炭工业开发的局部集中，如晋陕蒙宁地区已经成为我国煤炭工业高速发展的金三角，新疆北疆东部地区下一步将成为新的煤炭资源开发中心。

1.1.2 国际煤炭分类

《国际煤炭分类》（ISO 11760：2005）是一个成因型分类，与现行的应用型《中国煤炭分类》（GB/T 5751 – 2009）相比，在分类方法和分类指标上都具有显著的差异。ISO 11760 以煤的变质程度（以镜质组反射率来表示）、岩相组成（以镜质组含量来表示）以及煤的品级（以干基灰分产率来表示）作为煤炭分类的依据。

类别划分：① 低阶（褐煤和次烟煤）：煤层水分≤75%，且 Rr（镜质组平均随机反射率）<0.5%；② 中阶（烟煤）：$0.5\% \leqslant R_{ran} < 2\%$；③ 高阶（无烟煤）：$2\% \leqslant R_{ran} < 6\%$（或 $R_{max} \leqslant 8\%$）。

依据《中国煤炭分类标准》（GB/T5751 – 2009），以牌号划分：低阶煤又分为褐煤 C、褐煤 B 和次烟煤 A 共 3 个小类；中阶煤又分为烟煤 D、烟煤 C、烟煤 B 和烟煤 A 共 4 个小类；高阶煤又分为无烟煤 C、无烟煤 B 和无烟煤 A 共 3 个小类。

其他分类：包含岩相组成和无机物含量分类。按岩相组成分为：低镜质组含量煤、中等镜质组含量煤、中高镜质组含量煤和高镜质组含量煤；按无机物含量分为：特低灰煤、低灰煤、中灰煤、中高灰煤、高灰煤。

1.1.3 煤炭资源勘探总体现状

截至目前，我国煤炭资源累计探获量达到 2.01×10^{12} t，其中东部带为 0.23×10^{12} t，占全国累计探获量 11.4%；中部带为 1.52×10^{12} t，占 75.6%；西部带为 0.26×10^{12} t，占 12.9%。全国保有资源量达 1.95×10^{12} t，其中东部带为 0.20×10^{8} t，占全国保有资源总量的 10.3%；中部带为 1.49×10^{12} t，占 76.4%；西部带为 0.25×10^{12} t，占 12.8%。全国 2 000 m 以内煤炭资源总量 5.9×10^{12} t，其中，探获煤炭资源储量 2.02×10^{12} t，预测资源量 3.88×10^{12} t。

全国保有尚未利用量为 1.54×10^{12} t,其中精查量为 0.25×10^{12} t,占尚未利用总量的 16.2%;详查量为 0.30×10^{12} t,占 19.5%;普查量为 0.51×10^{12} t,占 33.1%,预查量为 0.47×10^{12} t,占 30.5%。保有尚未利用量中,东部带为 0.13×10^{12} t,占总量的 8.4%;中部带为 1.23×10^{12} t,占 79.9%,西部带为 0.18×10^{12} t,占 11.7%。

1.1.4　我国煤炭资源的应用

1. 开发利用总体现状

目前,全国保有已利用量为 0.40×10^{12} t,其中东部带为 0.07×10^{8} t,中部带为 0.257×10^{12} t,西部带为 0.073×10^{12} t,三带保有已利用量分别占全国 17.5%、64.2% 和 18.3%。同时,我们还可以看出,当前和未来较短时期内,在建矿井和拟建矿井主要集中于中部晋、陕、蒙、宁和西部的北疆地区,尤其是山西和陕西省将集中大规模的煤炭开采开发活动,在未来较长时期内仍能维持产煤大省的地位。此外,北疆地区在建矿井和拟建矿井占用的资源量居全国第二位,意味着未来煤炭资源的开采活动将向西部转移,北疆地区未来将是我国煤炭资源的开发活动的又一个中心地区。

2. 我国煤炭资源利用现状

煤炭是由带脂肪侧链的单环芳烃和稠环芳烃组成、具有三维空间结构的非均质体。由于含碳量多、碳氢比高,煤炭的能量密度相对较大、单位体积热值高。煤炭的上述结构和组成使其具有原料(化学能)和燃料(热能)的双重属性。目前,我国煤炭按用途主要分为动力用煤、炼焦用煤和化工用煤,用煤量分别约占同期我国煤炭消费总量的 80%、16% 和 4%,广泛应用在电力(燃煤发电,即火电)、建材(水泥、玻璃等)、民用(供热用工业燃煤锅炉、生活用煤等)、冶金(钢铁、有色金属等)、新型煤化工等领域。

(1)动力用煤

动力用煤利用煤炭的热能,通过直接燃烧将煤炭中蕴含的热能转化成电能等其他用能形式,是我国煤炭的主要用途。目前,我国动力用煤除少量作为蒸汽机车和冶金行业的动力来源外,主要应用在电力、建材和民用等领域,用煤量分别约占同期我国煤炭消费总量的 55%、14% 和 10%。由于煤炭中碳含量在 55%~98%,远高于石油和天然气等其他化石能源,同时还含有硫、磷、氮、氟、氯、砷和汞等元素,在燃烧时产生大量的 CO_2、SO_2、氮氧化物、悬浮颗粒等有害物质。煤炭燃烧过程释放出的这些有害物质,对生态和环境影响极大,是我国动力用煤亟待解决的主要问题。

(2)炼焦用煤

炼焦用煤利用了煤炭的热能和部分化学能,主要通过煤的焦化(即高温干馏)生产焦炭和煤焦油、焦炉煤气、焦粉、焦化芳烃(苯、甲苯和二甲苯等)等副产品,其中焦炭是煤炭焦化的主要产品,产量的90%用在钢铁行业,是炼钢还原剂、热源和高炉负荷载体。目前,炼焦用煤占我国同期煤炭消费总量的16%。钢铁行业存在的高能耗、高污染、产能过剩和盈利能力下滑等问题,已严重影响到行业的健康和可持续发展,是国家产业政策明令要求进行产业升级和结构调整的重点行业。作为炼焦用煤的主要应用领域,未来钢铁行业的发展将对煤炭在该领域的应用和需求产生直接影响。

(3)化工用煤

化工用煤利用煤炭的化学能和部分热能,通过煤的气化、液化和低温干馏等工艺生产烯烃(乙烯、丙烯)、聚烯烃(聚乙烯、聚丙烯)、醇类(甲醇、乙二醇、聚乙烯醇)、醋酸、醋酸乙烯、油品(汽油、柴油、航空煤油等)、燃料(液化石油气、天然气等)、芳烃(苯、甲苯、二甲苯等)、α-烯烃、低碳醇、特种石蜡以及电石、乙炔等。其中通过气化和液化主要生产煤基石化产品,替代石油和天然气产品;低温干馏以煤为初始原料生产电石进而生产聚氯乙烯,替代乙烯法聚氯乙烯生产。由于煤炭的高碳属性和工艺技术本身的局限性,上述化工利用过程均存在耗水多、能耗高、污染大等问题。目前我国煤炭化工利用主要集中在煤制烯烃、煤制油、煤制乙二醇和电石、聚氯乙烯等技术成熟、产业化基础好的领域,装置构成和产品结构同质化严重。

1.1.5 我国煤炭开采的技术现状

1.传统的煤炭开采技术

目前,我国不同地区的煤矿开采技术发展不均衡,有的地区仍然在采用传统的开采方法,而有的地区已经实现了机械化的煤矿开采技术。由于不稳定的地质特征,对煤矿开采有着严格的要求,不仅要求开采企业有强硬的技术手段,还必须具备较强的综合实力。一般的煤矿开采主要是井下作业,面临着更加复杂的环境,也有着极大的安全隐患,需要更加专业和特殊的开采技术。我国目前主要运用以下几种煤矿开采技术。

(1)深矿井开采技术

这种开采技术主要用于距地表800～1 200 m的煤层,这种地质具有原岩压力大、岩体塑性大、矿山压力大和地温高的特征,需要很好地控制和处理深层的温度和瓦斯。深井系统监控技术能及时地帮助和处理在井下可能发生的突发事故,保障开采工作的顺利进行。

(2)采场围岩控制技术

这种技术是现阶段采矿技术中的核心技术手段,它改进了传统的长臂开采工作,显著的优势得到了众多煤矿开采企业的青睐。采场围岩控制技术打破了传统采矿技术的瓶颈,优化和调整了运动参数、承重压力分布和顶板结构的相关理论,最大化地保障了工作人员的安全,有效提高了生产效率。

（3）"三下一上"的矿井采煤技术模式

"三下一上"是指在建筑、铁路和水体物质之下,在承压水体以上。这种采矿技术很大程度上保护了地面的矿井和其他物体。我国在 20 世纪 50 年代就开始采用这种技术手段了,随着科学技术的发展,这种技术逐渐优化,利用计算机技术可以构建采煤层的模型,并且对地表运动进行探究预测。通过对采煤作业中的相关参数和系统进行预测,能够对开采工作进行科学地设计,完善相关装备,实现环保工艺,在很大程度上提高了整体经济效益。

2. 绿色的煤炭开采技术

基于以上对传统模式下的煤矿开采影响分析,煤炭企业应当改进技术手段和资源开采模式。具体而言,就是煤炭资源采前应当进行大面积的生态治理,以此来增强矿区生态系统功能,提高生态环境的抗扰动性;煤矿资源开采过程中应当创新井下煤炭开采手段和方法,以此来有效减少对周围生态环境造成的不利影响;还应加强采后管控,建立持续稳定的生态系统,促进资源的可持续利用。

（1）煤与瓦斯共采技术

这项技术有着很好的经济及社会效益,但是在使用的时候需要攻克低透气性和高地压的技术问题,注重解决高地压、地温以及冲击地压等一系列问题,这样才能不断进行优化,减少不确定因素对工作的影响。煤与瓦斯共采一体化解决了煤炭开采时瓦斯治理问题,促进了煤矿采煤技术实现新的改革与创新。有效利用了上履岩层的矿压,并使用抽采的工艺,准确把握煤层卸压的时间,真正地做到安全生产,提高采煤的安全性。简化采掘通风方式,在实现工作面的连续开采的同时,为瓦斯治理和抽采提供了时间。实际工作中要针对不同的实际情况制定完善方案,确保按照计划进行下去。

（2）充填开采技术

在传统模式下,主要使用的是水砂充填,但是由于工序比较复杂,而且实际效果并不是很好。所以选择了膏体等新型填充技术,解决了过去面临的难题,促进煤矿开采走向生态化,不会对环境造成破坏。这项技术操作起来比较简单,所以应用范围在短时间内迅速扩大,已经成为目前最主要的方式。要对技术进行全面分析,找到其中存在不足的地方,通过不断改善来提升整体水平。在材料选择上不局限于现有基础,要进行大胆的尝试才能取得突破,使用更多新型的材料,可以取得更好的效益。相比较于传统方法而言,成本虽有所增加,但可以提高煤炭的回收率,实现矿井的整体效益,体现出绿色开采技术优势。

（3）煤炭地下气化技术

煤炭地下气化技术是控制地下煤炭的燃烧,利用热化学作用获得可燃性气体。这项技术在国际上是首创,因为其拥有用人少、投资少、效率高等优势,非常适合在我国高比例劣质煤和复杂煤矿地质区域使用,很多煤矿前期投入的资金有限,通过引入先进技术可以大大减少开支,解决实际工作中遇到的难题。我国煤炭地下气化技术目前尚未完全成熟,很多方面存在不合理的情况,所以要加大研究力度,发挥出人才资源的优势,让技术上升到更高的水平。另外还可以生产洁净能源,减少对自然环境污染,不断优化能源消费结构。该技术发展前景良好,在市场中有着较强竞争力。

(4)保水开采技术

煤矿在开采的时候会排出大量地下水,不仅给工作带来不便,增加开采成本,而且会破坏含水层内的原始径流,对矿区地下水的影响非常严重。直接后果是整个区域的含水层水位会出现下降、地下水被污染的情况,造成地下水的降落漏斗。保水开采技术可以有效解决这个问题,充分利用水资源,可以防治水灾害,避免对环境带来污染。多水矿区主要防治水灾害,缺水矿区主要保护水资源。我国煤矿主要集中在北方地区,大部分在干旱和半干旱地带,所以保水开采有着很好的实用价值。结合具体情况,可以对技术的运用做出适当调整,以发挥出更大的作用,防止水灾害情况发生。

1.2　低阶煤的赋存规律

1.2.1　低阶煤简介及其分布情况

低阶煤是处于低变质阶段的煤,根据《中国煤层煤分类》(GB/T 17607 - 1998),低阶煤的定义是 $Q_{gr,m,af} < 24$ MJ/kg 的煤,分为低变质烟煤(包括不黏煤、弱黏煤、长焰煤)和褐煤。

低变质烟煤包括不黏煤、弱黏煤和长焰煤,主要分布在我国西北、华北和东北地区,包括鄂尔多斯盆地和新疆等主要地区。低变质烟煤灰分和硫分低,可选性能好,精煤回收率高,原煤灰分一般在15%以内,硫分小于1%。鄂尔多斯盆地不黏煤和弱黏煤为特低硫 - 低硫煤和特低灰 - 低灰煤,煤质优良。长焰煤是变质程度最低的高挥发分非炼焦煤,煤化程度稍高于褐煤而低于其他各类烟煤,长焰煤水分高达5%~12%,存储时易风化碎裂,灰分、硫分因地而异。

褐煤是煤化程度最低的矿产煤,主要分布在东北和西南两大片区,包括褐煤1号和褐煤2号,年轻褐煤(褐煤1号)主要分布在云南、山东等地区。老年褐煤(褐煤2号)主要分布在东北地区。成煤时代为早中侏罗世、其次为早白垩世。我国褐煤资源丰富,可采储量约1 431亿吨,占我国煤炭储量的17%,具有含水量高(20%~50%)、含氧量高、易自燃、难储运的特点,尤其是云南先锋地区,该区褐煤资源丰富,资源丰度大,含可采煤层 4 ~ 5 层,煤层厚度巨大,可采总厚达 140 多米,厚度变化也大,但规律明显,构造简单,煤层埋藏浅,适宜露天开采。云南先锋煤镜质组含量达 94%,而镜质组是加氢液化的活性组分,在加氢反应中可以全部转化成液体和气体产物,加之灰分含量较低,是一种比较好的直接液化原料煤。

1.2.2　低阶煤的物质组成

1. 低阶煤的工业分析

如表 1 – 1 所示,低阶煤水分(空气干燥基)的分布范围为 1.40% ~ 14.40%,干燥无灰基挥发分的分布范围是 23.73% ~ 42.40%,煤样的灰分分布范围为 2.38% ~ 12.84%,大部分样品的灰分低于 10%,属特低灰煤,煤的灰分含量低有利于提高煤的吸附和储集能力。

表 1 – 1　低阶煤工业分析

样号	镜质体反射率/%	工业分析/%		
		水分	灰分	挥发分
镜煤	0.59	4.30	5.89	40.45
亮煤		4.14	7.19	40.13
暗煤		3.86	12.63	39.69
煤样		5.37	10.90	38.05
东 1	0.33	9.64	5.08	34.01
Xin – 6	0.85	1.40	4.22	39.86
东 2	0.3	10.12	12.84	42.40
Xin – 1	0.40	7.70	5.99	39.46
Xin – 2	0.45	11.46	2.68	35.94
Xin – 3	0.65	14.40	4.92	27.60
Xin – 4	0.65	4.74	2.38	23.73
Xin – 5	0.57	2.59	3.18	34.50

2. 煤的显微组分

镜质组是煤的主要成分,其含量一般均大于 50%,根据对镜煤 – 亮煤 – 暗煤 – 随机煤样的分析结果,这些煤样中的镜质组含量依次降低,惰质组含量则依次增加。

3. 煤的密度

煤样的真密度一般分布在 1.37 ~ 1.59 g/cm³, 视密度分布在 1.26 ~ 1.41 g/cm³, 而且随镜质组含量增加煤样真密度呈下降趋势。

煤的密度和孔隙组会对煤储层性质以及煤层气的赋存产生影响。通过密度法计算出的样品的孔隙度分布在 0.95% ~ 10.79%, 孔容分布在 0.012 0 ~ 0.140 3 mL/g。从图 1-1 和图 1-2 中可发现, 样品的孔容具有随镜质组含量增加而减小的趋势, 孔隙度具有随煤级的增高而减小的趋势。

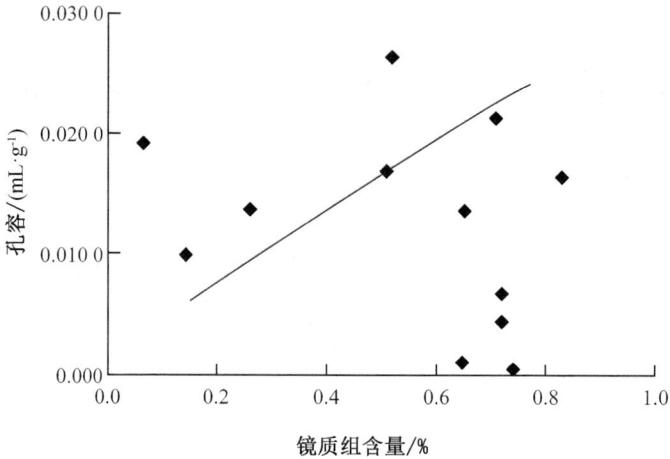

图 1-1　低阶煤样品孔容与镜质组含量关系图

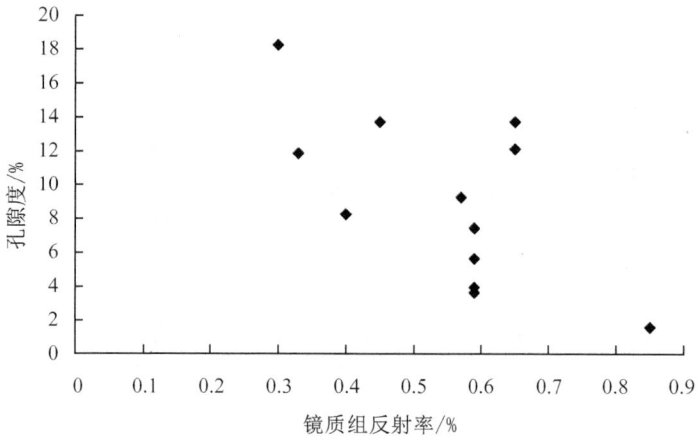

图 1-2　低阶煤样品孔隙度与镜质组反射率关系图

4. 低阶煤的孔隙分布特征

低阶煤的孔隙分布研究十分重要,这是由于低阶煤的大孔隙或较大的裂隙是游离气潜在的赋存空间,同时对低阶煤的高渗透率也有潜在的影响。本次研究工作采用压汞法和氮气法测定低阶煤中的孔容、比表面以及孔径的分布。试验分析表明(表 1－2、表 1－3),样品的总孔容主要由小孔孔容构成,小孔孔容占了 50% 以上的总孔容,样品的孔隙孔容与比表面积及其物质组成无明显的成因关系。压汞法测试的孔容和比表面主要分布在 50～60 nm,其次分布在 70 000～90 000 nm;液氮法测试的孔容在孔径 5～6 nm 上显著分布依据以往的研究成果表明,孔径在 10 nm 以下的孔隙是煤层气主要吸附空间,对于煤储层的储集能力至关重要,10～100 nm 的孔隙是煤层气扩散的主要通道,1 000 nm以上的孔隙或裂隙则是煤层气运移的通道,也可成为煤中游离气的主要储集空间。低阶煤样品的孔隙分布特征有利于煤层气储集、扩散和运移。

表 1－2　低阶煤样品孔隙孔容及比表面积分布

样号	孔容/(mL·g^{-1})					比表面/(m^2·g^{-1})					孔隙度/%
	大孔	中孔	小孔	微孔	小计	大孔	中孔	小孔	微孔	小计	
镜煤	0.015	0.005	0.013	—	0.033	0.003	0.035	0.925	—	0.963	3.60
亮煤	0.010	0.008	0.024	—	0.041	0.003	0.057	1.428	—	1.488	5.60
暗煤	0.003	0.005	0.033	—	0.041	0.001	0.028	2.001	—	2.03	3.91
煤样	0.008	0.006	0.017	—	0.031	0.003	0.033	1.251	—	1.287	7.40
东 1	0.002	0.011	0.001	0.001	0.015	0.054	0.94	1.79	0.106	2.79	11.84
Xin－6	0.002	0.002	0.005	—	0.009	0.01	0.02	0.041	—	0.071	1.54
东 2	0.002	0.004	0.001	—	0.007	0.08	0.482	0.416	—	0.978	18.24
Xin－1	0.010	0.002	0.014	—	0.026	0.03	0.053	0.83	—	0.913	8.22
Xin－2	0.005	0.006	0.065	—	0.076	0.06	0.049	1.15	—	1.259	13.70
Xin－3	0.004	0.004	0.047	—	0.055	0.08	0.03	2.58	—	2.69	12.10
Xin－4	0.002	0.001	0.059	—	0.063	0.03	0.029	1.82	—	1.879	13.70
Xin－5	0.003	0.100	0.046	—	0.059	0.01	0.019	2.1	—	2.129	9.22

表 1－3　低阶煤样品液氮吸附测试的孔隙分布

样号	BET 比表面/(m^2·g^{-1})	BJH 总孔容/(mL·g^{-1})	平均孔直径/nm	镜质组	惰性组	壳质量组	矿物
镜煤	13.55	0.016 5	4.9	83.1	8.0	6.7	2.2

样号	BET 比表面 /(m² · g⁻¹)	BJH 总孔容 /(mL · g⁻¹)	平均孔直径/nm	镜质组	惰性组	壳质量组	矿物
亮煤	12.49	0.021 4	6.0	71.0	14.7	13.0	1.3
暗煤	14.22	0.026 5	6.6	51.9	26.4	17.3	4.4
煤样	10.24	0.017	6.0	50.9	32.3	14.6	2.3
东 1	3.04	0.013 8	11.13	26	63.6	9.8	0.6
Xin－6	0.072	0.000 493	9.204	74.2	19.8	5.3	0.7
东 2	1.275	0.006 79	9.179	72.1	8.4	17.5	2
Xin－1	1.691	0.004 46	6.484	72.1	16.7	10.6	0.6
Xin－2	9.448	0.013 7	5.182	65.2	26.2	7.8	0.8
Xin－3	1.857	0.010 0	10.53	14.2	78.7	6.5	0.6
Xin－4	39.29	0.019 3	3.036	6.3	86.9	6.1	0.7
Xin－5	0.293	0.001 08	8.657	64.8	20.3	13.8	1.1

5. 低阶煤的孔隙形态

低阶煤是一种复杂的双重孔隙介质,孔隙形态十分复杂,很难准确定量加以描述,为此,提出了吸附滞后圈与孔隙形态的对比法。孔隙的形态不同,随压力不同气体吸附量的增减也不尽相同,因而滞后环的形状和位置能反映出孔的形态特征。

针对低阶煤的特点,采用了亚汞和液氮方法综合分析其空隙形态,研究表明鄂尔多斯地区煤的空隙以开放状态为主,空隙开放的次序为镜煤－煤样－亮煤－暗煤,其他盆地则为半封闭和细瓶颈空隙。

6. 低阶煤的气体吸附特征

煤层气以游离、吸附和溶解三种状态储集在煤层中。吸附气主要吸附在煤储层的小孔和微孔的内表面,而游离气则主要赋存在煤储层的中孔和大孔中。低阶煤中大孔和中孔孔容较高,为储集游离气提供了必要的空间,但低阶煤的孔隙结构及煤化程度会导致其吸附能力较低。

煤样的空气干燥基兰氏体积分布在 $1.8 \sim 26$ cm³/g,干燥无灰基兰氏体积分布在 $2.2 \sim 31.0$ cm³/g,兰氏压力分布在 $0.19 \sim 13.81$ MPa。根据所测试的 40 组样品的等温吸附结果发现,长焰煤对气体的吸附能力大于褐煤的吸附能力;随着温度增加,煤样的吸附能力呈下降趋势。而镜质组含量增加在一定程度上可增加煤的气体吸附能力。

7. 低阶煤的气体储集能力

煤层气主要以吸附状态储集在煤层的微孔隙中,游离气储集在煤裂隙中,水溶气溶解在煤层中的地下水中。为了研究其储集能力,采用密度法、压汞实验、低压吸附实验和氮气吸附法估算的总孔隙度。假设总孔隙度近似于可储集游离气和吸附气的孔隙度之和,并且煤的孔容和孔隙度并不随煤层所处环境的温度和压力的变化而发生改变。实验表明低阶煤的储集能力有以下特点:

(1)随压力增加,煤对气体的吸附量增加,游离气的量随之减小;

(2)随温度增加,煤对气体的吸附量减小,游离气的量随之增加;

(3)在相同的温压条件下,褐煤中的吸附气所占的比例小于 10%,这表明游离气的量对褐煤的储气能力乃至含气量的贡献明显大于吸附气;

(4)相同温压条件下,长焰煤样品,吸附量在孔容中所占的比例随镜质组含量增加而增加。

1.3　低阶煤的利用现状

1.3.1　低阶煤的工业利用

1. 低阶煤直接燃烧发电

燃烧是煤直接利用最常见的方法。由于低阶煤通常含有较高的水分,不便于远距离运输,所以世界各国生产的低阶煤主要用于坑口电站燃烧发电。其燃烧过程可以分为干燥、干馏、挥发分燃烧和半焦燃烧四个阶段。低阶煤燃烧的最终产物是二氧化碳、水、少量硫和氮的氧化物及灰渣。低阶煤燃烧不但浪费了大量能源、资金及设备,还严重污染了环境。燃烧产物中含有粉尘、硫氧化物、氮氧化物、烃和一氧化碳等有害气体,这些物质排放到大气中会造成粉尘污染和气体污染。

2. 低阶煤热解

热解(干馏)提质又称低温干馏,是指在隔绝空气或是非氧化气氛条件下将褐煤加热,最终得到焦油、煤气和半焦的加工方法。低阶煤采用低温热解(低温干馏)的方法可获得低温煤焦油,低温焦油产率 6% ~ 25%,密度一般小于 1 g/cm³,主要含酚类、有机碱、烷烃、沥青和芳烃类化合物。主要用作发动机燃料以及化学品的原料;半焦的产率 50% ~ 70%,其机械强度一般不高,低于焦炭,半焦的反应性好、热效率高,有一定的块度,是优质的民用和动力燃料,此外还可用于冶金型焦的中间产品和高炉炼铁喷吹料。气产率 20 ~ 80 m³/t(原料干煤),其组成因原料煤的不同有较大差异,一般作为生产单位自用,多余的可作为民用燃气或合成气原料。

历史上曾出现过很多低温干馏方法,但工业上成功的只有几种。这些方法按炉的加热方式可分为外热式、内热式及内热外热混合式。外热式炉的加热介质与原料不直接接触,热量由炉壁传入;内热式炉的加热介质与原料直接接触,因加热介质的不同而有固体热载体法和气体热载体法两种。鲁奇－斯皮尔盖斯低温干馏法是工业上已采用的典型方法,鲁奇－鲁尔盖斯法是固体热载体内热式的典型方法。现有的低温干馏技术,大部分需要使用块煤,使得大量粉煤资源无法有效利用;装置处理规模小,单炉年生产能力仅为 2~5 万吨,甚至更小,无法形成规模效应;液体收率较低,一般收率为 10% 左右。

3. 低阶煤直接液化

通常讲的煤直接液化,一般是指煤的直接催化加氢液化。褐煤由于含氧量高,在直接液化中会消耗大量的氢,因此直接液化中普遍采用的原料煤是低阶的烟煤。

德国是第一个将煤直接液化工艺用于工业化生产的国家,最初采用的工艺是德国人伯吉乌斯在 1913 年发明的伯吉乌斯法,由德国燃料公司在 1927 年建成第一套装置,又称 IG 工艺。后来世界主要工业发达国家相继开发的直接液化新工艺有几十种,基本都是在德国煤加氢液化传统工艺的基础上发展出来的。其中几种工艺技术完成了 50~600 t/d(液化用煤)的大型中试,设计出日产 5 万桶液化油的工厂。比较著名的工艺有:德国液化新工艺(IGOR)、日本的 NEDOL 工艺、美国 HTI 以及中国神华煤制油工艺等。不同种类的煤炭直接液化工艺,单就基本化学反应而言,都非常接近,共同特征都是在高温高压下使高浓度煤浆中的煤发生热解,在催化剂作用下进行加氢和进一步分级,最终成为稳定的液体分子,典型煤直接液化工艺见表 1-4。

表 1-4 典型煤直接液化工艺

工艺名称	HTI	IGOR	NEDOL	中国神华工艺
反应器类型	沸腾床	活塞流	活塞流	外循环
温度/℃	440~450	470	465	455
压力/MPa	17	30	18	19
催化剂及用量	GelCatTM 0.5%	赤泥 3%~5%	天然黄铁矿 3%~4%	人工合成 1.0%(Fe)
试验煤	神华煤	先锋褐煤	神华煤	神华煤
转化率/% daf 煤	93.5	97.5	89.7	91.7
C_4+油/% daf 煤	67.2	58.6	52.8	61.4
氢耗/% daf 煤	8.7	11.2	6.1	5.6

总体而言,煤直接液化是通过提高 H/C 原子比并破坏其大分子结构的方法将固体煤转变为液体产品的一种方法,其工艺主要有以下特点:由于加氢深度较高,煤直接液化工艺的油产率一般都较高,如德国的 IGOR 的液体油产率超50%,然而,就煤中富含缩合芳环和无机矿物质的组成而言,单纯强调高油产率需要付出较高的代价,煤直接液化需要在较高的温度和非常高的压力下才能进行,如德国煤加氢液化传统工艺的反应塔温度在 470～480 ℃,而压力更是高达30 MPa～70 MPa,此后各国开发的液化工艺与 IG 工艺相比虽然条件有所缓和,但依然较为苛刻,液化温度一般在 430～450 ℃,液化压力超过 17 MPa,如此苛刻的操作条件对设备的加工制造要求极高,也使得工艺过程较为复杂、工艺的平稳连续运行难度较高。

1.3.2　低阶煤气化

煤气化是在一定温度和压力下,采用气化剂(空气、氧气或水蒸气等)对煤炭进行热分解,使固体煤转化为 CO、CH_4 和 H_2 等可燃气体,它是煤炭液化、煤化工利用等技术的龙头和基础,是煤转化的重要途径之一。根据低阶煤 O/C 原子比、含水量、反应性及挥发分高、灰分和灰熔点温度变化大、热值和机械强度低的特点,现有的典型块煤/型煤/碎煤移动床气化、粉煤移动床气化技术及碎煤/粉煤流化床气化均可以采用低阶煤作为原料,但又各有特点。

煤气流床气化技术有湿法、干法之分,Shell、Prenflo 多喷嘴干粉气化以及 GSP 单喷嘴干煤粉气化为干法气流床气化,需干法磨煤制得干煤粉。Texaco 气化、GE 单喷嘴水煤浆气化、华东理工四喷嘴水煤浆气化和西北化工研究院单喷嘴多原料气化均为湿法气流床气化。但褐煤由于内孔表面积大,吸水能力强,成浆性差,一般不易制得高浓度的煤浆,因此褐煤的水煤浆气化工艺目前大都还处于实验室阶段。

移动床气化技术主要有 UGI、Lurgi 和 BGL,Lurgi 和 BGL 煤气化技术均为加压连续造气,要求入炉煤粒度为 6～60 mm 的碎煤/块煤/型煤,都适用于气化褐煤,其中 Lurgi 炉已经发展到第四代,气化压力 2 MPa～3 MPa,反应温度 900～1 000 ℃,固体排渣,对黏结性强、热稳定性差、灰熔点低的低阶煤气化难度较大;BGL 是在 Lurgi 炉的基础上改造而成,反应温度可达 1 400～1 600 ℃,低灰熔点的低阶煤可以采用 BGL 炉气化。

典型的碎煤/粉煤/流化床气化技术主要有 Winkler、HTW、KBR、灰融聚和恩德炉。气流床气化操作温度要求低于煤的灰熔点,以免灰分结渣,因此灰熔点高的低阶煤更适合流化床气化,而灰熔点低的低阶煤可通过配煤提高灰熔点再进行气化。流化床对入炉低阶煤的粒度有一定要求,恩德炉、HTW 炉等一般要求粒度在 0～10 mm,灰融聚炉要求在 0～6 mm;入炉低阶煤水分一般要求小于 8%～12%，因此含水量较高的低阶煤需进行干燥预处理；流化床对煤的灰分要求最好小于 25%。灰分高达 40% 的煤种也可以进行气化，但经济性较差，目前国内的黑化集团、吉林长春化肥厂等均采用恩德炉气化褐煤。

1.4　低阶煤热解的利用现状

1.4.1　低阶煤热解机理

普遍认为煤热解过程包括两个阶段：第一阶段是煤受热后煤结构分子中较弱的化学键断裂，形成自由基碎片，自由基被 H 等结构敏感物稳定形成一次热解产物；也有部分自由基发生缩聚反应生成半焦。第二阶段是一次热解产物二次裂解生成小分子物质，一次热解产物间也可能聚合生成半焦。一次热解产物的二次热裂解作用在很大程度上控制着最终热解产品的分布及收率。由此可见，为了提高煤热解效率及焦油收率，首先应增加煤热解生成自由基的数量；其次应及时提供 H 自由基或 CH_3、CH_2、CH 等供氢自由基来稳定煤裂解产生的自由基。目前，主要研究工作是通过预处理等方式改变煤结构来产生更多的自由基，或者通过改变热解氛围等方式补给外来氢来促进热解过程中产生自由基及时稳定，如图 1－3 所示。

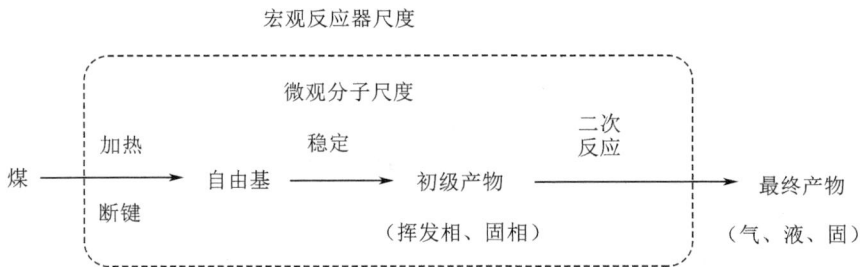

图 1－3　低阶煤的热解过程

1.4.2　低阶煤热解的工艺分类

由于低阶煤热解所获的焦油产率低、品质差（轻质组分含量低、重质组分含量高），因此提高低阶煤热解效率及焦油的产率与品质，是低阶煤热解工艺的关键。现有的研究分别从低阶煤自身性质（煤变质程度、煤颗粒大小、煤相组成）、热解工艺参数（温度、压力、升温速率、气氛）以及煤热解反应装置等多方面进行了详细而全面的探索，结果表明，当反应装置与煤种确定后，热解升温速率、热解气氛以及热解过程引入催化机制对焦油产率和品质影响尤为显著。因此,可用于低阶煤热解焦油提质的工艺主要有低阶煤快速热解、加氢热解、低阶煤与含碳有机质共热解和低阶煤催化热解等。

1. 低阶煤快速热解

按照煤热解升温速率大小的不同将煤热解分为慢速(<1 K/s)热解、中速(5~10 K/s)热解、快速(500~106 K/s)热解与闪速(>106 K/s)热解。由于升温速率的不同,煤快速热解过程与传统慢速热解过程有所差异,在较高升温速率下可以实现煤的快速热解与快速冷却,使煤迅速达到其热解温度发生分解,同时能够使煤热解得到的一次产物和大分子碎片及时从煤粒间扩散出来,从而降低了二次反应的发生,提高了煤焦油产率。

Gibbins - Matham 等将煤置于金属丝网状反应器中,在 He 气氛围,1.2 bar[①]压力条件下,探索了升温速率在 1~1 000 K/s 时对热解产物的影响。结果表明,在热解温度为 700 ℃,热解时间为 30 min 时,随着升温速率的增大,其热解焦油产率及品质均有所提高,升温速率为 1 000 K/s 的焦油产率较升温速率为 1 K/s 的焦油产率提升了 5%,究其原因是在较高的升温速率下,使得热解焦油分子能够迅速从煤样中脱离,从而促进焦油产量的增加。

Cai 等将煤样质量为 5~6 mg、粒径为 106~150 μm 的五种不同阶煤样置于两段式电加热、可调压力金属丝网反应器中,探索热解温度、热解速率及压力对半焦反应特性及形态的影响。研究结果表明在热解温度为 1 000 ℃,热解时间为 2 s 时,升温速率与焦油产率成增函数关系,总的热解挥发分及焦油产率随着升温速率增大而增加,并在升温速率为 1 000 K/s时,达到最大值。

Okumura 等用 GC - MS 定量研究了升温速率与煤阶对焦油组成的影响。研究结果表明,随着升温速率的提高不仅增加了焦油的产量,而且有利于焦油种类组成的调控,对焦油中芳烃总体含量的增加具有显著的效果,促进了苯、苯乙烯、茚、萘及 3 - 5 环芳烃化合物产量的显著提高。

Seebauer 等用热重探索了煤颗粒大小、升温速率对煤热解机理的影响。结论表明,随着升温速率的增加,焦油的产率提高,究其原因是在胶质体状态下,存在焦油蒸发与半焦形成两种竞争,而随着升温速率的提高,则有利于焦油的裂解,因此产生了更多的焦油和较少的甲烷。

赵树昌等采用蒸馏与毛细管色谱分析方法,研究升温速率对热解焦油组成的影响。研究表明,在热解温度为 700 ℃ 时,快速热解所获焦油中 245 ℃ 前芳烃含量占比为 58.30%,其中苯含量占焦油 0.548%,而慢速热解所获焦油中 245 ℃ 前芳烃含量只占 31.83%,其中苯含量仅占焦油的 3.12%。同时,快速热

---

① 　1 bar = 10^5 Pa

解还有效地降杂酚和提萘的作用,快速热解焦油中杂酚含量为 2.7%,但慢速热解焦油中杂酚含量却为 7.41%,快速热解焦油中萘含量为 6.06%,而慢速热解中萘含量仅为 2.3%,快速热解焦油中萘含量几乎为慢速热解的 3 倍。

2. 低阶煤加氢热解

低阶煤加氢热解指的是在氢气氛围下发生裂解反应,提高氢气与煤裂解过程中焦油碎片的结合概率,减少焦油碎片自身结合或者与半焦分子结合的概率,从而提高焦油的产率及品质。

Li D 等在滴流床反应器中,以低温热解煤焦油(600 ℃,神木煤热解)为原料、负载有 Co、Mo 的 γ 氧化铝为催化剂、在恒定的氢气与焦油比率条件下,探索了温度、氢气压力以及液流空速对低温热解焦油产物及性质的影响。研究表明,在反应温度为 390 ℃,压力为 14 MPa、液流空速为 0.25 h^{-1} 及氢气与焦油比率为 1 600 时,低温煤热解焦油通过加氢可以有效地对油品进行纯化,提高油品品质,将油品中的氮和硫含量从 1.14 wt% 和 0.34 wt% 降到 63 $\mu g \cdot g^{-1}$ 和 8 $\mu g \cdot g^{-1}$,同时提高了油产物中直链烷烃、含支链脂肪烃和含取代基脂肪环烃的含量,降低了多环芳烃含量,提高了油品的热值。

Kusy 等在加氢处理反应器中,对欧洲褐煤进行了催化加氢热解实验,并通过 GC - FID/MS 对其产物进行分析。结果表明,通过 GC - FID/MS 检测,加氢热解后液相产物中检测到苯、甲苯和二甲苯及它们的同系物酚和萘的存在。其中,较褐煤热解焦油相比,催化加氢热解后焦油中萘及萘的同系物含量显著增加,二甲苯及其衍生物含量增加了 2 倍,酚类物质含量下降了一半,而含有二甲基、二乙基及较高烷基侧链的酚类含量提升了 2 倍。

Tao 等在连续的两段式固定床反应器上,对煤热解焦油进行催化加氢反应。研究表明,热解焦油通过催化加氢反应,产品中硫含量和氮含量显著减少,品质显著提高,达到了可直接用于车用油品的标准,因此催化加氢反应可以有效地对煤焦油进行提质,从而获得高品质的清洁燃料。

Tang 等以沸点 300 ℃ 以下低温煤焦油馏出物为原料,以 $MoNiWP/Al_2O_3$ 为催化剂的条件下,探究了加氢热解对低温煤焦油馏出物产物分布的影响。研究表明,在 375 ℃,6 MPa 以及液时空速为 0.4 h^{-1} 条件下,加氢反应有助于烷基酚与烷基萘向环烷烃及环烷基苯转化,其转化产率分别为 60.4% 与 83.9%,同时研究还发现,芳香环化合物上的甲基取代基不利于环烷基苯转化成双环烷烃。

Šafářová 等为了对褐煤热解焦油进一步加工利用,在实验室加压反应器中,以 $Co - Mo/Al_2O_3$ 为催化剂,在不同压力条件下(5 MPa、6.5 MPa 和 8 MPa)探索了加氢反应对其产物的影响。研究表明,褐煤焦油通过加氢反应,其产物中有机组分与现阶段柴油及萘油加氢处理组分基本一致。其中,在压力为 8 MPa 时,褐煤焦油加氢热解所得的液相产率达到了 40% 左右,这意味着褐煤焦油的

加氢热解对于褐煤热解产物的整体利用提供了有效的途径,对于煤的综合利用
具有重要的意义。

综上所述,加氢与催化加氢均有助于热解焦油产率及品质的提升,但需要
外加氢气及对设备的苛刻要求,使得生产成本增加及热解工艺条件变得复杂,
限制了工业化的进展。

3. 低阶煤与含碳有机质共热解

低阶煤与含碳有机质共热解主要是指低阶煤与生物质、有机废物等共热
解,利用生物质、有机废物等相对较高的碳氢比及内含一定量的矿物质,经加热
可与煤热解之间产生协同作用或催化作用,从而提高低阶煤热解效率,获取更
多的焦油产率。

Li Z 等在自由下落热解反应器中,以豆秆与大燕褐煤为原料,在大气压力、
惰性气体氛围条件下,探究了生物质与煤混合率及热解温度对其协同作用的影
响。研究表明,将煤与生物质共热解,其半焦产率较独自热解半焦产率有所下
降,而焦油产率较独自热解却有所提升,共热解所得气相产物组成与独自热解
气相产物也有所差异,共热解半焦活性进一步增强,这些均表明了煤与生物质
热解的协同效用。特别当生物质与煤混合率为 70% 左右、热解温度 600 ℃左右
时,其协同作用最为明显。

Shuaidan 等以锯木屑和神府烟煤为原料,探究了两者的共热解行为。研究
表明,当神府煤与锯木屑共热解时,气相产物中 H_2、CH_4 和 CO_2 均大于各自原料
独自热解时的计算值,CO 的产率则略低,这主要归因于煤与生物质热解的协同
反应主要发生在热解过程的二次反应阶段,气相产物之间发生协同效用。

Soncini 等采用半烟煤、密西西比褐煤两种低阶煤和黄松木为原料,采用
GC－MS 检测等方式,探究了低阶煤与生物质共热解特性。研究表明,低阶煤
与生物质共热解有利于焦油产率的增加,而 CH_4、C_2H_4、H_2 和 CO 则略有减小。
究其原因是在煤与生物质快速热解过程中,生物质快速热解产生的氢可以稳定
煤热解初期产生大量自由基碎片,减少了彼此之间的交联反应,从而促进了焦
油产率的增加而不是气或者半焦产率的增加。与此同时,煤化程度较低的煤更
容易与生物质发生协同效应,产生更多的焦油,其原因是在快速共热解过程中,
低阶煤较大的结构空隙及较小的芳香簇基团,更有利于提高焦油收率。

HaykiriAcma 等通过热重分析仪在升温速率为 40 ℃/min,热解温度为
900 ℃的条件下,探究了木质素与泥煤、褐煤、烟煤和无烟煤共热解行为。研究
表明,在热解温度低于 500 ℃时,木质素的引入对各煤种的热解行为均有影响,
可有效促进煤挥发分的分解速率,这是因为煤与生物质共热解过程中产生的协
同效应。同时,当低阶煤与生物质共热解时,半焦热解特性受煤阶影响,泥煤半
焦产量增加,而褐煤的半焦产量则显著减少。

Wu 等以三种螺旋藻模型化合物和神府烟煤为原料,探究了低阶煤与生物质之间的协同效应。研究表明,在热解过程中,低阶煤热解的活化能与三种微藻生物质模型化合物热解活化能不叠加,通过此性能,表明了生物质与低阶煤共热解之间的协同效应。当混合质量比小于 25% 时,甘氨酸表现出协同效应,热解挥发分产率大于其计算值,中长链甘油三酸酯与低阶煤热解时也表现出协同效应。

Lázaro 等在脉冲流化床反应器中,探究低阶煤与含矿物质废油的共热解情况。研究表明,较原煤直接热解相比,废油与煤共热解对煤热解产物的产量及品质均有所提高,可提高乙烯、丙烯等高价值烯烃及苯、甲苯、二甲苯及萘同系物等轻质芳烃的收率,同时废油中所含有的六种金属(Cd、Ni、Pb、Cu、Cr 和 V)绝大部分都沉积在共热解形成的半焦上,这对获得高品质的产物及反应的顺利进行具有重要的意义。

综上所述,低阶煤与含碳有机质共热解不仅可以有效地提高煤的热解效率及焦油品质,而且对于我国的能源利用及环境保护具有重要的意义,但技术层面有待推广,工业化发展仍需一定的时间。

4. 低阶煤催化热解

煤的催化热解主要是通过将特定催化剂引入煤热解过程,有效抑制或促进反应的进行,从而缓和热解条件,调控目标产物产率及产物组成的过程。根据催化过程发生的阶段,低阶煤催化热解又可分为直接催化热解和热解挥发分催化改质。

低阶煤直接催化热解是指将煤与催化剂直接混合,然后在热解反应器中进行反应的过程。该方法工艺简单,便于操作,但由于煤与催化剂混在一起,不利于后期催化剂的分离与再生,且煤样与催化剂均为固体形态,存在混合不均匀、催化剂难以发挥作用等问题。

热解挥发分催化改质是指将煤热解过程与热解挥发分改质阶段分为两步进行,第一步通过煤热解富集热解焦油,第二步则通过催化剂的催化裂解提高热解焦油品质,有效地解决了煤样与催化剂混合不均与分离困难的问题,促进了催化效率的提高与焦油品质的提升。

为了能够有效地促进煤炭的清洁高效利用,实现煤热解效率的提高,热解产物的调控及产物品质的改善,除了不断优化热解工艺、热解设备以外,更多的则集中于高效廉价催化剂的研发及应用,因为较工艺与设备而言,催化剂的引入效果对于提升热解效率,改善产物品质及组成调控效果更为显著,且工艺相对简单,便于工业化。

1.4.3　低阶煤热解催化剂的研究进展

目前可用于低阶煤热解的催化剂主要有金属类催化剂、煤基催化剂和分子筛催化剂三大类。

1. 金属类催化剂

金属类催化剂主要分为碱金属与碱土金属化合物、过渡金属化合物和铁系化合物催化剂等，因该类催化剂易制备、价格低、来源广而被广泛应用。

Xu 等通过酸洗及离子交换的方式将碱金属负载到煤上，研究在热解段与气化段碱金属对煤气化的影响。结果表明，碱金属有利于抑制热解过程中半焦的石墨化，使得半焦具有更高的气化活性，从而促进了气化反应的进行。

黄秀红等以 $\gamma - Al_2O_3$ 为催化剂载体，通过等体积浸渍法制备不同负载量的三氧化钼为催化剂，在两段式固定床反应器中，探究了催化剂对煤热解的影响。结果表明，催化剂的引入可以有效地提高煤热解焦油的产率及品质，当钼的负载量为 12 wt% 时，热解焦油收率达到了 32.6%，焦油中的硫含量较煤中硫含量降低了 8.81%，同时三氧化钼催化剂有助于煤热解过程中大分子化合物的裂解，从而提高了焦油中小分子化合物的含量。

闫伦靖等以负载 Mo、Ni 的 ZSM – 5 分子筛为催化剂，利用 Py – GC/MS 探究催化剂对煤热解产物的影响。研究表明，负载金属 Mo、Ni 后，有效地促进了热解过程中轻质芳烃的生成，其中金属 Mo 有助于甲苯、乙苯及二甲苯这种带有侧链化合物的生成，而 Ni 则有利于焦油中带有侧链化合物的裂解。

Ma 等在热重上探究了 MoS_2 与 $ZnCl_2$ 催化剂对五种中国煤：神木次烟煤、铜川次烟煤、乌鲁木齐次烟煤、邵通褐煤和霍林河褐煤的热解分析。结果表明，催化剂的引入进一步提高了煤加氢热解转化率和降低了煤热解活化能以及特征温度的改变。MoS_2 与 $ZnCl_2$ 催化剂的引入均提高了煤热解的转化率，其中 $ZnCl_2$ 有利于增加 BTX 的产量，而 MoS_2 较 $ZnCl_2$ 在 BTX 产率的提升效果更为显著。

Yu 等探究了铁系催化剂对胜利褐煤气化的影响。结果表明，以铁为催化剂显著促进了胜利褐煤气化过程中氢气的产生，与同样条件下酸洗获得 H 形式半焦气化产生的氢气产量相比，负载铁的半焦的氢气产量显著提高。

综上所述，不同金属类催化剂对煤热解过程影响不同，碱金属与碱土金属类催化剂有利于提高半焦反应活性，促进气化反应的进行，过渡金属催化剂有利于热解焦油产率及品质的提高，铁系催化剂则有利于气化反应中氢气产量的提高。因此，根据我们热解目的的不同，我们可以选择不同的金属类催化剂。由于金属类催化剂自身容易团聚，不易分散等缺点，为了进一步提高催化效率，常常引入载体用于金属类催化剂的均匀分散，从而提高催化效率。

2. 煤基催化剂

煤基催化剂主要是指煤中低温热解获取的半焦,不仅可以作为金属类催化剂的载体,其自身的半焦活性也有助于热解反应的进行,由于其原料广泛且廉价,广泛应用于煤催化热解。

韩江泽等在固定床反应器上研究半焦催化剂对府谷煤热解产物的影响。研究表明,在反应温度为 600 ℃,半焦添加量为 20% 时,对府谷煤热解焦油提质效果显著,其中焦油中轻质组分含量较煤直接热解提高 13.5%,轻质焦油收率提高了 17.8%。

王兴栋等在两段式固定床反应器上,以半焦与负载钴的半焦为催化剂探究其对煤热解产物催化裂解的影响。研究表明,当热解温度与催化裂解温度都为 600 ℃ 时,半焦基催化剂有利于焦油中重质组分的裂解,以轻质组分与气相产物的生成,与原煤热解相比,焦油中轻质组分含量提高了 25% 左右,气体体积收率提高了 31.2%。

Han 等以半焦担载不同金属为催化剂,探究对煤热解产物原位催化的影响,研究表明,当半焦上担载 Ce 与 Ni 分子比为 0.4 时对热解产物的催化裂解效果最好。不仅提高了轻质焦油的含量,而且提高了焦油的品质。其中,轻质焦油组分含量较原煤热解相比从 52 wt% 提升到 75 wt%,焦油中的 N 与 S 含量分别降低了 50.5% 和 45.8%。

综上所述,煤基催化剂自身的活性不仅提高了煤热解效率,而且在焦油提质方面也有显著的效果。但由于半焦的孔道结构和自身特性受热解参数的影响,不易控制,无法有效地进行热解产物的定向调控与高效催化,因此人们把关注点集中到了分子筛催化剂。

3. 分子筛催化剂

分子筛催化剂由于自身具有良好的孔道结构、催化活性和稳定性,还可以作为负载活性金属的载体等特点而被广泛应用于煤催化热解。

Zhu 等以两种不同骨架的商业分子筛 HZSM-5 与 HUSY 为催化剂,利用 Py-PI-TOFMS 在线探究了其对烟煤催化热解的影响。研究表明,两种骨架分子筛的引入均提高了煤热解的反应速率,但对煤热解的产物调控有所差异。其中,500~600 ℃ 烟煤热解产物主要为酚类物质,经 HZSM-5 分子筛催化后,热解产物中烯烃(丙烯)和芳烃化合物含量显著提高,这表明了 HZSM-5 分子筛有利于丙烯和芳烃的转化;经 HUSY 分子筛催化后则呈现随着热解温度的升高,芳烃化合物减少的趋势,促进了较大芳烃的分解和焦炭的形成。

Kong 等利用 Py-GC/MS 在线检测不同硅铝比超稳 Y 型分子筛对气质焦油提质的影响。研究表明,USY 分子筛可以有效地促进焦油中重质芳烃的裂解与轻质芳烃的生成,显著提高了焦油中 BTEXN 的含量。与此同时,分子筛的催化裂解效果与自身的酸性和煤的变质程度有关,适宜的酸强度与酸浓度有助于轻质芳烃的生成。其中对于低变质煤而言,随着酸强度增强不利于轻质芳烃的生成,对于高变质煤而言,较高的酸强度则利于轻质芳烃的生成。

Li G 等以 HZSM - 5 与 Mo/HZSM - 5 为催化剂,在 Py - GC/MS 上探究其对平朔煤快速催化热解的影响。研究表明,催化剂的引入显著提高了焦油中BTEXN 的产量,在 900 ℃时含量达到最高为 7 000 ng/mg,较原煤中 BTEXN 含量提升了 3 倍。同时,Mo/HZSM - 5 有利于烯烃、烷烃的芳构化及去酚羟基化,从而促进了气相产物向 BTEXN 转化。

何媛媛等以不同硅铝比的 ZSM - 5 分子筛为催化剂,探究其酸性位的改变对煤热解过程生成 BTEXN 规律的影响。研究表明,煤热解焦油催化改质效果与分子筛自身酸位分布、孔道结构及煤种特性有关,其中硅铝比为 50 的 ZSM - 5催化剂,B 酸 L 酸含量适中,对石油醚的催化改质效果最好。

Li S 等以 NaX 分子筛为催化剂,利用 TG 与 FTIR 探究其对黄土庙煤热解行为的影响。结论表明,NaX 分子筛有利于热解反应的进行,显著促进了 CO、CH_4、芳香烃及脂肪烃的生成,而减少了 CO_2 的生成。

综上所述,在煤热解挥发分催化改质反应中,分子筛催化剂骨架结构、酸性位、孔道结构等自身特性对热解效率及产物调控方面有很大的影响。同一反应中,骨架的差异直接影响最终产物生成情况;而酸性位的强弱与分布情况则直接影响了热解改质过程的催化效率及催化方式,进而起到调控产物的目的;分子筛孔道的大小则直接影响了酸性位的分布以及挥发分的传质过程,从而影响了产物的催化效率及产物择型,起到调控产物分布的作用。由于目前应用于煤热解挥发分改质的分子筛催化剂多为微孔分子筛,因此煤热解的大分子产物在参与催化反应过程中存在巨大传质阻力,不利于接近分子筛内部的活性位点,影响了催化效率。为了解决单微孔分子筛传质阻力的问题,应用于煤催化热解的分子筛催化剂引入介孔的最常用方法为碱处理法,方法简单易操作,但形成介孔不均,有时会破坏骨架结构。研究表明,有机硅烷结构导向剂 TPOAC,有很好的多层组装与相貌控制的作用,从而有效合成多级孔分子筛。

第2章 低阶煤热解工艺技术的研究

煤的热解也称煤的干馏,或热分解,它是指在隔绝空气或者惰性气氛的条件下将煤进行加热,在不同温度下发生的一系列的物理变化和化学反应的过程,并最终生成气体(煤气)、液体(焦油)和固体(半焦或焦炭)等产物。

焦油通过加氢可制取汽油、柴油和喷气燃料,是石油的代用品,而且是石油所不能完全替代的化工原料。煤气是使用方便的燃料,可以成为天然气的代用品,也可以用于化工合成。半焦不仅仅是优质的无烟燃料,也是优质的铁合金用焦、吸附材料、气化原料。用热解的方法生产洁净或者说是改质的燃料,可以减少煤所造成的环境污染,还可以充分利用煤中所含的其他的有较高经济价值的煤产物,对于环境保护、资源合理利用方面具有深远的意义。

2.1 煤热解分类、过程及其影响因素

2.1.1 煤热解分类

按热解气氛分类:主要有惰性气氛热解(不加催化剂)、加氢热解、催化加氢热解等。

按热解温度高低分类:主要有低温热解($500 \sim 700$ ℃)、中温热解($700 \sim 1\,000$ ℃)、高温热解($1\,000 \sim 1\,200$ ℃)和超高温热解($>1\,200$ ℃)。

按热解速度高低分类:可分为慢速热解(1 K/s)、中速热解($5 \sim 100$ K/s)快速热解($500 \sim 10^6$ K/s)和闪速热解(超过 10^6 K/s)。

按热源不同分类:主要有电加热热解、等离子体加热热解、微波加热热解、热载体加热热解等。

按加热方式分类:主要有外热式热解、内热式热解和内外复合式热解。

按热载体类型不同分类:主要有固体热载体热解、气体热载体热解及固体–气体复合载体热解等。

按反应器内压力大小分类:可分为常压热解和加压热解。

2.1.2　煤热解过程

将煤在惰性气氛中加热至较高温度时发生的一系列物理变化和化学反应的过程称为煤的热分解或热解。煤在工业规模条件下发生的热分解又称为炭化或热解。煤在热解过程中放出热解水、CO_2、CO、石蜡烃类、芳烃类和各种杂环化合物，残留的固体则不断芳构化，直至在足够高的温度下转变为固体炭或焦炭。这一过程取决于煤的性质和预处理条件，也受到热解过程的特定条件的影响。

煤的热解是煤热化学转化的基础。煤的热化学转化是煤炭加工的最主要的方法，包括煤的热解、气化和液化等。研究煤的热解化学对煤的热加工过程和新技术的开发，如高温快速热解、加氢热解、等离子热解等有指导作用。同时研究煤的热解化学有助于阐明煤的分子结构。

将煤在隔绝空气的条件下加热时，煤的有机质随着温度的升高发生一系列变化，形成气态（煤气）、液态（焦油）和固态（半焦或焦炭）产物，热解过程示意图如图 2-1 所示。

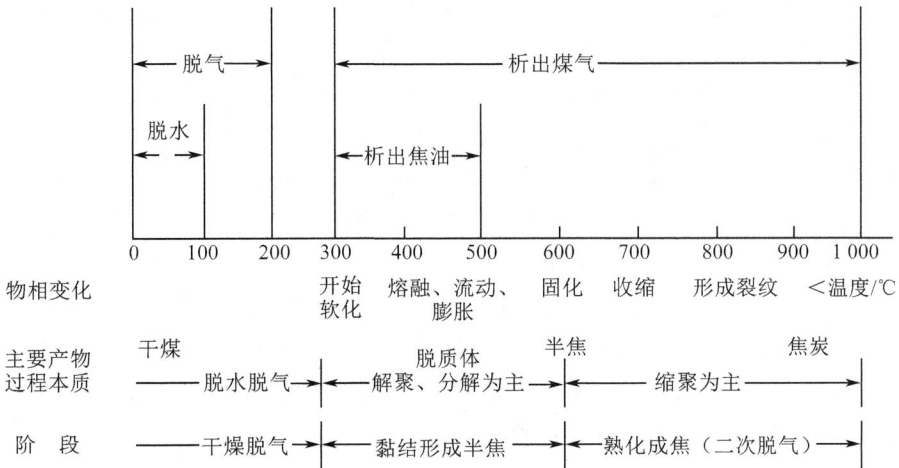

图 2-1　煤的热解过程

2.1.3　煤热解影响因素

煤热解过程与原料煤自身的理化性质以及所用的热解工艺操作条件有关。前者是指内因对煤热解行为的影响，主要包括煤阶及产地、煤化程度、煤中所含的矿物质、水分、煤粒径等，后者是指煤外因对煤热解行为的影响，主要包括预处理、热解温度、升温速率、热解气氛、热解反应器等。

1. 内因对煤热解行为的影响

（1）煤阶及产地

煤阶，即煤变质的程度，也代表了煤化的深浅程度，根据其程度，将煤分成褐煤、烟煤和无烟煤。一般来说，煤中的 C 含量随着程度的加深而更多，H 元素和 O 元素的比例相对应的减少，热解产生的煤气和焦油量也比较少。Xu 对于 17 种不同煤阶的煤在 1 037 K 的温度下，Ar 气氛下，用居里点热解器进行热解发现随着煤阶程度越深，热解的焦油产率、无机气体等均下降。张志刚在不同变质程度煤样热解气体产物逸出规律研究中发现，热解反应初期，褐煤 NM 失重速率最大；在 200~300 ℃ 时烟煤中主要是非共价键和弱共价键发生解离，此时产生的挥发分较少，因此在该温度段质量变化较小。Tyler 对于 10 种不同的烟煤在流化床上进行快速热解，实验发现，最大焦油产率和煤的 H、C 原子比（H/C）呈线性关系。热解所得焦油的 H、C 原子比和煤的 H、C 原子比呈比例关系。

（2）煤化程度

煤化程度在煤热解影响因素中尤为重要，张志刚采用热分析装置，对于不同煤化程度的煤样进行热解实验，结果表明，随着煤样煤化程度增大，焦油中重质组分含量逐渐降低，而烟煤热解焦油中轻油、酚油和萘油、洗油含量略高于褐煤 NM 和烟煤 XJ、HL。程宏飞等研究了不同煤化程度煤热解过程中汞释放规律，对 5 种不同煤化程度的煤进行氧化热解实验，结果表明，质量损失随煤化程度的加深而增大，且随着煤化程度的加深，氧化热解的起始温度、最大热分解温度、终止温度也逐渐升高。随着煤化程度的升高，煤中汞释放所需的时间逐渐增加，且汞释放最大值所对应的热重（TG）曲线热解率最大的温度随煤化程度的加深而升高。甄明研究了四种不同变质程度煤热解过程，得到了煤化程度不同的煤的热解，其热解油含量及焦炭含量明显不同。朱学栋等选用 18 种不同煤化程度的代表性煤样，通过实验证明随煤化程度的降低，热解转化率线性增加，因此可用煤中无水无灰基挥发分值来预测煤的转化率。随煤中挥发分提高，热解所得的焦油、气体和水的产率相应增加。

（3）煤中所含的矿物质

纯净的煤理论上是不含任何无机物的，但是，实际情况中，各种煤都或多或少地含有无机物，一般这些无机物统称为煤中的矿物质，这些矿物质可能会对热解过程产生影响。其所产生的影响主要分以下两类。

煤中内在矿物质对热解过程的影响。煤中内在矿物质是指在成煤过程中形成的矿物质，前人主要是通过对比酸洗过的脱灰煤和原煤的热解结果对比，推测煤中内在矿物质对煤热解的影响。N. A. Oztas 等使用 HCl 和 HCl/HF 对沥青煤进行酸洗，烘干后得到两种去矿物质的煤样，发现 HCl 可以去除煤中大部分的 Ca、Mg、Fe，被 HCl 酸洗后的煤样热解转化率明显低于原煤，说明 Ca^{2+}、

Mg^{2+} 和铁离子对于煤热解有催化作用。而被 HCl/HF 酸洗后的煤样热解转化率略高于被 HCl 酸洗后的煤样。谢克昌等对义马煤和西曲煤两种高灰分烟煤用 HCl 和 HF 进行酸洗脱灰,发现内在矿物质在热解初期对孔扩展和表面生成有促进作用。

外加矿物质对煤热解过程的影响。杨玉坤研究 CaO 对神华煤热解产物产率和煤气成分的影响,发现 CaO 能促进半焦中某些大分子结构分解产生小分子的气体,从而导致煤气产率上升,而半焦产率下降。CaO 还能够催化焦油的裂解反应,进一步使得热解产物中煤气产率上升,而焦油产率下降。郭延红采用 Fe_2O_3/CaO 作为复合催化剂对低阶煤催化热解行为的影响中发现 Fe_2O_3/CaO 复合催化剂的加入对煤的热解有催化作用,对不同煤种的催化效果不同,加入催化剂后,煤催化热解的活化能降低,随着催化剂的加入,各段温度范围显著降低,使反应更加容易进行。Otzas 等在微分扫描量热仪上在温度为 300～500 ℃的区间内考察了 Fe_2O_3 对某种土耳其烟煤热解过程的影响,认为添加 Fe_2O_3 后,煤热解后的半焦中含有更多的交联结构。公旭中等用热天平研究了 Fe_2O_3 和山西大同某种贫煤共混合的热解特性,发现 Fe_2O_3 可以提高煤的反应性,而且RAMAN 分析显示,Fe_2O_3 会使半焦反应活性位增加。Marika 等在管式炉对 $CaSO_4$ 及其他矿物质组分和煤的混合物在 N_2 气氛下热解,发现 $CaSO_4$ 会显著改变半焦的耐压强度,而且在 700 ℃以上,$CaSO_4$ 会分解,直到 1 000 ℃也不会完全彻底分解。

(4)水分

目前国内外关于煤的水分对煤热解特性和热解产物的分布影响的研究相对较少,许明关于水分对神东煤热解产物分布的影响的实验研究认为,水分对神东煤的热解过程及其热解产物分布有显著影响,热解原料煤中水分的增加有利于抑制神东煤热解水和热解气的生成,提高焦油收率,因此有望通过控制原料煤中的水分来调节热解产物的分布。石晓莉使用自主研发的蓄热式下行床快速热解试验装置,研究了不同水分印尼褐煤的热解特性,得到了随着印尼褐煤水分的增加,热解气产率逐渐升高,热解气中 H_2 和 CO_2 含量增加,CH_4 和 CO含量降低,热解焦油产率呈下降趋势,其中轻质组分含量不断增加,热解水产率逐渐升高,半焦产率逐渐降低,半焦热值无明显变化规律。

(5)煤粒径

煤颗粒的粒径越大,煤颗粒的比表面积就越小,进而影响了煤颗粒表面的传热传质,对煤热解的过程造成影响。赵小楠在自制的 3 kg 固定床热解装置上进行了粒度 0～50 mm 煤样的热解试验,得到了随着褐煤粒径的增大,热解时间、焦油和荒煤气中含尘量都呈减小趋势。王玉丽在粒径和入炉煤水分对白音华褐煤热解特性的影响的研究中发现,粒径 <6 mm 时,随煤粉粒径增大,热解

半焦产率增加,热解焦油产率均低于3%,热解气产率逐渐降低,该粒径范围内的热解气产率较高。

2.外因对煤热解行为的影响

(1)预处理

在热解前对褐煤进行预处理不仅可以提高褐煤的热解反应性,优化热解工艺反应条件,同时可抑制热解过程中的交联反应,提高热解焦油回收率,改善焦油品质。现阶段的预处理方法包括热预处理、水热预处理、脱灰预处理、溶胀预处理及离子液体预处理。

热预处理可以改变煤分子中的弱键和非化学键,与此同时也会形成新的非化学键,影响热解反应过程及产物分布。秦中宇采用管式炉反应器在惰性气氛下对胜利褐煤进行脱氧预处理,研究了热预处理对褐煤热解产物半焦产率、焦油产率及气态产物的影响。结果表明,热预处理使得煤半焦产率明显降低,焦油产率升高,气体生成量大于原煤。在 600 ℃热解时,半焦产率最小,焦油产率最大。褐煤中含氧官能团之间的氢键会使得交联反应增加。董鹏伟采用固定床反应器研究了不同气氛热预处理对内蒙胜利褐煤结构的改变,及其对后续热解行为的影响。结果表明,与原煤相比,热预处理后煤中羟基含量和芳香氢与脂肪氢的比减少,脂肪氢的相对含量增加。与未经处理的煤热解相比,N_2、$N_2 + O_2$、CO_2气氛下热预处理后热解水回收率下降,热解气回收率增加,热解气中 CO_2 含量增高,导致高位热值下降。

水热预处理能够改变煤的结构特征和反应性,从而影响热解产物分布,是一种重要的预处理手段。刘鹏采用水热处理的方法,在高压釜中对褐煤进行水热处理,考察了水热处理对煤中碳结构及其热解产物分布的影响,结果表明,水热处理可以改变煤中弱键作用,降低煤中含氧量,适当的水热处理(处理温度处于 220 ~ 260 ℃),含氧官能团发生水解反应,水中的氢在自由基和离子效应的协同作用下被加入煤中,并在煤中发生氢转移,煤结构中 CH_2/CH_3 比值增加,从而使得水热处理后的煤热解焦油产率增加约 20%,热解气产率降低。Serio 等研究了四种不同的煤在 250 ~ 350 ℃ 及 6.895 ~ 27.58 MPa 下预处理对煤热解过程的影响,结果发现,水热预处理的温度为 350 ℃,预处理小于 60 min 时,热解焦油的产率急剧增加,水热处理断裂了煤中的非共价键及醚键,使得羟基增加。

脱灰预处理,褐煤中灰分含量较高,对褐煤热解行为的影响较大。褐煤的大分子结构中,羧基化合物中阳离子(Ca^{2+}、Na^+、Mg^{2+})的存在使羧基热稳定性增加,热解过程中不但会生成 CO_2,而且与羧基结合的阳离子会与半焦的基体交联,使热解大分子片段的形成及释放变得困难,减少焦油收率。不同的工艺方法的处理效果不同。采用乙酸和甲氧基乙酸预处理褐煤,其阳离子脱除,焦油回收率增加,半焦回收率降低;采用 HCl/HF 酸洗预处理褐煤,气体回收率、焦油回收率、已烷可溶物增加,热解水和半焦降低;采用 HCl 和 HCl/HNO₃ 混合酸处理煤,煤的水分和固定碳增加,灰分和挥发分降低。

溶胀预处理主要用于研究煤分子间的作用力以及煤和溶剂间相互作用,获取溶胀度、溶胀速率、氢键强度等信息。溶剂溶胀预处理可以显著改变煤的大分子结构、提高煤的反应活性,减少煤中的氢键含量,抑制热解过程中的交联反应。不同的工艺方法有不同的处理效果。将褐煤置于四氢萘中,在 100 ~ 200 ℃ 下进行预处理,热解焦油回收率增加;采用甲苯、N - 甲基 - 2 - 吡咯烷酮、四氢萘等溶剂处理神华煤,煤中一些非共价相互作用被破坏,氢键含量降低。

离子液体预处理,离子液体的种类,尤其是离子液体中的阴离子,对褐煤的解聚有较大的影响。离子液体预处理对煤中含氧官能团结构作用明显,在一定程度上影响褐煤热解产物的分布,尤其热解焦油回收率显著增加。预处理还可以增加轻质焦油的回收率,但对轻质焦油的组成影响不大。不同温度的预处理对褐煤的影响有所差异,一般在 100 ℃ 下预处理,热解所得焦油含量最高。

(2)热解温度

温度是影响煤热解过程及其产物组成的最主要的因素之一,一般来说,随着热解温度的升高,挥发分的产率会上升,与此相对,半焦的产率会减少,而且温度高到一定程度时,半焦由于发生缩聚反应而变成焦炭。热解气一般会随着温度的升高而增加,但是温度对热解气不同组分的产率影响不同。焦油的产率一般会随着温度的升高先增大后减小,因为温度较高时,焦油可能会发生二次反应而分解,导致焦油减少。在实际应用中,根据热解温度的不同,常将热解分为以获取焦油为目的的低温热解(600 ℃ 以下),以获得煤气为目的的中温热解(600 ~ 700 ℃)和以制得高强度的焦油为目的的高温热解(1 000 ℃ 以上)。白效言研究了热解温度对低阶煤热解水中挥发酚的影响,得到了在 550 ~ 750 ℃ 时,随着热解温度的升高水中挥发酚质量浓度和总量基本呈上升趋势。Tyler 在小型流化床上对某种褐煤进行快速热解,实验得出:最大的焦油产率是在 580 ℃ 获得的,轻质烃类气体的产率随着温度升高而增大。此外,焦油和半焦的元素组成受热解温度的影响很大。

(3)升温速率

根据热解的升温速率不同,常将热解分为慢速热解(小于 5 ℃/s)、中速热解(5 ~ 100 ℃/s)、快速热解(100 ~ 10⁶ ℃/s)以及闪激热解(大于 10⁶ ℃/s)。升温速率的快慢主要会影响早期热解产物由煤颗粒的内部传递到表面的过程。王涛研究了不同升温速率下煤粉的热解特性,结果表明,不同升温速率下煤粉失重情况较为接近,提高升温速率能够加剧热解反应;随着热解反应的进行,因不同阶段化学反应的不同而导致活化能变化较大;不同升温速率下煤种对热解反应的影响不可忽略。张盛诚应用微分方程组研究了加热速率对孔隙结构变化的影响,结果表明,在膨胀阶段和收缩阶段,4 个孔隙结构参数的变化速率都存在一个峰值,随着加热速率的提高,煤焦的膨胀率、比表面积和分形维数都先增大后减小,而煤焦的孔隙率是一直增大的。

(4)热解气氛

热解气氛是影响煤热解过程和热解产物组成的主要因素之一,不同气氛对煤热解的影响不同。何秀风利用固定床热解装置对宁夏灵武、新疆哈密、神东 3种弱还原性煤及其对比煤样平朔煤进行研究,考察了以 N_2、N_2(80%)+ CO_2(20%)以及 N_2(98%)+ O_2(2%)为热解气氛时热解气相产物的生成规律,结果表明,CO_2 和 O_2 存在时参与反应,可使 CO_2 气氛下 H_2 的累积产率下降,CO 和 CH_4 的累积产率升高;O_2 气氛下 H_2、CO 和 CH_4 的累积产率均升高。气氛对不同煤样的影响幅度是不同的,对我国西部地区弱还原性煤样影响更大。牛帅星总结了不同热解气氛对煤热解行为的影响,其中氧化性气氛的存在不仅可以促进挥发性有机物的裂解,也可以与挥发性有机物发生反应进一步形成焦油及半焦;还原性气氛促进了煤热解自由基的生成,同时还原性气体热裂解也会形成自由基,这些自由基间的相互结合会进一步形成热解气、热解水、热解焦油及半焦。混合气氛热解有利于焦油产率的提高,且不同气体的混合对焦油中各组分含量及性质的变化均会产生较大的影响。

(5)热解反应器

目前,常用的热解反应器有固定床、流化床、移动床、回转炉和居里点热裂解仪等,不同的热解反应器可以实现控制不同条件的热解。

①固定床。在以焦炉为代表的固定床热解反应器中,煤由于受热,其温度随着时间的推移而增加,在 300 ~ 600 ℃ 温度范围内产生挥发分形成焦油。挥发分流入较低压力和较高温度的区域。炉壁的温度随时间变化通常从初始值约 800 ℃ 上升到 1 100 ℃。Farage 等在 He 气氛下,温度范围为 400 ~ 950 ℃,在一个直径为 2. 53 cm 的固定床上热解了一种高灰分、高水分的密西西比褐煤。实验发现,挥发分的质量和热解气的体积随着热解温度的升高而增大。而焦油产率则随着热解温度的升高而减小。

②流化床。流化床是可以将煤粉按照一定的给料率送入气氛流化的床料中连续进行的装置。流化床反应器中的挥发分的裂解可能类似于 LR 反应器中的挥发分反应,流化床反应器由于固体颗粒的搅动和气体夹带使焦油回收率增加。李海滨等使用流化床对神木煤进行热解实验。控制稀相区温度而改变浓相区温度,发现温度在 600 ~ 650 ℃ 时,液体产率最大。

③移动床。煤进入蒸馏器的顶部,并通过上方燃烧器产生的约 150 ℃ 热气下干燥,然后干燥的煤进入第二阶段,由下部燃烧器产生的热气体加热至最终温度(500 ~ 850 ℃),所产生的挥发分通过载气进入低温区,离开反应器时的温

度约为 240 ℃。在第二阶段形成的焦炭向下移动到第三阶段,通过再循环的低温热解气体冷却,最后从蒸馏塔底部排出。

④回转炉。回转炉主要用于水泥、冶金和石灰行业的反应器及废旧轮胎、塑料和生物质等有机废物转化成焦油,同时也用于煤焦热解。回转炉采用的加热方式有所不同,包括外部加热和热管内部加热或固体、气体热载体。回转炉和流化床中的挥发分的温度分布是相似的,但两种反应器中挥发分的停留时间是不同的:前者比后者长,特别是对于在低温下产生的挥发分。这表明,如果这些反应器在相同的温度下运行,回转炉中的挥发分的裂解比流化床更为密集。

⑤居里点热裂解仪。居里点热裂解仪用铁磁性材料作为加热元件,将其置于高频电场中,由于电磁感应的存在,材料升温,达到居里点温度后,铁磁质变为顺磁质,加热停止,因此温度会稳定在居里点温度。因此,居里点热解仪的优点是,温控精准,而且升温速率快。

2.2　低阶煤热解工艺研究现状

2.2.1　国外低阶煤热解工艺

1. COED 工艺

COED(coil oil energy development)工艺是由美国 FMC 和 OCR 共同开发的一种采用低压、多段流化床法煤热解方法。该工艺流程如图 2 - 2 所示,原煤粒度平均为 0.2 mm,依次按照顺序进入四个串联的流化床反应器,粉碎至 3.18 mm 以下的原煤放入第一段流化床,这一阶段被来自第二阶段的 480 ℃左右的流化气体加热直至气体净化,这一阶段主要是煤的干燥和预热作用。当煤料进入第二段流化床,被来自第三段的无氧流化气体加热至 450 ℃左右析出大部分焦油及部分热解气体,固体废物随之进入第三阶段流化床,被第四阶段的流化气体加热至 540 ℃,残留的焦油和大量热解气体析出,在最后一级反应器中,在其底部通入氧和水蒸气的混合物对中间反应器中产生的半焦进行部分气化,产生的气体依次进入前面的几段流化床反应器中并为其提供能量,反应器中压力在 35 ~ 70 kPa。

2. Toscoal 工艺

此工艺由美国油页岩公司开发,以固体陶瓷球为热载体,与煤同时置于回转式热解(热解)炉中进行低温热解。具体流程:首先对 6 mm 粒径以下的粉煤进行干燥,利用热烟气将其预热至 260 ~ 320 ℃;再将预热的煤输送至回转式热解炉内,与热的陶瓷球进行混合后在 500 ℃左右进行热解,热解温度保持在 427 ~ 510 ℃;热解反应后,陶瓷球与热解焦炭在旋转筒和分离器中分离,陶瓷球经提升器回到加热器中循环使用;热解焦经冷却器冷却;热解油气从分离器的顶部排出,进入气液分离器进行冷却分离出焦油,而热解气则进入下一步的处理和回收工序。

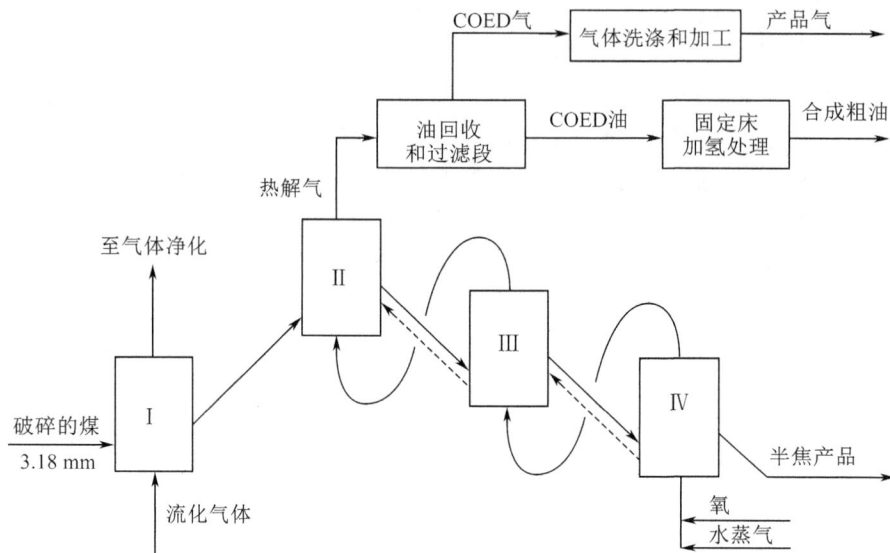

图 2-2　COED 法煤热解工艺

70 年代已建成处理量为 20 t/d 的中试装置。但由于陶瓷球被反复加热到 600 ℃以上,易使陶瓷球磨损;黏结性煤在热解过程中会黏附在陶瓷球上,因此仅有非黏结性煤和弱黏结性煤可用于该工艺。

3. 鲁齐-鲁尔煤气工艺(Lurgi Ruhrgas)

该工艺是德国的 Lurgi GmbH 公司和美国的 Ruhrgas AG 公司联合开发研究的以热的热解焦为热载体的内热式热解工艺。热解炉分为载流管和炭化器两部分。煤粒(粒度小于 5 mm)首先在载流管中加热至 800 ℃形成热解焦粒;部分热焦粒在沉降分离室内分离出废气后作为固体热载体,与原料煤在机械搅拌的重力移动床直立炭化器中混合后,在 480~590 ℃进行热解;热解气从炭化室的顶部排出,载体焦粒部分作为产品排出炭化器,部分经阀门返回至载流管。载流管底通入空气使少量载体热解焦燃烧以提供热量将其余载体焦粒加热,同时该部分的载体热解焦被高温流化的废气载流至上部沉降分离室,如此便形成了循环的载体焦粒,该工艺流程如图 2-3 所示。利用部分循环热解焦与煤进行热交换,而且燃烧热解气体用于煤的干燥,因此整个过程具有较高的热效率。鲁奇-鲁尔煤气工艺使用热半焦作为热载体的煤干馏方法,选用粉煤为原料,用冷煤气进行干燥和输送,煤经螺旋给料器通过导管进入干馏槽。导管中通入冷的干馏煤气使煤料流动,煤从导管中呈喷射状进入干馏槽,与来自集合槽的热半焦混合,进行热解。

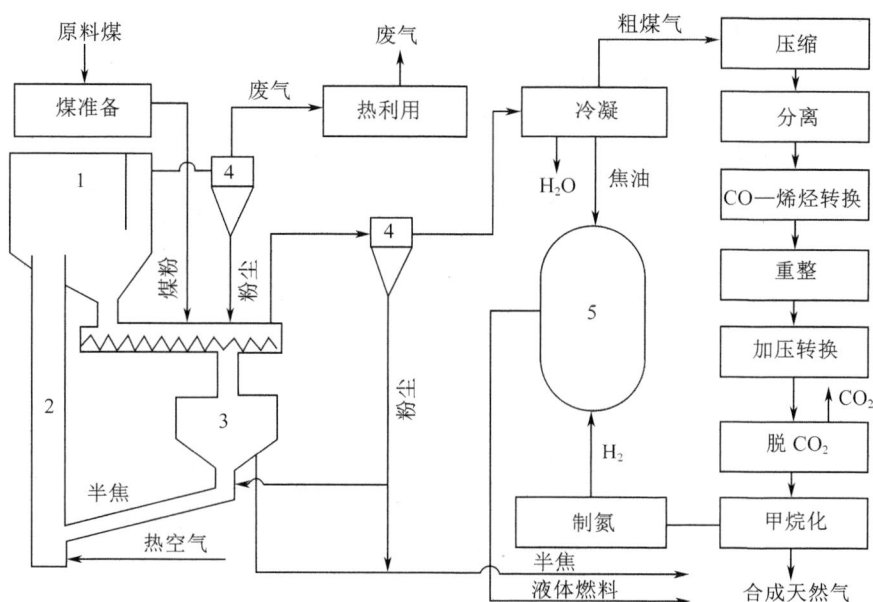

1—半焦分离器;2—半焦加热器;3—反应器;4—旋风分离器;5—焦油加氢反应器

图 2-3　鲁齐-鲁尔煤气工艺流程图

4. 鲁齐三段炉干流法

鲁奇三段炉法又称鲁奇-斯皮尔盖斯工艺,该方法是工业上已采用的典型方法,采用气体热载体内热式垂直干管炉,在我国俗称三段炉,该法热解过程如图 2-4 所示。煤料在热解炉内不断向下移动并与逆流而上的燃烧气换热使其不断被加热。在干燥段上段区域内,使得原煤的含水量达到 1.0% 以下,由下至上的燃烧气温度降至 80~100 ℃,在热解段,来自燃烧室的燃烧气将煤料加热到 500 ℃左右,发生热分解,生成的半焦进入下部冷却段;换热后的燃烧气与热解煤气混合从顶部排出。

5. CSIRO 工艺

澳大利亚的 CSIRO(commonwealth scientific and industrial research organization)工艺于 20 世纪 70 年代开始研究,用快速热解煤的方式获取液体燃料,先后建立了 1 g/h、100 g/h、20 kg/h 三种不同生产规模的试验装置,并对多种褐煤进行了热解试验。该工艺利用氮气流化的沙子床为反应器,将细粉碎的煤粒(<0.2 mm)用氮气喷入反应器中的沙子床内,加热速率约为 10^4 K/s,热解反应的主要过程约在 1 s 内完成。

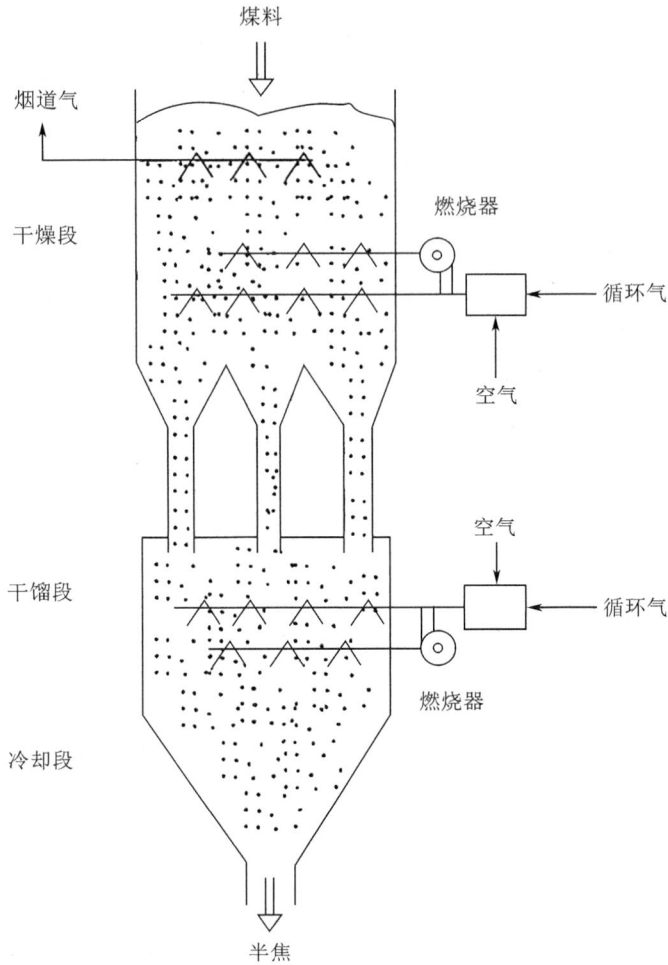

图 2 - 4   鲁齐三段式热解过程示意图

此工艺是在实验室开发的具有最大液体产率的工艺方法,并已建成23 kg/h热解煤、用空气或本工艺中的循环气为流化介质进行热解的中试厂。另外实验人员对热解焦油也进行了结构分析,并用不同的反应器进行了焦油加氢处理方面的研究。

6. 粉煤快速热解工艺(ETCH - 175)

ETCH - 175 工艺是由苏联开发的粉煤快速热解工艺,采用的是气体和固体联合作为热载体的方法,原料煤由煤槽输送到粉煤机,并供入 550 ℃左右的热烟气,把粉煤用上升气流输送到干煤旋风器中,与来自加热提升管的热粉焦混合,发生热解反应并生成挥发分,挥发分经冷凝分为焦油、煤气及冷凝水。半焦和热载体半焦部分作为热载体循环利用,多余半焦作为产品送出。该工艺流程如图 2 - 5 所示。

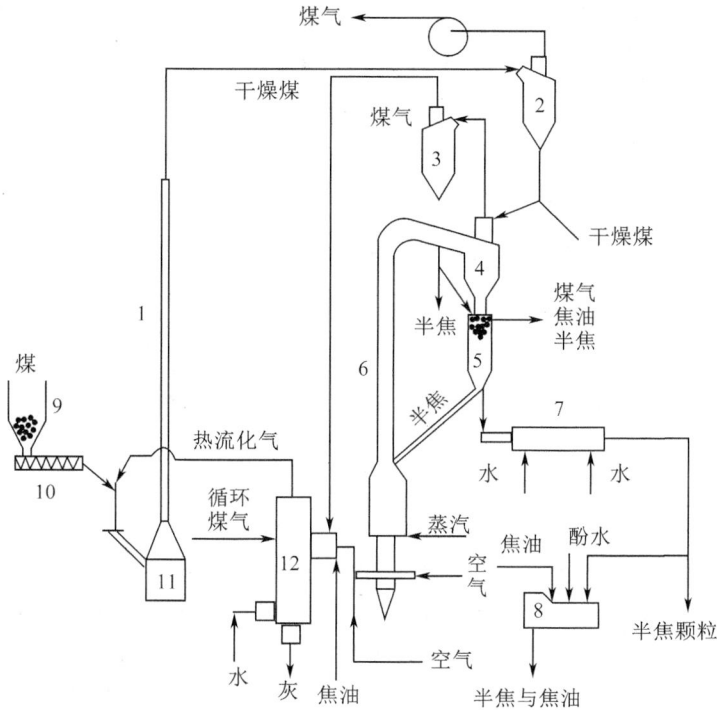

1—煤干燥罐;2—干煤旋风器;3—热焦旋风器;4—旋风混合加热器;
5—热解器;6—粉焦燃烧提升管;7—粉焦冷却器;8—混合器;9—煤槽;
10—螺旋加料器;11—粉煤机;12—燃烧炉。

图 2 - 5　粉煤快速热解工艺流程(ETCH - 175)

该工艺具有设备结构简单、热解时间短的优点,系统能量效率可达 83% ~ 87%。缺点是以烟气作为干燥粉煤的热源,煤热解产生的气体产物被烟气稀释,煤气品质下降,增大了气体分离净化系统的复杂性和能耗。该工艺的最大规模为在克拉斯诺亚尔建成的 4 200 t/d 的工业化装置。

7. 美国钢铁公司洁净焦炭工艺

洁净焦炭工艺采用热解和加氢平行运行的方法以生产冶金焦、焦油、油品、有机液体和气体。在 ERDA 支持下已经建立了实验 PDU,并进行了试验。

该工艺的热解是在竖立二段流化床内进行的。煤经洗选后,一部分在流化床内于富氢和基本无硫的循环煤气存在的情况下进行热解,煤中的硫大部分脱除,产生的半焦用本工艺生产的焦油作为黏结剂压制成型,型块经过改质和燃烧,生产出坚硬、低硫的冶金焦和富氢气体。另一部分煤首先和本工艺生产的载体油混合制成浆,然后在 21 MPa ~ 28 MPa 和 482 ℃ 条件下进行非催化加氢,最后把从残渣中分出的液体和气体加工成液体燃料、化工原料和油,油返回本工艺。其工艺流程如图 2-6 所示。

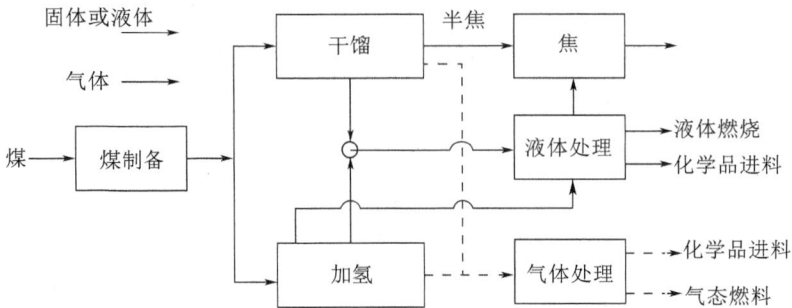

图 2-6 美国钢铁公司洁净焦炭工艺流程简图

8. Garrett 工艺

美国 Garrett 公司使用气流床反应器开发了新型热解技术,后来与西方石油公司共同对原工艺进行了改进和发展并命名为 Garrett 法。该工艺流程如图 2-7 所示,该法是为生产液体和气体燃料及适于作为动力锅炉的燃料设计的,其依据是短停留时间和快速热解能获得较高的焦油产率。热载体是经空气加热的自产循环高温热解焦(650~870 ℃)。热解在几分之一秒内发生,停留时间小于 2 s,因而挥发物二次裂解最小,液体产率高。产油的最佳温度范围是560~580 ℃,在 577 ℃时,焦油产率高达 35% ;600 ℃以上产油量逐渐减少,产气量逐渐增大。在气流床反应器中,流化介质是利用炭化后的煤气,经分离出热解焦和液体产品之后返回到循环系统中,液体产品进行加氢制成煤基原油。此外还得到热解焦和发热量 22 MJ/m³ ~24 MJ/m³ 的中热值热解气。

1972 年建成了处理煤量 318 t/d 的中试装置,循环热解焦量为 27 t/d。但由于生成的焦油和细颗粒热解焦附着在旋风分离器和冷却管路的内壁而影响系统的长期运行。

9. LFC 工艺

该由美国 Encoal 公司、SGI 公司和 SMC 矿业公司联合研发,属于一种轻度热解的工艺。破碎至粒度(3~50 mm)的原煤经干燥后,置于热解炉内进行热解反应。热解焦在激冷盘,旋转冷却器中冷却至常温;之后进入精制反应器中精制,得到固体产物 PDF(process derived fuel)。为了有效抑制颗粒物飞扬和吸附水分,添加了 MK 抑尘剂。热解气从炉中出来经除尘冷却后进入静电捕集器,收集得到液体焦油 CDL(coal derived liquids)。经捕集 CDL 后的气体,一部分用于热解炉的燃料热源,另一部分进入干燥燃烧炉,产生的烟气和干燥炉中循环的一部分烟气一起作为干燥炉的干燥热源。

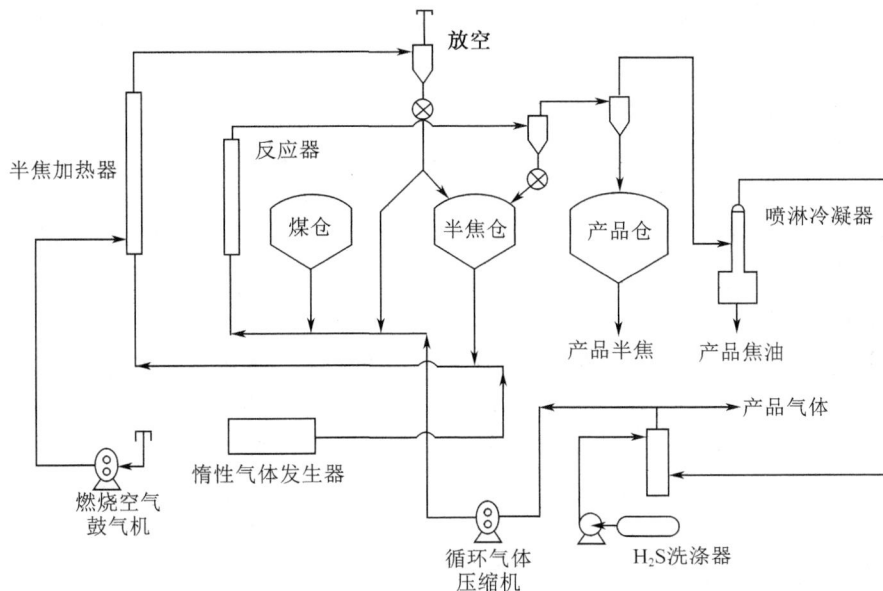

图 2 - 7　Garrett 法工艺流程图

　　该工艺将在低阶煤热解可得到固体 PDF 和液体 CDL 两种产物。1 t 原煤可产出 0.5 t 固体产物和约 64 kg 液态产品。但该工艺复杂,操作水平、控制水平要求高;热解气热值低、系统热量无法平衡、需额外补充 30% 的热量。Encoal 集团采用该工艺,于 1992 年建成了处理能力为 1 000 t/d 的示范装置(encoal 工厂),2012 年大唐华银公司与中国五环工程有限公司合作完成处理能力为 30 万吨/年的示范装置。

　　10. ECOPRO 工艺

　　ECOPRO 工艺是日本新日铁公司开发的粉煤部分加氢快速热解技术,该工艺反应器由下部的部分氧化气化反应器和上部的部分加氢热解及重整反应器组成。粒径破碎至小于 50 μm 的煤粉进入下部反应器与上部热解反应器中产生的热解焦进行混合,以氧气和水蒸气为气化剂,在 1 500 ~ 1 600 ℃ 和 2.5 MPa 下发生气化反应,产生富含 CO 和 H_2 的合成气,并液态进行排渣。热解反应器所需热量由下部气化产生的高温合成气提供,瞬间完成热解反应。热解产生的热解焦全部返回至反应器下部进行气化,热解产生的气体经净化后,一部分作为富氢气体进入热解反应器提供热解氢源;另一部分作为合成气产品(H_2 和 CO 体积分数可达 78%,热值为 12 560 kJ/m^3),净化冷却后得到的轻油可做液体产品。

　　该工艺耦合了气化和热解技术,在气化产生的富氢气体氛围下,进行快速热解反应,产生的焦油轻质组分可高达 90%,系统的能源转化率为 88%。该技术工艺研究始于 1996 年,日本新日铁公司于 2008 建成产能 20 t/d 的中试装置。

11. 日本的粉煤快速热解工艺

该工艺热解反应器包含两段气流床,实现了热解和热解焦气化的技术耦合,最大限度地获得气态(煤气)和液态(焦油和苯类)产品。原料煤经干燥并粉磨到 80% 小于 0.074 mm 后,经加料器喷入热解反应器,再被气化反应器产生的高温热解气加热,在 600 ~ 950 ℃ 和 0.3 MPa 下,几秒内发生快速热解,产生热解气、热解油和热解焦。热解反应器中的气、固两相同时向上流动进入高温旋风分离器,分离出来的热解气经冷却、净化处理后,得到热解气、焦油和苯类产品。分离出来的热解焦部分进入气化反应器,在 1 500 ~ 1 650 ℃ 和 0.3 MPa 下发生气化,为热解提供热源,其余部分冷却后作为兰炭利用。

该工艺将热解与气化反应集中在同一反应器中的不同阶段进行,节约空间的同时提高了设备加压的成本。1 t 高挥发分原料煤经快速热解,大致可得到 1 000 m³ 热值为 17.87 MJ/m³ 的热解气,热解焦的产率为 25%,焦油产率为 7%,同时可副产 35 kg 苯类产品。日本先建成产能 7 t/d 的工艺开发试验装置,后于 1998 年建成产能 100 t/d 的中试装置。

2.2.2 国内低阶煤热解工艺

1. 多段回转炉(MRF)热解工艺

MRF 工艺由煤炭科学研究院有限公司煤化工分院开发,设备主体是 3 台串联的卧式回转炉,是典型的外热式热解法。制备好的原煤(6 ~ 30 mm)首先进入干燥炉内直接干燥,然后送入回转热解炉。干燥煤在热解炉中被间接加热。热解温度 550 ~ 750 ℃,热解挥发产物从专设的管道导出,经冷凝回收焦油。热半焦在三段熄焦炉中用水冷却系统排出。其工艺流程图如图 2 - 8 所示。MRF 工艺的特点如下:

(1)干燥炉的加热采用内热式,即热解炉排出的热烟气与煤料逆向接触换热,原煤脱水率不小于 70%,极大简化了含酚废水处理系统;

(2)热解炉为间接加热,避免了煤气被其他气体稀释,煤气品质好;

(3)加热炉的燃料种类灵活性高,可为固体或气体,也可二者混合使用;

(4)可根据产品用途实时调整工艺实施路径,以得到不同粒度和挥发分的粒状煤焦产品。

缺点是热效率低、粉尘易沉积和堵塞。该工艺的最大规模为 20 世纪 90 年代初在内蒙古海拉尔建成的产能为 5.5 万吨/年示范装置。

2. 内热式气体热载体工艺

20 世纪 90 年代,陕西神木市三江公司辰龙集团于内蒙古兴安盟与西安交通大学、西安建筑科技大学合作开发出采用内热式气体热载体热解工艺的 SJ 低温热解方炉,其传热方式是内热式,热载体为热烟气。目前,经生产实践检验证明该工艺是一种适合当地煤种的低温热解装置,现已得到广泛应用和推广,其基本工艺如图 2-9 所示。

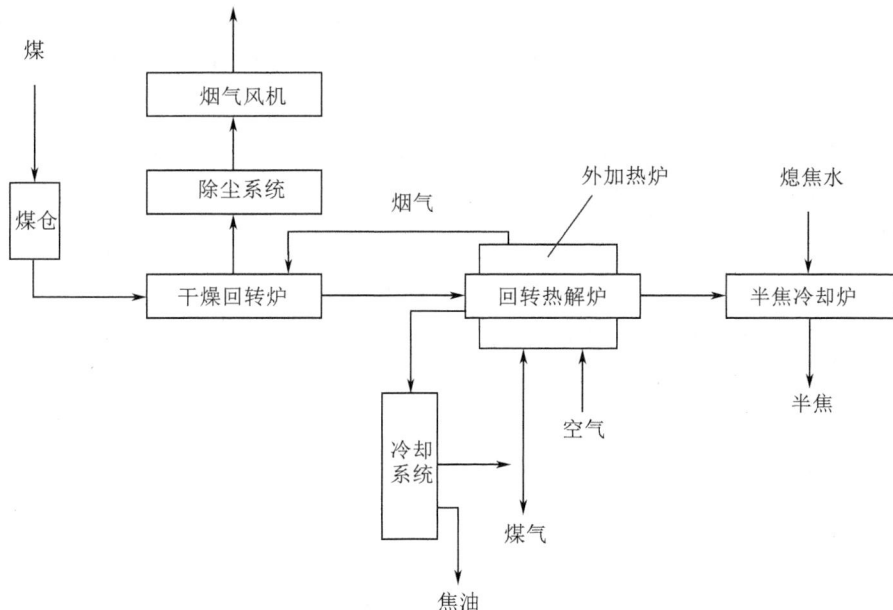

图 2-8　多段回转炉热解工艺流程示意图

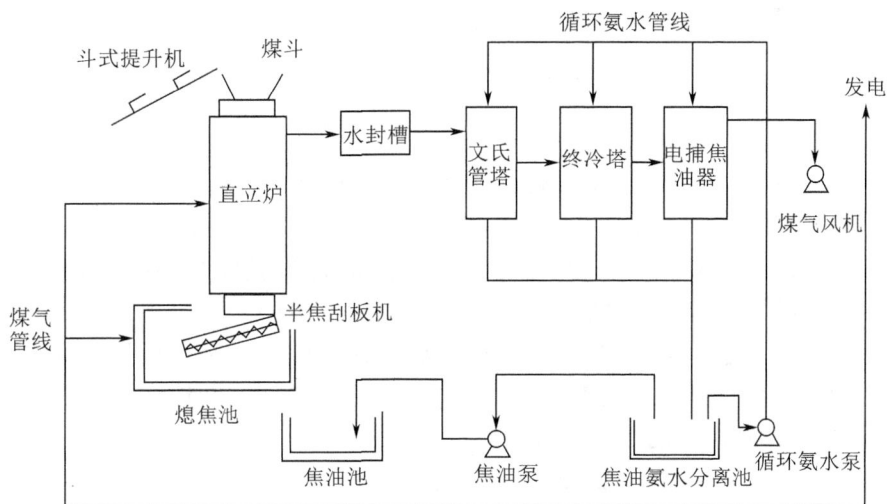

图 2-9　内热式气体热载体工艺流程示意图

3. 固体热载体热解技术

(1)固体热载体热解多联产工艺(DG)

褐煤固体热载体热解多联产工艺是20世纪90年代由大连理工大学开发的。工艺流程见图2-10。0～50 mm原料煤粉碎至6 mm以下送入煤斗中,在送料机的作用下送入干燥提升管中,来自载体半焦储槽的流化烟气将湿煤加热并提升至旋风分离器,煤料与烟气经过旋风分离器后,分离出的煤料进入混合器,于550～650℃在热解炉中发生热解反应,热解后的半焦部分作为载体由流化燃烧炉燃烧生成的高温流化烟气通过载体半焦提升管加热,并运送至载体半焦储槽;荒煤气进入后续系统进行化产回收。

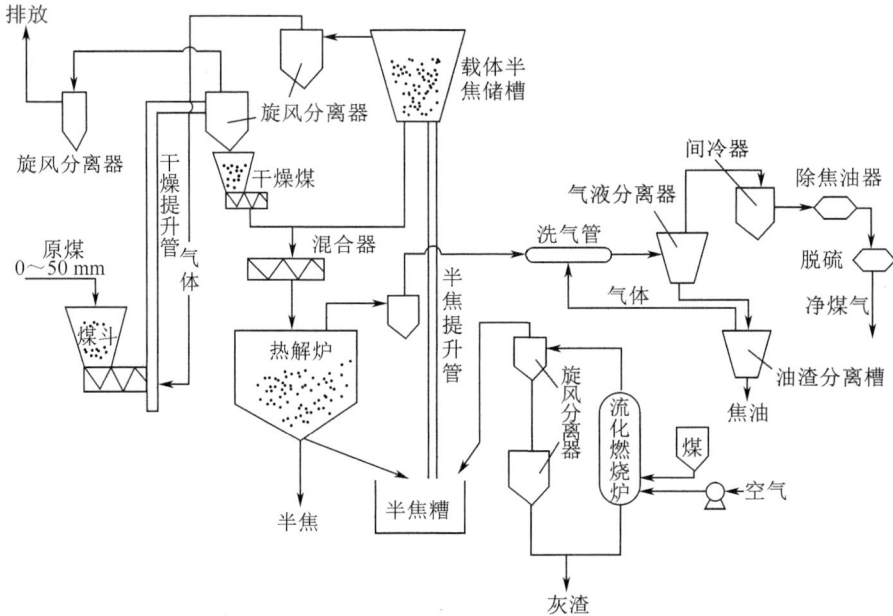

图2-10　固体热载体热解工艺流程示意图

该工艺最大的优点是具有较高的热效率,因此其得到的产品焦油率也是非常高的,且煤气质量好,属于优质的民用煤气和工业燃气。对于该工艺所对应的相关工业示范区也于2012年建成,但是目前来说,该工艺在应用过程中存在一些问题,无法长期进行运转控制,因此需要进行长期不断地深入研究及改造优化,以便达到高效使用的目的。

(2)循环流化床煤分级转化多联产技术(ZDL)

该技术也称为循环流化床热-电-气多联产技术,由浙江大学热能工程研究院研发,其热载体主要是通过循环流化床锅炉的高温热灰进行的,传热方式为内热式,主要是利用了各个组成及转化的特性,达到了煤热解已经燃烧的分解转化,从而提取到煤气和焦油,并将剩下的半焦作为发电产品,实现高效转换。目前该技术已经在淮南新庄孜电厂完成了试生产,但是该项目目前实施不稳定,需进行多方面的研究和完善,以达到稳定持续经济运行的目的。其工艺流程图如 2－11 所示。

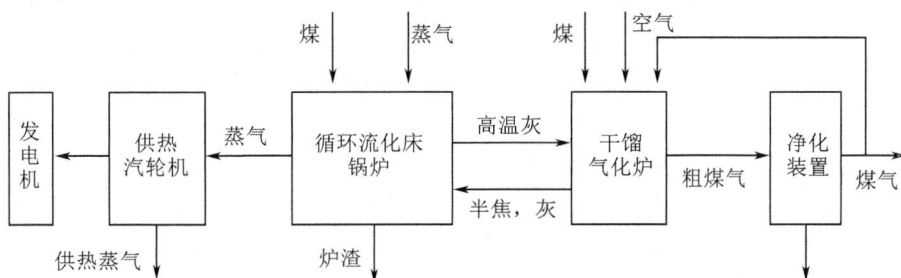

图 2－11　循环流化床热－电－气多联产技术流程图

4. 流化床粉煤气固热解技术

流化床粉煤气固热解技术是将灰融聚流化床粉煤气化(CAGG)和快速流化床技术(HSB)组合开发出来的,其热载体为气化煤气。一部分原料煤与干馏后的半焦混合作为气化炉的原料被气化,其余原料煤与气化煤气一起进入快速流化床混合,随后进入提升管完成热解,干馏产生的热解气和气化煤气一起进入后续除尘系统进行煤气净化回收。

5. 热解工艺技术(LCC)

热解工艺技术是在大唐华银公司基于美国 FC 技术的基础上进行的创新和研发,该项技术主要的目的是生产半焦和低温焦油,由于该工艺主要使用低氧热烟气,所以其具有很小的粉尘量,同时具有很高的安全性能。通过钝化处理后产品能够长时间地进行堆放,装置也方便进行放大,能够储存很大的能量,其参数能够进行调节,工艺较为简单,从而实现了动态控制。

6. 粉煤热解－气化一体化技术(CCSI)

由延长集团碳氢研究中心自主开发的具有知识产权的粉煤热解－气化一体化技术(CCSI),是在一个反应器内完成煤的快速热解和半焦的高效气化,煤粉在热解区发生热解生成油气、半焦,半焦返回到气化区气化产生合成气。由于反应器内独特的流化状态和温度梯度分布,加快热解反应产物的扩散速率、饱和不稳定自由基,减少焦油二次反应,焦油收率大幅提升。72 h 现场标定结果表明:空气气化条件下,煤焦油收率 17.12%,煤气有效气组分 35.10%,热值

1 253.39 kcal/Nm³①。2017 年 4 月,经过中国石油和化学工业联合会的技术鉴定,整体技术处于国际领先水平。

7. 龙成低温热解技术

河南龙成集团低温热解技术利用旋转床进行热解,解决了在高温下的动态密封性、内热式取热等问题。2014 年 3 月在河北曹妃甸投产 1 000 万吨/年的旋转床热解装置,经过高温油气除尘、油气洗涤后,产生粗合成气和含酚废水,用来提取氢气和粗酚。经过中国石油和化学工业联合会的技术鉴定,煤焦油产率 11%,达到国际领先水平。

8. 蓄热式无热载体旋转床热解技术

北京神雾集团开发的蓄热式无热载体旋转床热解技术,采用蓄热式辐射管对粒径为 10～100 mm 的煤粉进行加热,传热方式为外热式,热载体为热烟气,炉内采用强制对流传热的形式来强化传热效果和受热均匀性,使煤粉经预热区、反应区后最终加热至 500～700 ℃进行热解反应。经过国家能源局科技司组织的科学技术成果鉴定会,认为该技术达到国际领先水平,目前处于试验阶段。

9. 气化－低阶煤热解一体化技术(CGPS)

由陕西煤业研究院和北京柯林斯达共同完成,利用热解半焦高温气化产生的高温煤气湿热作为热解的热载体,干燥段独立脱水便于回收利用,气固分离效率高,产物煤焦油和煤气品质较好,能源利用效率 92.5%。2015 年 7 月,经过中国石油和化学工业联合会的技术鉴定,该技术推进低阶煤定向热解制高品质煤焦油和煤气技术研发进程属国际首创,居国际领先地位。

10. 低阶粉煤气固热载体双循环快速热解技术(SM～SP)

该项技术由陕西煤业上海胜帮与陕北乾元能源化工有限公司共同开发,以粉煤为原料进行低温快速热解,利用固体热载体高热容与气体热载体快速传热传质,智能化控制油、气、焦的分离系统,高温油气经过急冷塔、分馏塔产生煤气和焦油,分馏塔分离出的焦油作为洗涤介质循环使用,气固分离得到的粉焦,一部分返回至反应器作为固体热载体,另一部分粉焦经冷却后作为产品。能源转换效率 80.97%,煤焦油收率 17.11%。2016 年 8 月,经过中国石油和化学工业联合会的技术鉴定,达到国际领先水平。

11. 内构件移动床煤热解技术

中科院过程工程研究所许光文研究员团队利用内构件移动床反应器为核心,通过间接加热、固体热载体两种技术工艺实现新型热解技术,快速导出热解产物,减少油气产物的二次裂解反应。煤焦油收率达到葛金热解收率 85% 以上,含尘量 0.1%,煤气中氢气、甲烷含量达到 70% 左右。

---

① 1 kcal = 4.1868 kJ

2.2.3　其他技术在热解工艺中的应用

1. 快速热解

（1）微波热解

微波波长在 1 mm ~ 1 m，是属于频率在 3.0×10^2 MHz ~ 3.0×10^5 MHz 的电磁波。微波因其独特的选择性加热、加热均匀、热效率高、能耗低、易于控制等优点，正日益引起人们的重视。与常规加热方式不同，微波加热属于介质加热，而不是利用外部热源的热传导或者由表及里的热辐射。微波加热是材料在电磁波中由介质损耗而引起的体加热，介质材料由极性分子和非极性分子组成。当介质在交变磁场中，带有不对称电荷的分子受到磁场的激发而转动，其分布状态由随机态转为依电场方向进行取向排列。在微波电磁场作用下，这些取向运动以每秒数亿次的频率不断重新排列，在克服物体内部原子的无规则运动和分子间干扰作用时摩擦做功而产生热效应来对物料加热。在微波场中，物质吸收微波的能力与其电磁特性和介电性能有关，介电损失能力越强、介电常数较大的极性分子与微波有较强的耦合作用，可将微波电磁能转化为热能。在相同微波条件下，不同的介质组成表现出不同的温度效应，该特征适用于对混合物料中的各组分进行选择性加热。煤常规热解和微波热解加热示意图如图 2 - 12 所示。

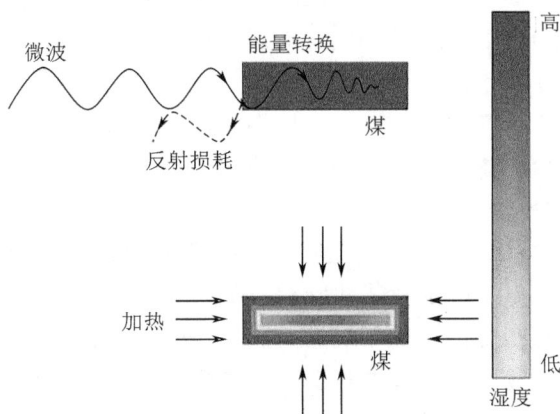

图 2 - 12　煤常规热解和微波热解加热示意图

基于微波加热具有选择性加热、即时性易于控制、具有很强的穿透性、能量高且节能、安全等优良性能，国内外研究者将微波加热到热解领域，并进行了大量的研究，研究显示微波热解是一种代替常规热解的很好的选择。

（2）等离子体热解

等离子体是由完全或部分电离的导电气体组成，气体在外力作用下发生电离，产生数量相等、电荷相反的电子和正离子及游离基，它们之间又复合成总体呈电中性的原子和分子。等离子体具有导电性、电准中性、与磁场的可作用性，同时具有能量高度集中、电热转换效率和传热效率高的特点。

等离子体热解是煤的快速高温热解的一个极端情况，主要产生乙炔和少量炭黑，对于此法，我们需要解决两个难点，在将煤送入等离子体时如何减轻对炉衬的磨损及如何控制反应产物快速冷却导致的乙炔分解。为此，通常使用的是旋转或磁旋转等离子体，并使得分解产物的停留时间在几毫秒以内。

2. 共热解

生物质是新世纪关注的重要能源，富含较多的氢，可作为低阶煤热解的供氢剂。生物质热解产生大量小分子自由基碎片，与煤热解产生的自由基结合，由此获得高品质气体和液体产品。常用的生物质有碎木屑、秸秆、藻类等。对于生物质与煤是否存在热解协同作用，目前仍存歧义，部分研究认为生物质较煤先热解，煤热解初期产生的碎片自由基被氢原子、烷基等小分子自由基稳定，提高了热解速率和转化率。

王春霞等研究了不同配比下的浒苔混合物等生物质与低阶煤进行的低温共热解，考察随着浒苔配入量的增加各热解产物的产率和品质的变化，结果表明，浒苔配入量为30%时，焦油产率达到最大值11.39%，比低阶煤单独热解提高了28.61%。何选明等研究了用自行改装设计的干馏炉对不同配比的凤眼莲（EC）和低阶煤（LFC）进行低温共热解实验，得出凤眼莲添加量为30%时热解油产率达到最高值11.32%，与纯煤时对比提高了24.81%，比质量加权值提高了5.11%；选取凤眼莲、煤样和凤眼莲添加量为30%的混合样进行了热重分析，在300~700℃温度段，实验失重量明显大于质量加权值，对热解油进行了GC-MS检测，共热解油中烷烃含量比纯煤时提高了34.46%。阎维平等研究了秸秆、稻壳、玉米芯、木屑、沙柳枝和叶、旱柳枝和叶、芦苇等13种农林废弃物、草木类等生物质与褐煤的共热解特性，发现不同比例的生物质混合物与褐煤在共热解中，热解产物的产率基本等于单独热解生物质和褐煤的产率加权平均值。

3. 加氢热解法

（1）加氢热解

加氢热解是使氢与低阶煤裂解产生的自由基结合，形成结构稳定的小分子量气态产物析出，减少了大分子间的二次聚合，有效改善热解焦油及热解气品质。Coalcon技术是一种采用一段流化床非催化加氢的方法，是在中等温度（最高至560℃）、中等压力（最高6.859 MPa）、煤的停留时间最长9 min的条件下进行的操作。用氢气使反应器内的煤和焦呈流化态,氢气与煤反应放出的热量加热煤和氢气。锅炉烟气可将煤干燥并预热至约 327 ℃,再经锁斗用氢气输送至加氢热解反应器,其流程如图 2 – 13 所示。该工艺可选用黏结性煤,进煤与大量的循环热解焦混合可防止煤结块。

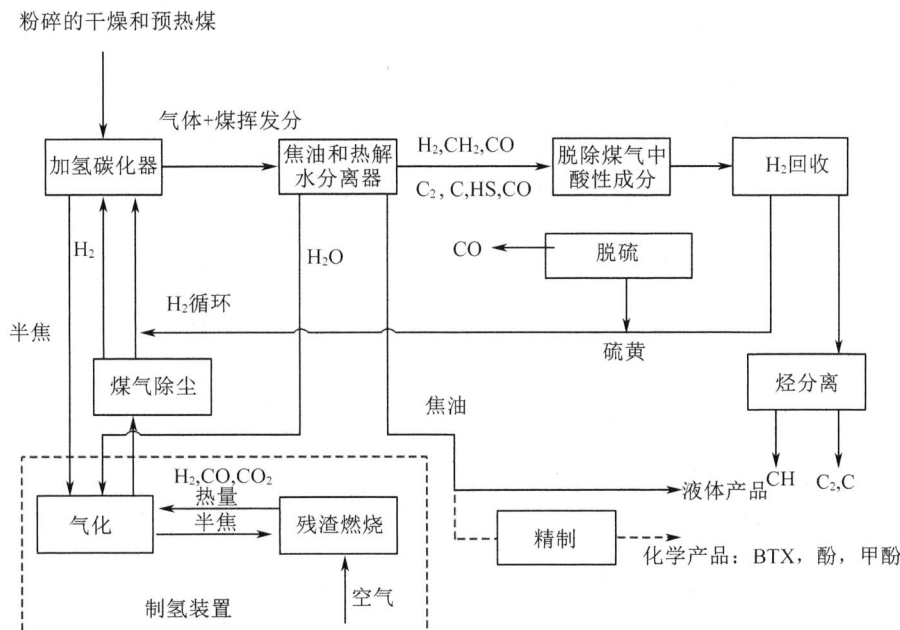

图 2 – 13 Coalcon 加氢热解工艺流程

此工艺的优点是不使用催化剂,氢耗低、操作压力低、有处理黏结性煤的能力,液体和气体产率高,产品易于分离。

(2)快速加氢热解工艺

煤的快速加氢热解(flash hydro pyrolysis,FHP)是国外开发的一种煤炭转化技术。它是以 10 000 K/s 以上极高的升温速率加热煤,在温度 600 ~ 900 ℃ 和压力 3 MPa ~ 10 MPa 条件下,处于氢气气氛中仅仅数秒之内完成的热解。通过这种方法最大程度从煤中获取苯、甲苯、二甲苯(BTX)和苯酚、甲酚和二甲酚(PCX)等液态轻质的芳烃(HCL)和轻质油等。同时得到富甲烷的高热值热解气,其气液态生成物的总碳转化率可达 50% 左右,国际上称之为介于气化和液化之间的第三种煤转化技术。

为了进一步提高产量,美国 Carbon Fuels 公司开发了煤加氢热解与整体煤气化联合循环发电系统(integrated gasification combined cycle,IGCC)联合循环发电的新工艺。煤经热解反应后制得三苯、轻质油和燃料油,残余热解焦用于气化;热解和气化产生的气体可用于制甲醇和氨,富甲烷的气体可用于联合循环发电,剩余的氢气循环用于热解的载气。

加氢热解 – IGCC 联合工艺如图 2 – 14 所示,该新工艺结合了加氢热解、半焦气化和发电三种装置,可降低投资和操作费用;热解焦可全部使用,氢能得到充分利用;总热效率高达 60%。

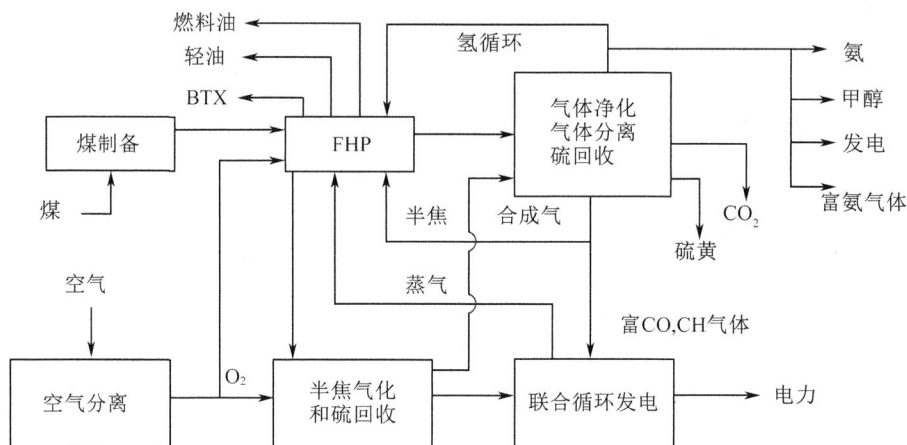

图 2 – 14　加氢热解 – IGCC 联合工艺

(3)加氢热解与尿素合成新工艺

日本大阪煤气公司开发了加氢热解与尿素合成的煤利用新工艺,流程如图 2 – 15 所示。日投加量 2 000 t,尿素产量 64 × 10^5 t/a、硫铵 6 800 t/a、三苯 7 200 t/a 以及轻质油 4 300 t/a,同时生产热值达 18.8 MJ/m^3,煤气(标)100 × 10^4 m^3(标)/d,煤可以得到优化利用。

4. 催化热解法

低阶煤催化热解即在热解过程中加入催化剂,通过促进裂解、抑制二次聚合等作用,实现热解产品的定向调控及品质优化,是近年来低阶煤热解研究的重要方向。

杨晓霞以钴盐为催化剂,对神府煤进行催化热解研究。研究了钴离子添加量、温度以及热解方式等因素对于热解的影响,得到了钴系催化剂、温度及热解方式均对热解焦油的回收率和焦油轻重组分含量有很大的影响。高福星等采用 Mo 系、Fe 系催化剂对内蒙煤、新疆煤进行了催化热解研究,研究表明 Mo 系、Fe 系催化剂都能提高热解焦油的回收率。内蒙煤在 Mo 系催化剂的作用下,热解焦油中酚类含量明显降低,萘的含量增加;而在 Fe 系催化剂的作用下,轻质芳烃含量增加。马晓迅等利用 NaX 分子筛和钴钼氧化物负载的 NaX 催化剂对黄土庙煤进行催化热解,产物中芳烃和脂肪烃的产率均增加。邹献武等在喷动 - 载流床中考察了 Co/ZSM - 5 分子筛催化剂对煤热解产物组分的影响,发现钴基催化剂能够促进产物中脂肪烃、芳香烃和酚类物质的生成。

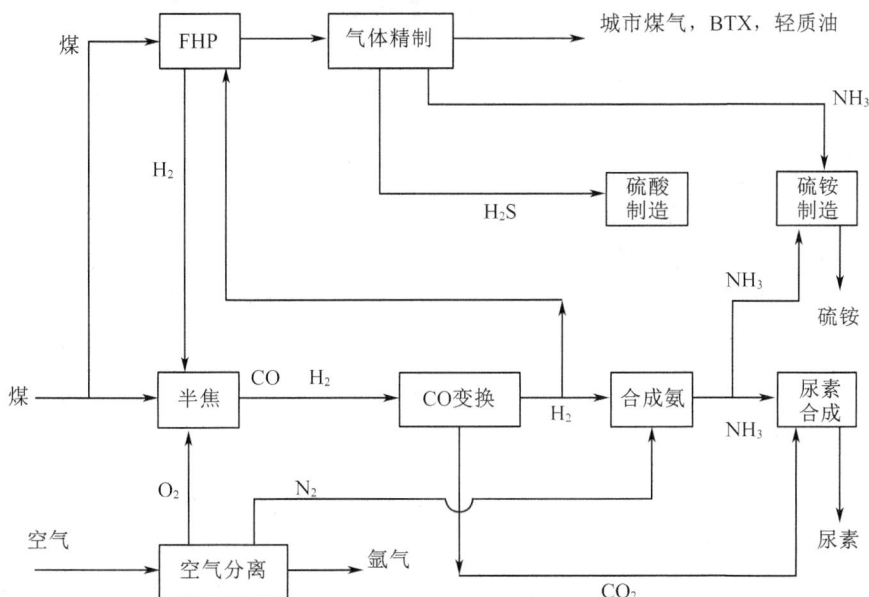

图 2 - 15　加氢热解与尿素合成新工艺流程示意图

2.2.4　低阶煤热解过程中的产物分布

1. 热解气

煤气属于煤热解产生的可燃性气体,主要含有 CH_4、H_2、CO_2、CO,除此之外还有少量的 N_2、$C_2 - C_3$ 烃类以及含 S、N 等具有污染性的气体。一般烟煤的烃类产物含量较高,而低阶煤中则少。一般对中低温产生的煤气的综合利用有以下几种途径:燃气和发电;煤气制 CH_3OH、H_2、天然气和化肥以及煤气制氢气联产天然液化气工艺。

赵洪宇等利用固定床反应器对不同的低变质煤的锡林郭勒褐煤和宁夏石嘴山无烟煤进行热解并分析其在 CaO 催化热解下产物的分布。具体为从室温至 300 ℃阶段主要是煤中水分以及煤孔隙中吸附的 CO_2、CH_4、N_2 的脱除,在此阶段褐煤和无烟煤均没有气相产物析出。在 300 ~ 600 ℃阶段,以解聚和分解反应为主。在 500 ~ 600 ℃时,添加 2% 的 CaO 后褐煤热解生成的 CO_2 的产率小于未添加 CaO 的煤样,添加 CaO 与否对其他 3 种气体 H_2、CH_4、CO 产率影响不大,而无烟煤无论添加 CaO 与否,均没有热解气相产物析出。

2. 热解油

煤焦油是煤热解的液体产物,根据不同的热解温度和热解过程,可将煤焦油分为低温煤焦油(450 ~ 600 ℃)、中温煤焦油(700 ~ 900 ℃)、高温煤焦油(1 000 ℃左右)。对于低温煤焦油是煤热解一次热解的液体产物,经继续加热,煤焦油会再次裂解,生成中温煤焦油和高温煤焦油。煤焦油是一种以芳香烃为主的易燃的有机混合物,其中含有一万多种化合物,但能提炼出来的只有二百多种,在实际生活和生产中用得到的仅有五十多种,这五十多种化合物通过深加工可以获得医药、材料、精细化工产业的基础化工材料,如轻油、酚、咔唑、吲哚、萘、洗油、蒽、煤沥青等。目前中低温煤焦油的深加工有三种工艺路线:精细化工路线、延迟焦化路线、加氢路线。加氢路线是目前处理煤焦油最佳及最主要手段,根据产品种类的不同。又可细分为三小类路线,即燃料型、燃料–化工型和燃料–润滑油型。通过这些路线主要可以获得的产品有汽油、柴油、燃料油、酚类化合物、浮选油、橡胶溶剂等。总体来讲,加氢路线主要是将芳烃、胶质、煤沥青加氢饱和,裂解开环加氢制得低分子饱和烃,同时脱出硫、氮、氧和金属。

3. 热解焦炭

半焦主要是指煤在中低温条件下(450 ~ 900 ℃)的热解固体产物,而焦炭主要指煤在高温(900 ~ 1 200 ℃)条件下,半焦进一步受热缩聚脱氢而生成的固体产物,焦炭目前主要用于高炉冶炼、铸造和气化等过程。相对于焦炭来说,半焦的使用相对更加广泛。半焦因反应性高、比电阻高、孔隙率高、热值高等特点可以被用作优良的动力和民用燃料;半焦的价格低廉也被广泛用作优质的气化原料,比如化肥厂用其代替无烟煤和焦炭气化并合成氨;热解产生的半焦还因为低灰、含硫和磷低、含固定碳高及活性高等特点使其可代替煤化度高的无烟煤作为高炉喷吹的原材料;中低温过程生成的半焦目前是性能最好的铁合金和电石的还原剂。

2.3　低阶煤热解工艺及应用展望

目前,国内外传统的低阶煤气体热载体和固体热载体热解工艺大多处于试验或示范性装置运营阶段,未实现大规模运行,主要有两大原因:第一,焦油含尘量高,后续加工处理难度大,且焦油和半焦颗粒易黏附在分离设备上,影响系统的长周期运行;第二,热解工艺较复杂,规模放大和操作稳定性方面存在问题。

根据国内外近年来热解技术的现状来看,当前热解技术发展方向是深入认识煤的键合结构,以及煤在热场中的自由基反应过程与调控原理,研发新型热解反应器,并采用催化热解调控热解过程,改变产物分布,解决油气质量控制问题,提高油气产率和品质。

第3章 热解过程中污染物的产生及控制技术

3.1 煤热解过程中硫元素的迁移与控制

煤中总硫含量因煤种不同而差异很大,处于 $0.2\% \sim 11\%$,但是大多数煤的含硫量在 $0.5\% \sim 3\%$ 。国内外文献中有学者把含硫 2% 以上的煤通称为高硫煤。依据《煤炭质量分级 第 2 部分:硫分》(GB/T 15224.2—2010),煤分为低硫煤(干基总硫含量 $S_d\% \leqslant 1.0\%$)、中硫煤($1.0\% < S_d\% < 3.0\%$)和高硫煤($S_d\% \geqslant 3.0\%$)。但也有文献根据煤的含硫量分为特低硫煤、低硫煤、低中硫煤、高中硫煤、高硫煤和特高硫煤等多个等级。可见,煤中硫等级的划分并没有严格的科学定义。

中国煤炭分布极广,其硫含量有很大变动,为 $0.2\% \sim 10\%$ 。中国科学院地球化学研究所胡军等对 290 个煤样品进行了分析统计,得出煤中硫分含量的加权平均值为 0.9% ,其中中高硫煤样占 28% 。关于我国主要煤田中硫分布状况,已有很多文献报道。表 3 – 1 列出了我国 4 大区域煤中的硫分布。

表 3 – 1 我国 4 大区域煤中的硫分布

聚煤区	范围	算术平均值	几何平均值	标准差	样本数量
中国东北	0.07 ~ 2.10	0.44	0.32	0.45	32
中国北方	0.13 ~ 4.48	1.03	0.71	1.03	180
中国南方	0.09 ~ 9.33	2.00	1.22	1.90	69
中国西北	0.19 ~ 0.90	0.46	0.41	0.24	9
总数	0.07 ~ 9.33	1.18	0.72	1.34	290

我国煤中硫分布的特点是自北向南、自东向西平均含量呈增高趋势。东北三省的煤炭含硫低,西南地区的煤炭含硫高。我国的煤田形成期大体为早自古

生代的石炭纪、二叠纪,经中生代的三叠纪、侏罗纪、白垩纪,晚至新生代的古生纪、新生纪、第三纪这样一个跨度的地质年代。一般认为,我国煤中成分分布特点与在不同地质年代各个区域的煤炭沉积环境的变动密切相关。陆相沉积煤田中一般含硫低,海陆交替沉积和浅海相沉积则多形成高硫煤。

3.1.1 煤中硫的赋存形态

1.煤中无机硫

无机硫是以化合物的形态存在于煤中的硫,主要包括硫化物硫、硫酸盐硫和少量元素硫。硫化物是以黄铁矿(FeS_2,正方晶系)为主,此外,少量的无机硫化物如白铁矿(FeS_2,斜方晶系)、磁铁矿(Fe_7S_8)、闪锌矿(ZnS)、黄铜矿($CuFeS_2$)等也会存在于煤中。硫酸盐硫包括重晶石($BaSO_4$)、石膏($CaSO_4 \cdot 2H_2O$)、无水石膏($CaSO_4$)等。因为硫酸盐硫在全硫中的比例较低并且具有水溶性差和热稳定性高的特点,在煤气净化的过程中一般不考虑这种硫酸盐硫。

2.煤中有机硫

有机硫主要结合在煤的有机体中,可以分为硫醇及芳香硫醇类(R—SH、Ar—SH),硫醚、芳香硫醚及混合硫醚(R—S—R、R—S—S—R、Ar—S—S—Ar、R—S—Ar、R—S—S—Ar),砜、亚砜类($O=S=O$、$S=O$),噻吩硫类,硫醌类。成煤物质的蛋白质经过长期的沉淀变为煤炭中的有机硫。有机硫同煤中有机质共生,分布均匀,不易清除。对于以有机硫为主的低硫煤,经洗选后精煤中硫含量反而因矿物质减少而增加。

按煤在空气中能否燃烧,可将煤中硫分分为可燃硫和不可燃硫。硫酸盐硫不能在空气中燃烧,为不可燃硫。有机硫、单质硫和硫铁矿都能在空气中燃烧,都为可燃硫。按挥发分又可将煤中硫分分为固定硫和挥发硫。煤在空气中燃烧后灰渣中的硫或热解后留在焦炭中的硫称为固定硫。煤在燃烧过程中逸出的硫或在热解中随煤气和焦油析出的硫称为挥发硫。随着燃烧或热解温度、升温速率和矿物质组成的变化,煤中的固定硫和挥发硫的含量并不固定。

煤中硫的分布见表3-2。

表3-2 煤中硫的分布

分类		名称		分布情况
无机硫	不可燃硫	硫酸盐硫	石膏	在煤中分布不均匀
			硫酸亚铁	
	可燃硫	元素硫	—	

分类		名称		分布情况
无机硫	硫化物硫		黄矿石	在煤中分布不均匀
			白铁矿	
			磁铁矿	
			方铅矿	
有机硫	可燃硫	硫醇	—	在煤中分布均匀
		硫醚类	硫醚	
			二硫化物	
			双硫醚	
		硫杂环	噻吩	
			硫醌	
		其他	硫酮	

3.1.2　煤中硫的分析方法

煤中有机硫的测定要比无机硫困难得多。因为前者通常是煤分子的一部分,用电子扫描显微探针检测煤中有机硫的空间分布表明,有机硫分布相对均匀,但在各个显微组分中并不均匀,高硫煤的不同显微组分中有机硫含量的顺序是:壳质组 > 镜质组 > 惰质组。而在低硫煤中,各显微组分中的硫含量似乎没有明显的区别。许多方法已被用于分析煤中有机硫的形态和含量。半定量或定性测定方法主要有以下几种。

(1)X 射线吸收近边结构光谱法(XANES)。这一方法可分析煤中硫醚、二硫醚或多硫醚、噻吩硫、亚砜硫和硫酸根硫等,是一种强有力的直接分析法。

(2)X 射线光电子能谱法(X - Ray Photoelectron Spectrometer, XPS)。这一方法可在 164.0 eV 的结合能附近获得煤中含硫化合物的褶合峰,一般很难解褶区别不同结构的硫。对于高硫煤,可以解褶成脂肪族硫化物(163.3 eV)和噻吩硫(164.1 eV)。XPS 也可以直接通过测定铁的结合能,分析黄铁矿。XPS 的缺点是难以区别不同结构(如硫醇、硫醚等)的硫,检测硫的敏感度也较低,对于含硫较低的煤不适用,而且 XPS 的测定只限于样品的表面,一般深度为 2 ~ 4 nm,可能不代表样品整体的状况。

(3)溶剂萃取法。通过溶剂萃取煤中有机质,然后利用气相色谱 - 质谱联用或液相色谱 - 质谱联用等分析手段鉴定含硫化合物,这一方法可鉴定大量含硫化合物。例如管翠诗以不同水含量的糠醛和 N - 甲基吡咯烷酮作为萃取溶剂,沙中原油减压馏分油经 3 段萃取被分离为重芳烃相、中芳烃相、轻芳烃相和饱和烃相 4 个亚组分,采用气相色谱 - 质谱联用、傅里叶变换离子回旋共振质谱等方法分析了亚组分中烃类组成和硫化物的分布,考察了萃取分离过程各烃类的分离效率和芳烃萃取选择性。结果表明,3 段萃取分离出的重芳烃相、中芳烃相和轻芳烃相中芳烃质量分数分别在 89.6% ~ 95.6%、80.8% ~ 91.0% 和63.9% ~ 77.7%。

　　复杂的含硫化合物,如芳香族和杂环类化合物中还可能含有一些杂原子,如 O、N 等(如图 3 - 1 所示)。Burchill 等在蒽油中检测到了 16 种含氮的噻吩类化合物。Winans 等用高效质谱分析煤的热解焦油,发现了一些多硫及含 O、N杂原子的噻吩化合物。

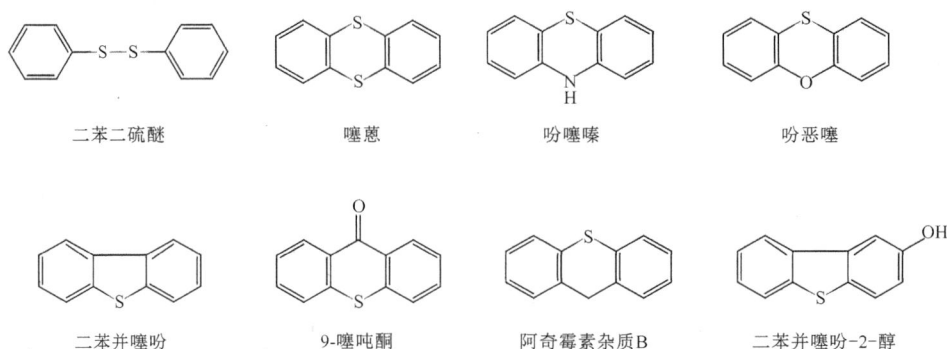

| 二苯二硫醚 | 噻蒽 | 吩噻嗪 | 吩恶噻 |

| 二苯并噻吩 | 9-噻吨酮 | 阿奇霉素杂质B | 二苯并噻吩-2-醇 |

图 3 - 1　含硫化合物分子结构式

　　(4)程序升温还原法(CPTR)。此法在还原剂存在的条件下煤中的各种形态硫都可以被还原为 H_2S,由于其还原活化能各不相同,因此可根据 H_2S 的逸出峰确定各种形态硫。由 Majchrowicz 等在 20 世纪 70 年代后期提出,巧妙地利用不同含硫官能团在不同温度区间催化还原成硫化氢的原理来测定诸如硫醇、硫酚、脂肪族硫醚、芳香族硫醚、噻吩等,同时还可以测定黄铁矿,但是此法由于受催化剂与煤固相不完全接触的影响,从硫化氢得到硫的回收率偏低。

　　(5)程序升温氧化法(CPTO)。此法与程序升温还原法雷同,利用不同含硫化合物氧化生成 SO_2 的反应活化能大小的差异来测定脂肪族硫、芳香族硫、黄铁矿和硫酸盐硫,此法得到较为广泛的应用。为促使煤中硫氧化成 SO_2,可添加适量 WO_3;为达到尽可能分离不同结构硫析出峰的效果,宜控制较慢的升温速率和较低的氧气含量。LaCount 等所用的条件是升温速率为 3 ℃/min 和氧气含量为 10%(用氩气作为背景气体)。用红外光谱测定 SO_2 随温度上升的析出过程。其中,煤中非芳香族有机硫最不稳定,在 290 ℃ 左右析出;芳香族硫在 420 ℃ 左右析出;黄铁矿和硫酸盐的析出峰分别在 480 ℃ 和 585 ℃。

（6）甲基碘滴定法。此法利用如下反应：

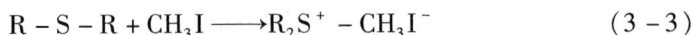

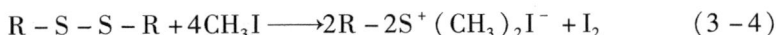

$$R - SH + CH_3I \longrightarrow R - S - CH_3 + HI \tag{3-1}$$

$$R - S - CH_3 + CH_3I \longrightarrow R - S^+ (CH_3)_2 I^- \tag{3-2}$$

$$R - S - R + CH_3I \longrightarrow R_2S^+ - CH_3I^- \tag{3-3}$$

$$R - S - S - R + 4CH_3I \longrightarrow 2R - 2S^+ (CH_3)_2 I^- + I_2 \tag{3-4}$$

利用噻吩硫与甲基碘不反应的原理来分析硫醇和硫醚，其中硫醇可通过测定碘化氢确定。

3.1.3 煤中硫的成因

从煤的地质成因来看，煤中硫可分为原生硫和次生硫。前者来源于成煤植物，后者来源于从成煤环境引入的矿物成分。原生硫主要来自植物氨基酸（如半胱氨酸和胱氨酸）等物质所含的硫分，这部分硫一般含量不高（<0.5%）。成煤过程中由海水侵入等环境影响造成的煤中硫分属于次生硫。高硫煤的形成主要归因于次生硫。

煤中硫分的形成机理可分为受次生硫影响较小和较大两种情况。许多研究表明，高硫煤基本上与海水的渗透有关。例如 Duran 研究发现，含硫高的伊利诺伊煤盆堆积着海生页岩和石灰石，而含硫低的阿巴拉契亚没有海生矿物。又如，在我国高硫煤层中常可发现海水动物化石。海水中含有大量硫酸盐，在泥炭化合早期的成岩期微生物作用下可还原成 H_2S 和元素硫，即 HS^- 和 S^0。HS^- 和 S^0 可与泥炭有机质反应生成有机硫，但详细的反应机理不太清楚。一般认为，在泥炭化和弱成岩环境下生成硫醇、硫醚为主的硫化合物，而在强成岩环境下，由于受到地层的较高温度和压力的作用，有机硫趋向于形成更稳定的噻吩硫。在多数场合，海水的侵入造成富铁离子的环境，HS^- 和 S^0 可同时与铁逐步形成四方黄铁矿（$FeS_{0.9}$）、胶黄铁矿（$FeS_{1.3}$），直至黄铁矿（FeS_2）。高含量有机硫的形成是有些煤含有很高有机硫，但几乎不含黄铁矿的缘由。

硫同位素的分析可提供煤炭成因的信息。低硫煤中的 $\delta^{34}S$（定义为样品中 $^{34}S/^{32}S$ 的比率比 Canyon Diablo 陨石中 $^{34}S/^{32}S$ 的比率差）一般接近于地下水 $\delta^{34}S$ 的值，而高硫煤中的 $\delta^{34}S$ 的值则明显较小，这是由于海水中硫酸盐在被细菌还原形成 H_2S 和 S 过程中具有同位素分馏效应，使生成硫中 $^{34}S/^{32}S$ 的比率趋低，亦即导致低值 $\delta^{34}S$。从而可根据煤样的 $\delta^{34}S$ 值来判别煤中硫的形成是否受海水影响。

在受次生硫影响较小的情况下，煤中硫主要从原生硫变化而来。植物在死亡、降解过程中由于含硫有机质的存在，可分解产生 H_2S 等物质。如上所述，H_2S 可与有机质和铁离子反应分别形成有机硫和黄铁矿。也有学者认为 H_2S 可能通过厌氧微生物的作用氧化成硫酸盐，然后由硫酸盐还原 HS^- 和 S^0，进而与有机质和铁离子反应形成有机硫和黄铁矿。

3.1.4 热解过程中硫的变化与迁移

1. 热解产物中硫的分布

煤热解过程指煤在非氧化性气氛下受热分解的过程。以炼焦为主要目的的煤干馏和以制取煤气和液体产品为重点的煤热解工艺都是建立在这一基本过程基础上的煤转化工艺。煤燃烧、气化和液化也涉及煤热解的初始过程。

众所周知,煤热解含硫气相产物中 H_2S 是主要成分。高温炼焦产生荒煤气(未经氨水冷凝冷却分离)中一般含硫化氢 $6 \sim 20\ g/m^3$。在慢速升温过程中,H_2S 在 $350 \sim 500\ ℃$ 和在 $500 \sim 650\ ℃$ 有两个主要析出峰,前者与煤中非噻吩类有机硫的分解有关,后者与黄铁矿硫的分解有关。除 H_2S 外,煤热解还产生 SO_2、COS、CH_3HS 和 CS_2 等成分。但热解条件对气体含硫产物的分布影响很大。

煤热解产生焦油中的硫含量一般比原煤中的硫含量要低。焦油中存在的含硫化合物相当复杂,主要是噻吩类硫,其他有少量硫醚和硫醇。Chalkins 等利用 $Py - GC - MS$ 鉴定了热解焦油中的硫化物,观察到多种噻吩类含硫化合物,包括甲基噻吩、二甲基噻吩、三甲基噻吩等。最近,Stephanie 等利用气相色谱/硫选择性原子发射光谱以及气相色谱/质谱,对煤焦油中多种含硫化合物进行了复杂的定量分析,这些化合物包括三种萘基噻吩、二苯基噻吩、四种甲基二苯基噻吩、三种乙基苯基噻吩、十五种二甲基噻吩、六种三甲基苯基噻吩、三种解硫产物苯基萘基噻吩、三十种甲基苯基萘基噻吩。

煤焦中的硫包括非挥发性无机硫和有机硫。无机硫以陨硫铁(FeS)为主;有机硫以缩合芳香环的噻吩硫为主。煤焦中硫存在量与煤化程度有一定的相关性,煤化程度高的煤含有较多噻吩类硫。这一形式的硫因其热稳定性高,在热解过程中有留存在煤焦中的倾向。此外,少部分从黄铁矿或不稳定有机硫分解出的 H_2S 也可能与煤有机结构发生二次反应,转变为稳定性有机硫。煤焦中无机硫与有机硫的比率(S_m/S_o)与原煤的 S_m/S_ob 比较,一般降低到原煤的四分之一。煤含黄铁矿越多,在其热解过程中产生煤焦中的硫含量越低,也就是说,煤中硫可在热解过程中优先析出,这就是煤热解脱硫的原理。

2. 形态硫的化学变化

煤中形态硫由于具有不同的热稳定性以及不同的化学反应特性,因而表现出不同的化学变化行为。

(1)黄铁矿反应

纯黄铁矿在 $350\ ℃$ 开始微弱分解;在 $550 \sim 600\ ℃$ 开始明显分解,产生非化学计量的磁黄铁矿 $FeS_{2-x}(0.1 < x < 0.3)$ 和单质硫 S_n;在 $670\ ℃$ 以上,生成陨铁矿 FeS:

$$FeS \longrightarrow FeS_{2-x} + (x/n)S_n \tag{3-5}$$

$$FeS_{2-x} \longrightarrow FeS + \frac{(2-x)}{n}S_n \tag{3-6}$$

或

$$FeS_2 \longrightarrow FeS_{2-x} + \frac{x}{n}S_n \longrightarrow FeS + \frac{1}{n}S_n \tag{3-7}$$

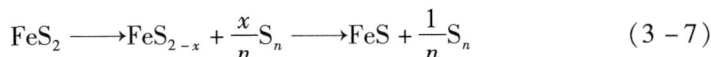

在煤热解过程中,由于还原性气体和碳元素的参与,黄铁矿实际分解反应比黄铁矿自身热分解要容易进行得多。

黄铁矿与氢反应生成磁黄铁矿、陨铁矿和硫化氢气体,因为磁铁矿的非化学计量性,所以以下用陨硫铁代表反应产物:

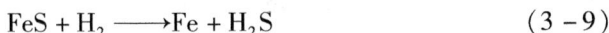

$$FeS_2 + H_2 \longrightarrow FeS + H_2S \tag{3-8}$$

$$FeS + H_2 \longrightarrow Fe + H_2S \tag{3-9}$$

这两个反应分别在 500 ℃ 和 800 ℃ 开始进行,而黄铁矿与 CO 在 800 ℃ 以上发生还原反应放出 COS 气体:

$$FeS_2 + CO \longrightarrow FeS + COS \tag{3-10}$$

在 1 000 ℃ 以上,黄铁矿可被碳元素还原成铁,并生成 CS_2:

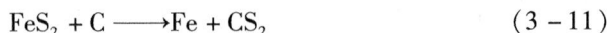

$$FeS_2 + C \longrightarrow Fe + CS_2 \tag{3-11}$$

但在文献中,有关黄铁矿的反应温度的数据并不一致。例如,有文献报道,陨硫铁的还原反应在 450 ℃ 的低温下便开始进行,在 670 ℃ 出现反应顶峰。这种差异可能与不同煤中黄铁矿的存在形式以及煤的还原性有关。以分散状态存在的黄铁矿易于发生分解反应,而煤的还原性越强也越有利于还原反应。

(2)有机硫的反应

煤中有机硫的热稳定性是:噻吩硫 > 硫酚或芳香族硫醚 > 硫醇或脂肪族硫醚。硫醇和硫醚容易热解产生硫化氢气体和不饱和化合物,是一个可逆反应。

脂肪族硫醚、硫醇、二硫醚在 800 ℃ 几乎完全分解。芳香族硫醚、硫酚在略高的温度段分解,在 900 ℃ 几乎完全分解。芳香族二硫醚在 700 ℃ 以上开始分解,但在高温下只有一半硫分解。噻吩硫在 900 ℃ 以下不分解,在 950 ℃ 时也只有少量分解。最近,王利花等在常压固定床反应器上考察了氢气分压对煤热解残焦中硫释出的影响,并通过差减微分法求取了反应的宏观动力学参数,研究结果表明,不同的氢气分压对反应具有一定的影响,氢气分压在0.02 ~ 0.1 MPa,较高的氢气分压条件下,煤焦中有机硫与氢气的反应速率较快。通过动力学计算得出不同的氢气分压下对应的反应级数、活化能和指前因子均不相同。实验结果表明,氢气与热解残焦中硫的作用是一个复杂的过程,反应过程可能受气体扩散控制。

在煤热解过程中,由于煤热解放出氢气和 CO 等还原性气体,有机硫反应不仅涉及热分解反应,而且涉及加氢反应。噻吩类化合物可以在无催化剂条件下,发生加氢反应而析出硫化氢气体。

（3）气态硫的二次反应

①与有机硫之间的反应。气态硫的二次反应指初始热解形成的硫化氢和二氧化硫等气体在脱逸反应器过程中与煤中有机质、煤中矿物质以及其他热解反应产物进一步发生的反应。广义上讲，气态硫的二次反应包括它与气体、液体和固体物质之间的所有反应。其中，硫化氢与煤有机质和矿物质之间的反应能使硫化氢气体固定下来，在煤热解脱硫等工艺中成为其重要的反应步骤，因而受到了更多的关注。

煤热解在 $400 \sim 600$ ℃发生急剧反应，伴随硫的分解以及二次固硫反应。黄铁矿分解析出的 H_2S 气体，进一步与煤有机质之间发生二次反应，产生煤中有机硫增加的现象。Sugawara 等利用固定床慢速热解和落下床快速加热两种反应器，研究了在热解气氛过程中加入 H_2S 气体后煤中硫的迁移规律。结果表明，在加入 H_2S 的情况下，煤焦中硫含量明显增大，即使在快速加热条件下也有增大倾向。进一步分析表明，煤焦中硫的增多归因于噻吩类和硫醚硫的显著增多，而不在于无机硫的增多。至于硫化氢与有机质之间的详细反应机理并不清楚。有学者认为，固硫反应主要是硫化氢与不饱和键的结合。例如：

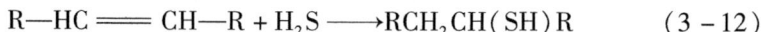

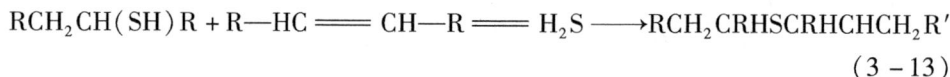

$$R{-}HC = CH{-}R + H_2S \longrightarrow RCH_2CH(SH)R \qquad (3-12)$$

$$RCH_2CH(SH)R + R{-}HC = CH{-}R = H_2S \longrightarrow RCH_2CRHSCRHCHCH_2R' \qquad (3-13)$$

但当温度高于 600 ℃时，固定下来的有机硫有再次分解减少的倾向。

②与矿物质之间的反应。煤中含有石灰石（$CaCO_3$）、白云石 $[CaMg(CO_3)_2]$、黄铁矿（FeS_2）和菱铁矿（$FeCO_3$）等多种矿物质，这些矿物质或其热解产物可以与 H_2S 等气体发生二次反应。例如：

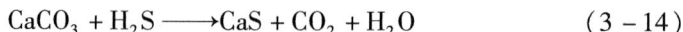

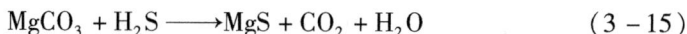

$$CaCO_3 + H_2S \longrightarrow CaS + CO_2 + H_2O \qquad (3-14)$$

$$MgCO_3 + H_2S \longrightarrow MgS + CO_2 + H_2O \qquad (3-15)$$

在热力学上，硫化氢与石灰石之间的反应在 420 ℃以上是有利的；硫化氢与碳酸镁的反应在 676 ℃以上是有利的。由于碳酸盐溶于稀酸和煤中固有碳酸盐的固硫作用，可以用煤样酸洗的方法脱出碳酸盐或用加入添加剂的方法进行对比与考察。实验证明，煤中碳酸盐类矿物质的固硫反应大致在 $500 \sim 600$ ℃时发生。对于一些年青煤，钙和镁等金属可能较大量地以有机质结合的离子可交换形态存在，这些金属离子具有原子水平的分散性，反应活性强，呈很强的固硫活性。通过离子交换方法加入无机添加剂的办法，可以抑制气态硫与有机硫之间的反应。

③气相反应。硫化氢与气体产物 COS、CS_2 和 ROH 之间可以发生以下气相反应：

$$CO + H_2S \leftrightarrow CS + H_2O \qquad\qquad (3-16)$$

$$COS + H_2S \leftrightarrow CS_2 + H_2O \qquad\qquad (3-17)$$

$$H_2S + ROH \longrightarrow RSH + H_2O \qquad\qquad (3-18)$$

但这些反应在煤热解过程中进行程度还不甚清楚。

④SO_2的二次反应。实验室阶段的少量煤样热解过程中,一般热解气中含较多的SO_2,但在大型热解炉中SO_2并不是热解气中的主要含硫产物。这一现象可归因于SO_2与煤焦之间的二次还原反应,而SO_2可以看作煤热解的初始含硫产物之一。Bejarano 等对SO_2与油页岩焦之间的炭热反应进行了研究,指出在 900 ℃时,SO_2发生如下还原反应:

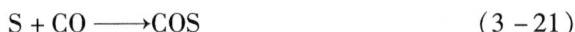

$$SO_2 + C \leftrightarrow S + CO_2 \qquad\qquad (3-19)$$

$$CO_2 + C \leftrightarrow 2CO \qquad\qquad (3-20)$$

$$S + CO \longrightarrow COS \qquad\qquad (3-21)$$

Bejarano 等的实验系统不存在氢气,而煤热解在 600 ℃以上就明显析出氢气。在煤热解气氛中,单质硫可能与氢气反应生成硫化氢:

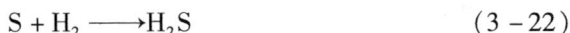

$$S + H_2 \longrightarrow H_2S \qquad\qquad (3-22)$$

氢气具有较高还原性,这一反应可能更容易进行。由此可以推知,在热解过程中,只要初始放出气体在还原性氛围中有足够长的时间,SO_2气体便能最终转化为H_2S和 COS 等其他产物。

(4)影响硫热解反应的工艺因素

①热解温度。一般低温热解的温度为 500 ~ 700 ℃,高温热解的温度为 1 000 ~ 1 200 ℃。在 1 200 ℃,煤焦的硫基本转化为热稳定性很高的陨硫铁(FeS)和噻吩硫。当温度继续上升(1 200 ℃以上),陨铁矿和噻吩硫会逐步发生分解。至 1 600 ℃,陨铁矿几乎完全分解,但尚有部分噻吩硫存在于高温煤焦中。

②热解气氛。大连理工大学研究不同气体成分(N_2、CO、CO_2、CH_4和H_2)对煤中硫析出的影响。他们通过慢速热解实验观察到,氢气气氛有利于煤中硫转化为H_2S;CO 有利于煤中硫转化为 COS;CO_2和CH_4在低温下(< 600 ℃)对煤中硫析出有一定抑制作用,但在 600 ℃以上前者基本没有影响,而后者起促进煤中硫析出的作用,可能是由CH_4部分分解提供氢气所产生的效果。

煤加氢热解得到了广泛研究,因为煤加氢热解被视为高效煤转化工艺之一,有望在热解过程中生产更多高附加值产物。Ratcliffe 等研究了CH_4存在时 C 与SO_2的反应,实验结果表明CH_4与SO_2反应生成的 COS、CS_2、H_2S在碱金属盐的催化作用下,一部分转化为元素硫,提高了 S 产率,并提出其他烃类物质对反应具有相似的影响。Xu 等的研究表明,热解所得煤焦中硫含量与热解温度相关,在高温下(> 800 ℃)加氢热解产生的煤焦中含硫较低,主要归因于噻吩硫的加氢分解。有机硫的脱除速率和氢压呈 0.2 次级反应关系。

③加热速率、煤粒度和压力。加热速率主要是通过改变二次反应来影响硫在热解产物中的分布。一般来说，快速热解对二次反应具有抑制作用，从而使挥发分的产率增加，煤焦产率降低。Abramowitz 等利用金属丝网装置考察了加热速率(5~5 000 K/s)和压力对硫在热解产物中分布的影响。随着加热速率的上升，迁移至煤焦中硫的比例下降，至气态硫的比例增加，至焦油中硫的比例略微增加，但焦油中含硫量大致呈减少趋势，气态硫的二次反应程度较小。

煤粒度影响煤的传热和传质，从而影响硫的析出速率以及最终的硫析出量。增大煤颗粒意味着初始热解产物从煤颗粒内部至外部的传递时间增大，从而增加气态硫在析出过程中的二次反应程度。增大煤颗粒使煤中硫更多地留在煤焦中，而气态硫的生成率减少。

压力对硫迁移的影响比较复杂，取决于气体的组成。对于惰性成分，压力的增大阻滞气态硫的形成与挥发，使分配于煤焦的硫比例增多。但对于活性组分，如甲烷和氢气等，在其起活性作用条件下，增大压力往往有助于煤中硫的分解，形成更多气态硫。对于活性组分，压力的作用下即使未通过二次反应也可能对煤中硫分解直接产生影响。

3.1.5　硫的控制

SO_2 控制技术的研究从 20 世纪初至今已有一百多年的历史。自 20 世纪 60 年代起，一些工业化国家相继制定了严格的法规和标准，限制煤炭燃烧过程中 SO_2 等污染物的排放，这些措施极大地促进了 SO_2 控制技术的发展。目前，通常将 SO_2 控制技术分为燃烧前、燃烧中及燃烧后三类。

1. 燃烧前控制技术

燃烧前控制技术是控制污染的重要一步，包括物理、化学、生物等净化方法，以及多种技术联合使用的综合工艺、煤炭转化脱硫等。燃烧前控制技术主要包括煤炭的洗选、煤炭转化(煤气化、液化)、水煤浆技术。

(1)物理净化法

煤的物理净化技术是目前世界上应用最广泛的燃烧前脱硫技术，该法可以从原煤中除去泥土、页岩和黄铁矿硫。通过煤的粉碎使非化学键结合的不纯物质与煤脱离，继而利用构成煤的有机质与密度较大的矿物不纯物之间相对密度的不同，或利用两者表面润湿性、磁性、导电性的不同将它们分离。主要方法包括重力法、浮选法、磁性分离法、静电分离法、凝聚法等，生产中应用最广泛的是前两种。物理方法工艺简单、投资少、操作成本低，但不能脱除煤中有机硫，对黄铁矿硫的脱除率在 50% 左右。目前常用的有硫铁矿硫的洗选脱除、泡沫浮选脱硫、油团聚分选脱硫和磁选脱硫。

　　① 硫铁矿硫的洗选脱除。工业上采用物理方法能脱除的主要是硫铁矿硫。煤中硫铁矿的嵌布形态直接影响脱硫方法的选择及脱硫效果。目前,我国采用较多的煤炭脱硫方法是物理洗选。煤中硫铁矿的可选性决定于两个因素:一是硫铁矿密度;二是硫铁矿的密度结构。常用的洗选脱硫工艺设备有:跳汰机、水介质旋流器、摇床和螺旋选矿机。在实际选煤中,多采用两种以上的选煤设备组成联合流程。

　　重力分选法在我国是主要的脱硫工艺,经多年的实践证明它能在脱灰的同时,还能较经济地除掉煤中部分大颗粒煤铁矿,但是不能脱除煤中的有机硫。

　　② 泡沫浮选脱硫。其原理是依据硫铁矿与煤表面润湿性的差异,发生在气 – 液 – 固三相界面的分选过程。它们能否黏附在泡沫上取决于水对它们表面的湿润性亲水性矿物与表面水分子形成的水化膜较厚,不易随气泡上浮,而疏水性矿物不能形成稳定的水化膜,因而容易随气泡上浮。其中,影响浮选脱硫的主要因素有:入料的粒度、浆液浓度、pH 值、煤质、浮选设备、浮选剂。这种方法只能脱除煤中的部分无机硫,对有机硫无能为力。

　　③ 油团聚分选脱硫。采用与之互不相溶的油,通过选择性湿润和团聚从悬浮液中分选固体颗粒。通常煤颗粒本身是疏水的,在高剪切力下不断搅拌的水煤浆中,添加非极性油使其湿润疏水性颗粒煤,覆盖油的煤粒很容易相互黏附并形成球团,而亲水性的矿物颗粒则不受影响仍悬浮在水中,最后可用物理方法将球团处于分散状态的亲水性颗粒分开。有效的油团聚过程,取决于固 – 油、固 – 水和油 – 水界面的性质。此方法可以成功地从高硫煤中去除黄铁矿,另外油团法得到的精煤团粒产品水分较少,便于进一步处理;但油团聚的用油量大,生产费用较高,目前只在条件适宜的地方应用。

　　④ 磁选脱硫。其原理为煤中的有机质基本上都是抗磁性的或称逆磁性的,而煤中的大部分矿物如黏土、黄铁矿、页岩等都是顺磁性的,因此可以利用它们的磁性不同进行分选脱硫。目前主要的磁分离工艺有磁分离工艺和高梯度磁选。

（2）化学净化法

　　化学法脱硫多数针对煤中的有机硫,主要利用不同的化学反应,包括生物化学反应,将煤中的硫转变为不同形态的硫而使之分离。目前主要的化学净化方法有硫酸铁溶液浸出法（Meyere 法）、催化氧化法、PETC 法、Ames 法、液相氧化法（LOL）、微波法、超临界醇抽提法、TRW 法（熔融碱）、高能辐射法、快速热解法、碱液浮沉浸浮法（F – L,即重力法与碱熔法相结合）等,澳大利亚的 CSIRO 公司用先进的化学分选方法可使精煤分降至 0.2% ~ 0.6% ,美国的 TRW 装置可以使精煤的硫分降至 0.3% ,从而获得超低灰分、低硫分的精煤。

　　① 硫酸铁溶液浸出法（Meyere 法）。该法采用硫酸铁溶液（铁离子浓度为

0.5 mol/L)从粉煤灰中浸出黄铁硫矿。反应条件为:温度 90 ~ 130 ℃,压力为9.8 ~ 98 kPa,浸出时间 4 ~ 6 h。硫酸铁浸出剂在相同温度下用空气或氧气再生。总的化学反应是黄铁矿氧化生成单质硫或硫酸铁,反应式分三步进行。总反应式:

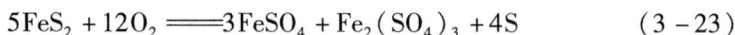

$$5FeS_2 + 12O_2 \Longrightarrow 3FeSO_4 + Fe_2(SO_4)_3 + 4S \quad (3-23)$$

第一步:用硫酸铁溶液在一定温度下处理粉碎过的煤。

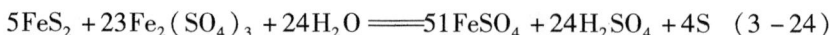

$$5FeS_2 + 23Fe_2(SO_4)_3 + 24H_2O \Longrightarrow 51FeSO_4 + 24H_2SO_4 + 4S \quad (3-24)$$

第二步:用溶剂萃取或蒸发的方法除去工艺过程中生成的硫。一般倾向于用丙酮萃取法回收单质硫或用过热蒸汽去掉单质硫,前者丙酮损耗比较大,不经济。

第三步:通入空气使硫酸亚铁再生

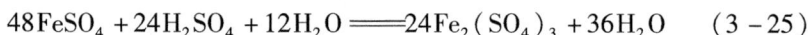

$$48FeSO_4 + 24H_2SO_4 + 12H_2O \Longrightarrow 24Fe_2(SO_4)_3 + 36H_2O \quad (3-25)$$

此法实际上是现代工业方法的组合。工业生产流程由以下四部分组成:浸出反应、洗涤分离、中和粗钙和干燥脱硫。可去除 83% ~ 98% 的黄铁矿硫,而煤的损失较小。

② 催化氧化法。此方法采用酸性溶液和氧气,反应条件为压力约 2 MPa,温度为 120 ℃,反应时间为 1 h。催化剂为可络合铁离子的草酸和草酸盐。

脱硫的基本原理可用下面的化学反应方程式表示:

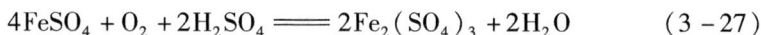

$$2FeS_2 + 7O_2 + 2H_2O \Longrightarrow 2FeSO_4 + 2H_2SO_4 \quad (3-26)$$

$$4FeSO_4 + O_2 + 2H_2SO_4 \Longrightarrow 2Fe_2(SO_4)_3 + 2H_2O \quad (3-27)$$

$$4Fe_2(SO_4)_3 + 12H_2O \Longrightarrow 4Fe_2O_3 + 12H_2SO_4 \quad (3-28)$$

总反应式:

$$16FeS_2 + 59O_2 + 28H_2O \Longrightarrow 6Fe_2O_3 + 4FeSO_4 + 28H_2SO_4 \quad (3-29)$$

部分有机硫也可以用下列反应方程式脱除:

$$2R-S-R' + 3O_2 + 2H_2O \Longrightarrow 2R + 2R' + 2H_2SO_4 \quad (3-30)$$

此法可脱除全部黄铁矿硫、94% 的铁和 50% 的矿物质,若在浸出阶段将温度提高 350 ℃维持 1 h,还能脱除 35% 的硫。

③ PETC 法。氧化剂使用纯氧气,反应温度(180 ~ 200 ℃),压力(3.4 MPa ~ 6.8 MPa)。在剧烈的反应条件下,浸出大大加快,在不到 1 h 的时间内几乎全部黄铁矿硫和 40% 的有机硫都转化为硫酸,其化学反应式与催化氧化法相同。煤中黄铁矿硫被氧化成为可溶性的硫酸盐后,硫酸盐又全部氧化成不溶性的氧化铁和硫酸。脱硫反应式:

$$4FeS_2 + 15O_2 + 8H_2O \Longrightarrow 2Fe_2O_3 + 8H_2SO_4 \quad (3-31)$$

该法对某些煤还能脱除高达 45% 的有机硫,煤损失量通常小于 10%,灰分可降低 20%。但是 PETC 法还存在如下问题:由于高温氧化,煤的黏结性遭到破坏;在操作过程中稀硫酸容易腐蚀设备,因此该法必须使用合适的防腐材料,以保证生产设备的长期运行。

④ Ames 法。Ames 法是利用碱性溶液(0.2 mol/L Na_2CO_3)和温度在 150 ℃,氧气在 1.4 MPa 条件下处理煤。在 1 h 内可除去 95% 的黄铁矿硫。有机硫的脱除因煤而异,如果一步浸出后在 240 ℃或 N_2 气氛和更高的温度下浸出一次,有机硫脱除率可达 50%。其化学反应式与催化氧化法相同。

在该法的反应条件下,只有硫酚类和苄基硫醚类可转化为硫酸基,噻吩和其他硫化物则不起反应。黄铁矿硫转化为硫酸根离子,铁变为氧化铁。生成的氧化铁包覆在未反应的黄铁矿颗粒表面,使黄铁矿的氧化速率受到限制。

⑤ 液相氧化法(LOL)。氧化法是根据黄铁矿硫在一定条件下可以被一些氧化剂在水溶液中氧化成单质硫、硫酸盐硫或亚硫酸,从而从煤中分离出来的原理,其主要反应为

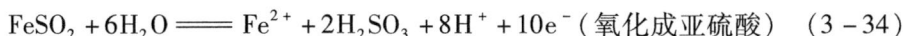

$$FeS_2 === Fe^{2+} + 2S + 2e^- （氧化成单质硫）\qquad(3-32)$$

$$FeS_2 + 8H_2O === Fe^{2+} + 2SO_4^{2-} + 16H^+ + 14e^- （氧化成硫酸盐）\qquad(3-33)$$

$$FeSO_2 + 6H_2O === Fe^{2+} + 2H_2SO_3 + 8H^+ + 10e^- （氧化成亚硫酸）\qquad(3-34)$$

$$2S + 3H_2O_2 === 2H_2SO_3 + 2H^+ + 4e^- （由生成的单质硫氧化成亚硫酸）(3-35)$$

根据计算,这些反应的标准还原电位分别为 $+0.421$ V、$+0.362$ V、$+1.32$ V 和 0.45 V。由于上述电子对的标准还原电位相当低,故有许多氧化剂的水溶液能够氧化水溶液中的二硫化物和大多数情况下的亚铁成分,氧化电位大于 $+0.45$ V 的氧化剂如 Fe^{3+}、HNO_3 和溶解氧能把黄铁矿氧化成单质硫和硫酸盐,又可进一步把生成的硫氧化成 SO_2。

⑥ 微波法。微波加热脱硫实际上是一个相对温度较低的低温热解过程。煤炭有机组分在惰性气氛和 $573 \sim 623$ K 温度下会热解变成黏性液体,低于 400 K 时热解脱除煤中有机硫比较困难,所以采用微波低温加热可以脱除无机硫。与外部加热方式的热解脱硫相比,微波加热可直透物质内部,其热解脱硫速度快,对被热解的煤的挥发分造成的损失少。

在酸性介质中对煤进行辐射,能脱除煤中部分矿物质及有机硫。其工艺方法简便,在水煤浆管道输煤过程中,该法具有一定的工业应用前景。国内外许多研究表明,在微波辐射条件下,可强化碱脱硫、热解脱硫等化学脱硫过程,从而提高煤的脱硫率。但是,关于微波辐射脱硫机理尚存在某些不同认识,有关微波强化脱硫的研究有待进一步深入。

⑦ TRW 法(熔融碱)。该法将煤破碎至一定粒径,与苛性碱(KOH、NaOH)按比例混合,在惰性气体的保护下将煤碱混合加热到一定温度(200 ~ 400 ℃)使苛性碱熔融,煤中硫转化为可溶性的碱金属硫化物或硫化硫酸盐,通过洗脱去除。

⑧ 高能辐射法。煤炭辐射脱硫法是指利用高能射线对煤质进行辐射达到

脱硫效果的方法,它不但可以脱硫,还能脱除煤中部分矿物质。Tripathi 进行了煤的辐射脱硫实验,效果显著,煤中黄铁矿硫脱除率达80.0%,全硫脱除率高达68.4%。

⑨ 快速热解法。热解脱硫法指煤在惰性气或还原气的氛围中,以不同的加速度或者最终温度,将煤进行热处理,使煤中不同形态的硫发生不同的动力学反应,在气、液、固三相产物中以不同形态和含量进行分配,从而达到脱硫目的的方法。

⑩ 碱液浮沉浸浮法(F – L,即重力法与碱熔法相结合)。该法的原理是用碱液作浸出剂,将煤中硫铁矿和有机硫转化成硫化物和亚硫酸盐的形式,从而使其从煤中有效地分离出去。

该法主要的反应方程式(以 NaOH 为例)为

$$8FeS_2 + 30NaOH \Longrightarrow 4Fe_2O_3 + 14Na_2S + Na_2S_2O_3 + 15H_2O \quad (3-36)$$

在350～370 ℃,用 NaOH 和 KOH 熔融混合物处理烟煤,能脱除70%～80%的总硫。微生物脱硫技术是把煤粉悬浮在含细菌的气泡液中,细菌产生的酶能促进硫氧化成硫酸盐,从而达到脱硫的目的。目前常用的脱硫细菌有:属硫杆菌、氧化硫杆菌、古细菌、热硫化叶菌等。煤炭的生物脱硫法是由生物湿法冶金技术发展而来的,是在极其温和的条件下(通常是温度低于100 ℃、常压),利用氧化－还原反应使煤中硫得以脱除的一种低能耗的脱硫方法。它不仅生产成本低,而且不会降低煤的热值,还能脱除煤中有机硫,从而引起了世界各国的广泛关注。尽管煤炭生物脱硫目前还处于试验阶段,但它在经济上很有竞争力,是一种很有前途的煤炭燃烧前脱硫方法。

国内目前对微生物煤炭脱硫研究较多的是脱除黄铁矿硫,且仅限于实验室小型试验,对大规模培养微生物研究得较少,而微生物如何及时供应也是影响煤炭脱硫的一个重要方面,对脱除有机硫的研究国内尚处于起步阶段。国外对微生物脱除煤中硫的研究,不仅进行了脱除黄铁矿硫的研究工作,在有机硫的脱除方面也取得了很大进展。

(3)生物净化法

目前,常用的生物脱硫的方法有生物浸出脱硫法、微生物表面处理法和微生物絮凝法。

① 生物浸出脱硫。生物浸出脱硫法就是利用微生物的氧化作用将黄铁矿氧化分解成铁离子和硫酸,硫酸溶于水后将其从煤炭中排除的一种脱硫方法。具体方法是将含有微生物的水浸透在煤中,实现微生物脱硫。

脱除的基本反应如下(下列反应都是在氧化酶的参与下进行的):

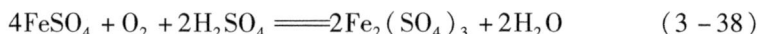

$$2FeS_2 + 7O_2 + 2H_2O \Longrightarrow 2FeSO_4 + 2H_2SO_4 \quad (3-37)$$

$$4FeSO_4 + O_2 + 2H_2SO_4 \Longrightarrow 2Fe_2(SO_4)_3 + 2H_2O \quad (3-38)$$

$$FeS_2 + Fe_2(SO_4)_3 \Longrightarrow 3FeSO_4 + 2S \qquad (3-39)$$

$$2S + 3O_2 + 2H_2O \Longrightarrow 2H_2SO_4 \qquad (3-40)$$

生物浸出脱硫法目前常用的反应方式有堆浸法和浆态床流动法。堆浸法只需在煤堆上撒上含有微生物的水,通过水浸透,在煤中实现微生物脱硫,生成的硫酸在煤堆底部收集,从而达到脱硫的目的;浆态床流动法是将煤粉碎后与细菌、营养介质一起置于反应器内,在通气条件下进行煤的脱硫。

该法研究历史较长,技术较成熟。优点是装置简单、经济、不受场地限制、处理量大等。由于是将煤中硫直接代谢转化,当采用合适的微生物时,还能同时处理无机硫和有机硫,理论上有很大的应用价值。其缺点是处理时间较长,一般需要数周;浸出的废液容易造成二次污染。

② 微生物表面处理法。即表面改性浮选法。这是一种将微生物技术与选煤技术结合起来,开发出的一种微生物浮选脱硫技术。该法是将煤粉碎成微粒,与水混合,在其悬浮液下通入微细气泡,使煤和黄铁矿表面均附着气泡,在空气和浮力作用下,煤和黄铁矿一起浮到水面。但是,如果将微生物加入悬浮液中,由于微生物在黄铁矿表面,使黄铁矿表面由疏水性变成亲水性。与此同时微生物却难以附着在煤粒表面,所以煤表面仍保持疏水性。这样煤粒上浮,而黄铁矿则下沉从而将煤和黄铁矿分离,达到煤炭中脱除黄铁矿的目的。

该法优点是处理时间短,当采用对黄铁矿有很强专一性的微生物(如氧化亚铁硫杆菌)时,能在数秒钟之后就起作用,抑制黄铁矿上浮,整个过程几分钟便可完成,脱硫率较高。该法缺点是煤炭回收率较低。

③ 微生物絮凝法。利用一种本身疏水的分枝杆菌的选择性吸附作用,在煤浆中有选择地吸附在煤表面,使煤表面的疏水性增强,结合成絮团,而硫铁矿和其他杂质吸附细菌,仍分散在矿浆中,从而实现脱硫。该法较新,应用较少,还有待于进一步研究和推广。

2.燃烧中控制技术

燃烧中控制主要指清洁燃烧技术,旨在减少燃烧过程污染物的排放,提高燃料利用率的加工燃烧、转化和排放污染控制的所有技术总称。该技术主要是当煤在炉内燃烧的同时,向炉内喷入脱硫剂,脱硫剂一般利用炉内较高温度进行自身煅烧,煅烧产物与煤燃烧过程中产生的SO_2、SO_3反应,生成硫酸盐和亚硫酸盐,以灰的形式排出炉外,减少SO_2、SO_3向大气的排放,达到脱硫的目的。燃烧中脱硫技术主要有型煤固硫技术、硫化床燃烧技术和煤粉炉直接喷钙脱硫技术等。固硫型煤是用沥青、石灰、电石渣、无机纸浆黑液等做黏结剂,将粉煤经机械加工成一定形状和体积的煤制品。将粉煤加工成型煤,比燃烧散煤节约能源24%～27%,烟尘排放量减少74%～90%,加入适量的固硫剂,燃烧时SO_2的排放比燃烧散煤时减少一半以上。

流化床燃烧技术包括常压鼓泡流化床(BFB)、常压循环流化床(CFB)、增压鼓泡流化床燃烧技术与增压循环流化床(PCFB)燃烧技术。其中前三类已得到工业应用,PCFB燃烧技术尚在工业示范阶段。煤粉炉直接喷钙脱硫技术是在煤粉炉中,脱硫剂选择温度较低的区域(炉膛上方)喷入。由于煤粉炉内直接喷钙脱硫技术的脱硫效率没有湿法烟气脱硫高,故它曾在较长一段时间内没有得到工业应用。

3. 燃烧后控制技术

燃烧后控制技术指的是烟气脱硫技术。经过长期的研究、开发和应用,工艺流程多达180种,但具有工业应用价值的只有十余种。烟气脱硫技术按吸附剂的存在状态分为干法、湿法和半干法,按照生成物的处置方式分为回收法和抛弃法,按照脱硫剂是否可循环使用分为再生法和非再生法。

煤燃烧后进行脱硫处理,即对尾部烟气进行脱硫处理,净化烟气,降低烟气中的SO_2排放量。亦即烟气脱硫,是在烟道处加装脱硫设备对烟气进行脱硫的方法。它是目前世界上大规模商业化应用的脱硫技术,是控制SO_2最行之有效的途径。典型的技术有石灰石/石膏法、喷雾干燥法、电子束法、氨法等。烟气脱硫主要分为湿法脱硫、半干法脱硫和干法脱硫。

(1)湿法烟气脱硫技术

湿法烟气脱硫技术是采用气液反应作用,对烟气中SO_2利用浆液或者液体吸收剂来进行吸收,最终的脱硫产物形态为浆液或者溶液的状态。湿法烟气脱硫技术主要适合于大型的火力发电厂,系统复杂、设备庞大,脱硫产物很容易造成二次污染、难以处理,运行维护费用高,一次性投资高。但是湿法脱硫是目前脱硫效率最高的FCD技术。它的特点是整个脱硫过程在溶液中进行,脱硫剂和脱硫生成物均为湿态。湿法烟气脱硫过程是气液反应,其脱硫反应速度快,脱硫效率高。湿法烟气脱硫技术具有生产运行可靠、反应速度快、适用面广、技术成熟、脱硫效率高的突出优点。目前成熟的湿法烟气脱硫技术,主要有石灰石-石灰抛弃法、石灰/石灰石-石膏法、氧化镁法、烧结烟气氨法、海水脱硫法、双碱法脱硫工艺等。

①石灰石-石灰抛弃法

由吸收塔、脱硫后废弃物处理装置和脱硫剂的制备装置组成石灰石/石灰抛弃法的主要装置。对于石灰石/石灰抛弃法,吸收塔是关键性的设备,其最大问题是堵塞与结垢,主要原因在于:水分蒸发在溶液或浆液中而使固体沉积,结晶析出$CaCO_3$沉积或氢氧化钙;反应产物$CaSO_4$或$CaSO_3$的结晶析出物等。吸收塔中的化学反应过程为

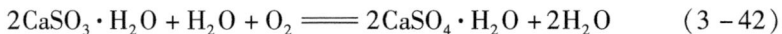

$$2CaCO_3 + 2SO_2 + 2H_2O = 2CaSO_3 \cdot H_2O + H_2O + 2CO_2 \quad (3-41)$$

$$2CaSO_3 \cdot H_2O + H_2O + O_2 = 2CaSO_4 \cdot H_2O + 2H_2O \quad (3-42)$$

所以吸收洗涤塔应具有气液间相对速度高、持液量大、内部构件少、阻力小、气液接触面大等特点。洗涤塔主要有固定转盘式、填充式、文丘里洗涤塔、道尔型洗涤塔和湍流塔等,它们各有优缺点,往往操作脱硫效率高的可靠性就差。石灰石/石灰抛弃法中脱硫后固体废弃物的处理也是一个很大的问题,自然氧化产物石膏和未氧化的 $CaSO_3$ 的混合物是副产物产品,无法进行再利用。只能以不渗透地存储法和回填法处理,占用土地面积大。由于以上的缺点,石灰/石灰石 – 石膏法已经取代了石灰石/石灰抛弃法。

②石灰/石灰石 – 石膏法

该法采用的脱硫剂为 $Ca(OH)_2$(石灰)或者 $CaCO_3$(石灰石)的浆液,脱硫效率可以达到90%以上,是目前国内外应用最为广泛,也是最为可靠、成熟的脱硫工艺。其技术成熟、脱硫副产品可利用、含硫燃料范围广、脱硫吸收剂价格低廉且来源丰富、脱硫效率高、处理烟气能力大。其工作原理是:将石灰石粉加水制成浆液作为吸收剂,泵入吸收塔与烟气充分接触混合,烟气中的二氧化硫与浆液中的碳酸钙以及从塔下部鼓入的空气进行氧化反应生成硫酸钙,硫酸钙达到一定饱和度后,结晶形成二水石膏。经吸收塔排出的石膏浆液经浓缩、脱水,使其含水量小于10%,然后用输送机送至石膏贮仓堆放,脱硫后的烟气经过除雾器除去雾滴,再经过换热器加热升温后,由烟囱排入大气。其反应原理如下。

a. 吸收过程的主要反应:

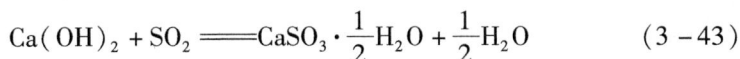

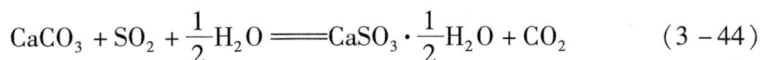

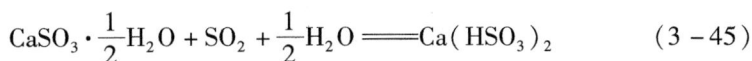

$$Ca(OH)_2 + SO_2 =\!\!=\!\!= CaSO_3 \cdot \frac{1}{2}H_2O + \frac{1}{2}H_2O \qquad (3-43)$$

$$CaCO_3 + SO_2 + \frac{1}{2}H_2O =\!\!=\!\!= CaSO_3 \cdot \frac{1}{2}H_2O + CO_2 \qquad (3-44)$$

$$CaSO_3 \cdot \frac{1}{2}H_2O + SO_2 + \frac{1}{2}H_2O =\!\!=\!\!= Ca(HSO_3)_2 \qquad (3-45)$$

由于烟气中含有氧,还要发生氧化反应。

b. 氧化过程的主要反应:

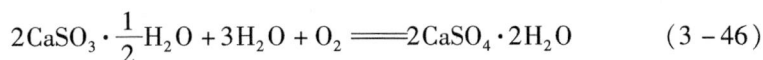

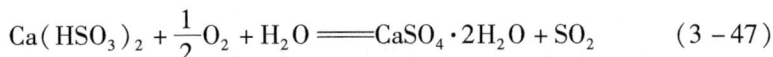

$$2CaSO_3 \cdot \frac{1}{2}H_2O + 3H_2O + O_2 =\!\!=\!\!= 2CaSO_4 \cdot 2H_2O \qquad (3-46)$$

$$Ca(HSO_3)_2 + \frac{1}{2}O_2 + H_2O =\!\!=\!\!= CaSO_4 \cdot 2H_2O + SO_2 \qquad (3-47)$$

在脱硫工艺的各种吸收剂中,石灰石价格便宜,经破碎机和雷蒙磨细磨后,钙利用率较高,并且有众多厂家可提供成品石灰石粉。采用电石渣作吸收剂可以废治废。不足之处是启停不便、占地面积大、运行费用高、初投资建设工程量大、系统设备庞大。

③氧化镁法脱硫工艺

该工艺是近年来随着烟气脱硫技术不断发展和完善的过程中出现的一种

新型烟气脱硫工艺。氧化镁法烟气脱硫的基本原理是用氧化镁为脱硫剂吸收烟气中的 SO_2，生成含水亚硫酸镁和少量硫酸镁，然后送流化床加热分解。分解生成的氧化镁可再用于脱硫，释放出的 SO_2 可回收利用加工成经济效益高的液体 SO_2 或硫黄。

氧化镁湿法烟气脱硫（以下简称镁法脱硫）系统被认为是一种可再生的回收系统。一般而言，可再生的回收系统，其投资和操作成本相对较高。而在回收产物有销路的情况下，脱硫费又可显著降低。镁法脱硫的两种产物亚硫酸镁和硫酸镁，后者可作镁肥和配制复合镁肥，前者较易热分解，也容易氧化为硫酸镁。亚硫酸镁热分解的两种产物氧化镁和 SO_2，前者可作为脱硫吸收剂回收利用，后者亦具有工业回收利用价值。可见，两种脱硫产物均有回收利用价值。其吸收系统的反应原理如下。

a. 氧化镁的熟化反应。氧化镁是由天然的菱镁矿烧制而成，再磨制成粉。熟化反应是将氧化镁加水并加热进行反应，使其生成氢氧化镁。此过程需要用蒸汽辅助加热以加快反应速度，熟化时间大约 2 ~ 3 h。反应方程式为

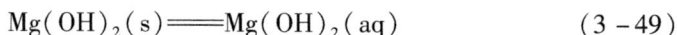

$$MgO + H_2O \Longrightarrow Mg(OH)_2 \qquad (3-48)$$

$$Mg(OH)_2(s) \Longrightarrow Mg(OH)_2(aq) \qquad (3-49)$$

b. 二氧化硫吸收反应。氧化镁浆液吸收 SO_2 包括 SO_2 的气相扩散、溶解、离解、液膜扩散、固体颗粒的溶解以及液相反应等过程。吸收塔中的 SO_2 的脱除原理如下。

烟气中的 SO_2 与循环浆液中的氧化镁发生反应，生成亚硫酸镁：

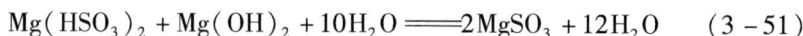

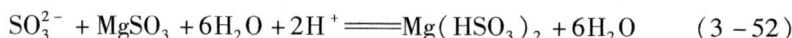

$$Mg(OH)_2 + SO_2 + H_2O \Longrightarrow MgSO_3 + 2H_2O \qquad (3-50)$$

$$Mg(HSO_3)_2 + Mg(OH)_2 + 10H_2O \Longrightarrow 2MgSO_3 + 12H_2O \qquad (3-51)$$

$$SO_3^{2-} + MgSO_3 + 6H_2O + 2H^+ \Longrightarrow Mg(HSO_3)_2 + 6H_2O \qquad (3-52)$$

c. 二氧化硫氧化反应。吸收塔浆液池中的亚硫酸镁，与氧化风机鼓入的空气发生氧化反应，生成硫酸镁。此反应是通过亚硫酸氢根与氧气的反应完成：

$$MgSO_3 + \frac{1}{2}O_2 + H_2O \Longrightarrow MgSO_4 + H_2O \qquad (3-53)$$

烟气中的其他物质如：三氧化硫、氯化氢和氢氟酸等也与氧化镁发生反应，生成杂质化合物。其中硫酸镁的分离回收工艺更为简单，又能将我国资源丰富的氧化镁转化成价值比石膏更高的镁肥和复合镁肥原料，更符合资源综合利用的方向。分离回收硫酸镁，可使氧化镁和脱硫产物的特性得到最合理的利用，发挥镁法脱硫的优势。其分离回收工艺简捷，且省去了热分解制酸一整套繁杂的后续工艺。硫酸镁及其水合物也有较大的市场需求，作为脱硫副产物，其经济性显著优于同类工业产品，关键在于减少有害物的含量。

④烧结烟气氨法脱硫

用液氨或氨水作为吸收剂时,使用含(NH_4)$_2SO_3$、SO_2、NH_4HSO_3的混合溶液来循环吸收 SO_2。在吸收液中,主要是以(NH_4)$_2SO_3$来吸收 SO_2,在吸收段发生反应为

$$(NH_4)_2SO_3 + SO_2 + H_2O \Longrightarrow 2NH_4HSO_3 \qquad (3-54)$$

$$NH_4HSO_3 + NH_3 \Longrightarrow (NH_4)_2SO_3 \qquad (3-55)$$

$$2(NH_4)_2SO_3 + O_2 \Longrightarrow 2(NH_4)_2SO_4 \qquad (3-56)$$

在补氨过程中 NH_4HSO_3 与氨反应后生成(NH_4)$_2SO_3$,反应生成的(NH_4)$_2SO_3$通过鼓风强制氧化,转化为(NH_4)$_2SO_4$。一定浓度硫酸铵溶液进入副产品制备系统,通过结晶工艺得到硫酸铵晶体,进入离心干燥系统,得到成品硫铵。

氨法工艺流程从功能上可分为三块:脱硫剂供给系统、脱硫系统及副产品制备系统。在脱硫系统主要设备有脱硫塔、浓缩降温塔、吸收循环泵、浓缩循环泵、氧化风机;副产品制备系统主要设备有蒸发器、结晶器、硫铵加热器、循环泵、粒度调整泵、离心机、振动流化床干燥机及包装机等;脱硫剂供给部分有吸氨器、氨水罐、软水罐、冷却塔、液氨槽车及相关输送泵等。氨法是一种技术成熟的脱硫工艺,该法脱硫效率高,对烟气条件变化适应性强,整个系统不产生废水废渣,我国一些较大的化工厂用该法处理尾气中的 SO_2。

⑤海水脱硫法

海水具有一定的碱度和水化学特性。海水脱硫法使用海水作为脱硫剂,在吸收塔内对烟气喷淋洗涤,气态的 SO_2 被海水吸收变成液态的 SO_2,液态 SO_2 在洗涤液中发生水解和氧化作用,最终转化为 SO_4^{2-}。该技术不产生废物,技术成熟,投资运行费用低,在沿海国家和地区得到广泛的应用,主要用于以海水作为循环冷却水的海边电厂,且只能适用于燃煤含硫量小于1.5%的中低硫煤。烟气中的 SO_2 与海水接触发生以下主要反应:

$$SO_2 + H_2O \Longrightarrow H_2SO_3 \longrightarrow H^+ + HSO_3^- \qquad (3-57)$$

$$HSO_3^- \Longrightarrow H^+ + SO_3^{2-} \qquad (3-58)$$

$$SO_3^{2-} + \frac{1}{2}O_2 \Longrightarrow SO_4^{2-} \qquad (3-59)$$

H^+ 与海水中的碳酸盐发生如下反应:

$$H^+ + CO_3^{2-} \Longrightarrow HCO_3 \qquad (3-60)$$

$$HCO_3^- + H^+ \Longrightarrow H_2CO_3 \longrightarrow CO_2 \uparrow + H_2O \qquad (3-61)$$

海水脱硫法的工艺流程为:未处理的烟气进入脱硫烟气系统,由该系统内的增压风机提供动力(该风机也可和锅炉引风机合并而不单独设置),经过烟气换热器(如果当地环境影响评价能通过可以取消该设备)换热后进入吸收系统

进行净化处理,处理后的洁净烟气由换热气换热升温后经烟囱排放。脱硫所需的海水取自凝汽器后冷却海水,该海水的一少部分由海水供应系统的升压泵送入吸收系统,另大部分则进入海水水质恢复系统参与后续恢复处理。

海水脱硫技术尽管有很明显的特点和优势,但其受地理环境的局限性强,只能是地处沿海的燃煤、燃油电厂或其他用途的电站和工业锅炉,在其海域环境影响评价取得国家有关部门审查通过,并经全面技术经济比较合理后,才可以采用海水法脱硫工艺。海水脱硫效率达到90%以上较容易实现,脱硫排水达到各项环保指标,特别是pH值恢复到国家排放标准需要很强的技术性。由于每台机组的循环水量是根据机组的情况确定的,对海水脱硫来说就要受到水量的限制,而且随着燃煤含硫量增高,恢复处理难度明显加大。设计、建设即能节省工程造价又能达到较低能耗,而且水质恢复性能好的海水恢复系统,需要进行全面的经济技术比较来确定。

海水脱硫要同时保障大气和海洋两方面的排放达标,可调节手段少,技术要求比其他工艺高。国内在技术消化和设备国产化方面处于刚刚起步阶段,需加大研发投入。相信在不久的将来,海水脱硫在国内的市场会更加广阔。

⑥双碱法脱硫工艺

该工艺是一种湿法脱硫工艺,由日本和美国开发,是为了克服石灰石/石灰法容易结垢的缺点并进一步提高脱硫效率而发展起来的。它是用碱金属盐类的水溶液吸收SO_2,然后在另一个石灰反应器中用石灰或石灰石将吸收了SO_2的溶液再生,再生的吸收液循环再用,而SO_2以亚硫酸钙和石膏的形式析出。固体的产生过程不是发生在吸收塔中,所以避免了石灰石/石灰法结垢问题。双碱脱硫工艺具体过程包括吸收脱硫和再生两步。以氢氧化钠(或碳酸钠)溶液为启动脱硫剂,该溶液作为循环脱硫液进入电厂的脱硫系统进行脱硫。吸收烟气的二氧化硫之后循环液进入沉淀池,通过沉淀等去除烟尘之后进入反应池,在反应池中投加石灰进行反应,置换出氢氧化钠(或碳酸钠),再次进入循环脱硫系统。其反应机理如下。

a. 吸收SO_2的反应:

$$2Na_2CO_3 + SO_2 + H_2O \Longrightarrow 2NaHCO_3 + Na_2SO_3 \qquad (3-62)$$

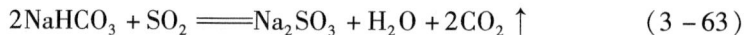
$$2NaHCO_3 + SO_2 \Longrightarrow Na_2SO_3 + H_2O + 2CO_2 \uparrow \qquad (3-63)$$

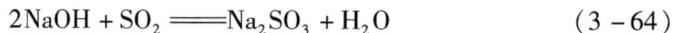
$$2NaOH + SO_2 \Longrightarrow Na_2SO_3 + H_2O \qquad (3-64)$$

$$SO_2 + Na_2SO_3 + H_2O \Longrightarrow 2NaHSO_3 \qquad (3-65)$$

吸收开始时,主要按照前面三个反应生成Na_2SO_3,而后Na_2SO_3能继续从气体中吸收SO_2生成酸式盐$NaHSO_3$。

b. 由于烟气中有O_2的存在,吸收过程的主要副反应为氧化反应:

$$Na_2SO_3 + \frac{1}{2}O_2 \Longrightarrow Na_2SO_4 \qquad (3-66)$$

从以上反应可知,循环吸收液中的主要成分为 Na_2SO_3、$NaHSO_3$ 和少量的 Na_2SO_4。双碱法脱硫技术作为一种湿法脱硫工艺与其他脱硫工艺相比具有非常明显的优势。例如,吸收效率高、产物溶解度大、能耗较低和无二次污染等。

(2)半干法脱硫技术

半干法脱硫是脱硫剂在干燥状态下脱硫,在湿状态下再生,或者在湿状态下脱硫,在干燥状态下处理脱硫产物的烟气脱硫技术。其既具有湿法脱硫反应速度快、脱硫效率高的优点,又具有干法无污水和废酸排出、脱硫后产物易于处理的优点。

半干法的工艺特点是反应在气、液、固三相中进行,利用烟气的湿热蒸发吸收剂中的水分,使最终产物为干粉。典型工艺有喷雾干燥法和吸着剂喷射法。喷雾干燥法是 20 世纪 70 年代中后期发展起来的脱硫新技术,其基本原理是利用快速离心喷雾机将吸收剂喷射成极其细小且均匀分布的雾粒,雾粒与热烟气接触,一方面吸收剂吸收烟气中的 SO_2,另一方面水分迅速蒸发而形成含水量很低的固体灰渣,从而达到净化烟气中 SO_2 的目的,脱硫率可达 75% ~ 90%。该方法具有设备简单、投资小、运行维护方便及运行费用低等优点,从而得到较广泛的应用。吸着剂喷射法按所用吸着剂的不同可分为钙基和钠基工艺。吸着剂可以是干态、湿润态或浆液,喷入部位可以为炉膛或烟道。该方法比较适合老电厂改造,因为在电厂排烟流程中不需增加任何设备就能达到脱硫的目的。半干法脱硫是湿法与干法相结合的脱硫工艺,具有很好的发展前景,因此近年来成为国内外研究的热点。半干法有喷雾干燥法、循环流化床法、荷电干式喷射脱硫法、烟气脱硫工艺(new integrated desulfurization system,NID)等。

①喷雾半干法脱硫

该技术于 20 世纪 80 年代初至中期首先在欧美等国开发成功,并在工业上推广使用。其基本工艺原理是利用高速旋转的喷雾器,将经过消化的生石灰浆液作为吸收剂以细小雾滴状喷入脱硫吸收塔中,使具有很大表面积的吸收剂雾粒与烟气充分接触,发生强烈的化学反应和热交换,吸收烟气中的 SO_2。同时烟气中的余热将吸收剂雾粒蒸干,脱硫副产品以干态颗粒进入除尘器。为提高吸收剂的利用率和改善吸收塔内的干燥特性,可将部分脱硫灰渣制成浆液进行再循环。其脱硫过程如下:烟气进入喷雾干燥吸收塔后,SO_2 气体通过烟气分配器与经雾化器喷射出来的石灰作用,同时,利用烟气本身的温度,蒸发干燥,最后生成干粉状的 $CaSO_3$ 与 $CaSO_4$。喷雾干燥吸收塔法脱硫后的产物为干燥固体,无废水与腐蚀。其反应的方程如下:

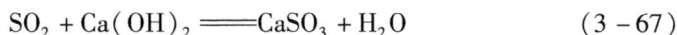

$$SO_2 + Ca(OH)_2 =\!=\!= CaSO_3 + H_2O \qquad (3-67)$$

少量 SO_2 参与下面的反应:

$$2SO_2 + O_2 + 2Ca(OH)_2 =\!=\!= 2CaSO_4 + 2H_2O \qquad (3-68)$$

还发生其他酸性物质的反应,包括 SO_2、HCl 和 HF。这些少量的强酸物质几乎可以完全被吸收。

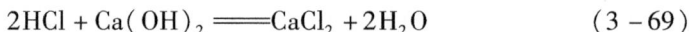

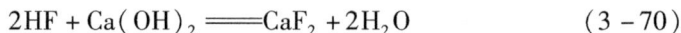

$$2HCl + Ca(OH)_2 \Longrightarrow CaCl_2 + 2H_2O \tag{3-69}$$

$$2HF + Ca(OH)_2 \Longrightarrow CaF_2 + 2H_2O \tag{3-70}$$

当石灰作为反应剂时,反应产物有硫酸钙、氯化钙和氟化钙。

旋转喷雾干燥脱硫工艺相对其他脱硫方式的优势是脱硫装置系统简单、脱硫率高、负荷应变能力强,对烟气量和烟气温度变化的反应灵敏;电力消耗低,是湿法耗电量的 75%;水消耗量低,且可利用水处理系统中的酸碱废水;对石灰质量的敏感度低,再循环产物中的过量石灰可以作为吸收剂等优点。同湿法相比,投资约为湿法的 60%~80%,运行费用约为湿法的 1/2~1/3,脱硫效率最高可达 85% 左右,但塔体较为庞大、笨重,占地面积大。目前,在中国市场的占有率很低。

该工艺的技术重点是对自动控制水平要求很高,不但要根据入口烟气的 SO_2 浓度迅速调节吸收剂的投入量,而且还要根据烟温准确调控加水量。在燃烧高硫煤的条件下,石灰用量会成倍增加,但石灰浆的浓度是有限度(50%)的,过高则流动性差,影响雾化。因此需选用低硫(<0.97%)煤作为燃料,并且在运行过程中加强自动控制水平,以避免不利影响。这种脱硫方法主要应用于低硫煤的脱硫,具有投资运行费用低、腐蚀小、系统简单、运行可靠性高的优点。近十年来,国内喷雾干燥脱硫技术主要致力于提高吸收剂利用率的研究。

②循环流化床烟气脱硫工艺

在 20 世纪 80 年代后期开发出一种新型的脱硫技术 CFB(循环流化床烟气脱硫工艺),由德国鲁奇公司开发,该工艺以循环流化床原理为基础,是一种流态化的工艺。这一技术原理是根据循环流化床理论,采用悬浮方式,使吸收剂在吸收塔内悬浮、反复循环,与烟气中的 SO_2 充分接触,利用循环流化床强烈的传热和传质特性在吸收塔内进行脱硫反应的一种烟气脱硫方法。该法已经工业化,国内近年来的发展主要致力于和其他技术的结合应用。

1996 年 8 月,内江发电总厂引进芬兰 Ahlstrom 公司 410 t/h 循环流化床锅炉(配 100 MW 汽轮发电机组)投入运行,脱硫效率 90%。无锡化工集团公司热电厂在 65 t/h 锅炉上采用中绿公司技术,以电石渣为脱硫剂,脱硫效率大于90%,运行稳定。2002 年武汉凯迪电力股份有限公司引进德国 WULFF 公司技术在广州恒运电厂 210 MW 机组上脱硫取得了成功,2003 年在江苏新海发电有限责任公司 330 MW 机组上又实施了该技术。宁夏大武口电厂 300 MW 机组、青岛热电厂 75 t/h 锅炉、银川热电厂 150 t/h 锅炉也采用了循环流化床烟气脱硫技术。

常温循环流化床半干法烟气脱硫过程是气、液、固反应过程,包括以下四个同时发生的基本物理化学过程：

①喷入脱硫反应器内部的水和石灰浆液附着于床内的飞灰颗粒；

②在强烈的气固混合过程中，烟气向颗粒传热，颗粒所含的水分不断蒸发；

③烟气中的 SO_2 向颗粒扩散并被脱硫剂吸收；

④随烟气流动而干燥的大部分颗粒被设置于脱硫反应器内或外的气固分离装置分离下来，滞留于床内或再从外部返回脱硫反应器，一方面保持床内的颗粒浓度，另一方面使脱硫剂在床内有足够长的停留时间，以提高脱硫剂的利用率。

③荷电干式喷射脱硫法

美国 ALANCO 公司经过研究，开发出适用的荷电干式吸收剂喷射烟气脱硫系统（CDSI）专利产品，对广泛开展经济适用的烟气脱硫，开创了新的途径。其技术核心是吸收剂以高速通过高压静电电晕充电区，得到强大的静电荷后，被喷射到烟气中，扩散形成均匀的悬浮状态。由于粒子表现的电晕增强了活性、缩短了反应时间，从而有效提高了反应效率。

CDSI 系统干法脱硫的工作原理是将带电的熟石灰粉喷入烟道，与 SO_2 发生反应生成 $CaSO_3$。在有氧和水分的环境中，$CaSO_3$ 还可能部分转化成更稳定的 $CaSO_4$。其反应式为

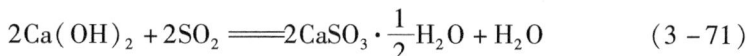

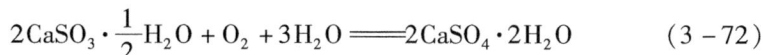

$$2Ca(OH)_2 + 2SO_2 \Longrightarrow 2CaSO_3 \cdot \frac{1}{2}H_2O + H_2O \tag{3-71}$$

$$2CaSO_3 \cdot \frac{1}{2}H_2O + O_2 + 3H_2O \Longrightarrow 2CaSO_4 \cdot 2H_2O \tag{3-72}$$

荷电干式吸收剂喷射系统包括一个吸收剂喷射单元、一个吸收剂给料单元和一个计算机控制单元。吸收剂以高速流过喷射单元产生的高压静电电晕充电区，使吸收剂带有强大的静电荷（通常为负电荷），当吸收剂经喷射单元的喷管被射到烟气流中时，由于吸收剂颗粒均带有同种电荷，因而相互排斥，迅速在烟气中扩散，形成均匀分布的悬浮状态，每个吸收剂颗粒的表面都充分暴露于烟气中，使其与 SO_2 的反应机会大大增加，从而使脱硫效率大幅度提高。吸收剂颗粒表面的电晕还大大提高了吸收剂的活性，减少了同 SO_2 反应所需的气固接触时间，一般在 2 s 以内即可完成亚硫酸盐化反应，有效地提高了 SO_2 的去除率，SO_2 的去除率可以达到 80% 左右。

1995 年，山东德州热电厂在 75 t/h 锅炉上首家采用美国阿兰柯公司技术，脱硫效率 70%，年运行费用 170 万元，单位脱除成本 900 元/吨 SO_2。杭州钢铁厂热电厂 35 t/h 锅炉以及广州造纸厂 220 t/h 锅炉也各建成了一套脱硫装置，脱硫效率约 70% ~75%。此外，荷电干式吸收剂喷射系统还有助于清除细颗粒（亚微米级 PM10）粉尘。带静电荷的吸收剂粒子把细颗粒粉尘吸附在自己表面，形成较大颗粒，使烟气中粉尘的平均粒径增大，提高了相应的除尘设备对亚

微米级粉尘颗粒的去除效率。

④增湿灰循环脱硫技术(new integrated desulfurization system,NID)

增湿灰循环脱硫技术(NID)是 ABB 公司开发的新技术。NID 脱硫工艺可与除尘器组合为一体,结构简单,占地面积小,物料循环倍率可达 30~50 次。正常情况下,脱硫率一般可达 85% 以上。

NID 技术采用 CaO 作为脱硫剂,CaO 在消化器中加水消化成 $Ca(OH)_2$ 后,与除尘器下来的大量循环灰相混合并进入混合增湿器,在混合增湿器内加水增湿,使混合灰的水分含量增加到 5%,然后进入直烟道反应器。大量的脱硫循环灰进入反应器后,由于蒸发表面极大,水分很快蒸发,在极短的时间内使烟道温度由 140 ℃ 冷却到 70 ℃ 左右,烟气相对湿度则很快增加到 40%~50%,脱硫灰的含水量由 5% 降到 3%。电除尘器除下来的脱硫灰输送到增湿器,与 CaO 混合增湿后实现再循环。脱硫灰再循环量可以达到 30~50 倍,甚至更高,从而保证了高效地利用石灰。由于脱硫剂是不断循环的,未反应的 $Ca(OH)_2$ 进一步参与循环脱硫,所以脱硫剂的有效利用率很高,可达 95% 以上。

NID 技术特点:

a.利用 CaO 粉或 $Ca(OH)_2$ 粉或电石渣等作脱硫剂,取消了喷雾干燥脱硫工艺中的制浆系统;

b.脱硫灰循环倍率达 30~50,脱硫剂利用高达 90% 以上,大大降低了运行成本;

c.脱硫效率高。当 Ca/S 为 1.1~1.3 时,脱硫效率可达 90%~99%;

d.外置式增湿消化器,增湿灰湿度均匀,无黏结、堵塞问题;

e.占地小,投资小,运行成本较低。

(3)干法烟气脱硫技术

干法脱硫工艺利用粉状或颗粒状吸收剂,通过吸附、催化反应或高能电子电解等作用除去烟气中的 SO_2。反应在无液相介入的完全干燥状态下进行,反应物亦为干粉状,不存在腐蚀和结垢等问题。相对于湿法脱硫技术,干法脱硫技术具有耗水量少、不造成二次污染、硫便于回收等优点,但由于气固反应速率较低,致使脱硫过程空速低、设备庞大、脱硫率不及湿法。近年来,对干法脱硫技术的研究呈上升趋势,当前比较成熟的干法脱硫工艺主要有炉内喷钙、尾部增湿法、脉冲电晕法、电子束照射法。

①炉内喷钙-尾部增湿法

炉内喷钙—尾部增湿活化(limestone injection into the furnace and activation of calcium oxide,LIFAC)脱硫工艺是由芬兰 TAMPELLA 公司和 IVO 公司开发并于 1986 年首次投入商业应用的。与传统炉内喷钙工艺的 20%~30% 的脱硫率相比,LIFAC 脱硫工艺通过在尾部烟道的适当部位(一般在空气预热器和除尘器之间)加设活化反应器、通过喷水增湿来促进脱硫反应,脱硫率可达 65% ~ 80%。典型的炉内喷钙 – 尾部增湿脱硫技术有美国的炉内喷钙多级燃烧器(LIMB)技术、奥地利的灰循环活化(ARA)技术等。

LIFAC 脱硫工艺是在锅炉适当的温度区域喷射脱硫剂(石灰石粉),并在锅炉尾部增设活化反应器,用于脱除烟气中的 SO_2,以提高脱硫效率。因此,LIFAC 脱硫工艺主要分为三个过程:炉内喷钙过程、尾部增湿活化过程和脱硫灰再循环过程。吸收剂石灰石粉由气力喷入炉膛,$CaCO_3$ 受热分解并与烟气中的 SO_2 反应生成 $CaCO_3$,在尾部烟道的空气预热器和除尘器之间加一个活化反应器,雾状增湿水与炉内未反应的 CaO 反应生成 $Ca(OH)_2$,进一步吸收 SO_2。炉内喷钙尾部增湿法脱硫工艺系统简单、费用低,但脱硫效率不高。采用此工艺的有辽宁抚顺电厂、南京下关电厂、贵州轮胎厂等。1999 年 10 月,南京下关电厂 125 MW 机组,从芬兰 IVO 公司引进两套炉内喷钙尾部增湿活化法烟气脱硫工艺,脱硫效率 60%,年运行费用 1 000 多万元/套,单位脱除成本 1 300 元/吨 SO_2。

②脉冲电晕法

此法是 1986 年日本专家增田闪一在 EBA 法的基础上提出的,它是靠脉冲高压电源在普通反应器中形成等离子体,产生高能电子,由于它提高电子温度,而不是离子温度,能量效率比 EBA 高二倍。此法设备简单、操作简便,因而已成为国际上干法脱硫脱硝的首选技术。该技术一提出,美国、日本、意大利、荷兰都积极开展研究,目前已建成处理量为 14 000 Nm^3/h 的试验装置,能耗 12 ~ 15 Wh/Nm^3。我国许多高等院校及科研单位也纷纷加入研究行列,进行了小试研究,取得了能耗 4 Wh/Nm^3 的研究成果,但规模仅为 12 Nm^3/h,尚需扩大。脉冲电晕放电烟气脱硫技术是从电子束烟气脱硫技术发展而来的,基本原理和电子束照射脱硫脱硝基本一致。由于脉冲电晕放电法只需提高电子温度而不必提高离子温度,故能量效率比电子束法提高 2 倍。该反应在普通反应器中就能进行,不需昂贵的电子加速器,投资费用仅是电子束法的 60%,而且不产生二次污染。该法对电源要求很高,要实现该脱硫技术的工业化应用,关键是在保证脱硫率的基础上,最大限度地降低能耗。大连理工大学设计的 3 000 m^3/h 烟气脱硫工业试验装置的脱硫率达到了 75% ~ 80%,已通过国家验收。

③电子束照射法

电子束烟气脱硫技术的基本原理是:燃煤烟气中的 N_2、O_2 和水蒸气等,经过电子束照射后,吸收了大部分电子束能量,生成大量的反应活性极强的各种自由基,如 OH·、O·、HO_2· 等。这些自由基可以与氧化烟气中的 SO_2 和 NO_2 反应生成硫酸和硝酸,再与先注入的氨进行中和反应生成硫铵及硝铵。

该法不产生废水废渣,能同时脱硫脱硝,系统简单、操作方便,对不同含硫量的烟气有较好的适应性。该技术一次性投资比石灰石/石膏湿法低30%,运行成本低20%,无二次污染物产生,其副产品硫铵和硝铵可用作化肥,实现了硫氮资源的综合利用。电子束烟气脱硫是靠电子束加速器产生高能电子的,因而需要大功率的电子枪,还需要防辐射屏蔽,且运行、维护技术要求高。

1997年7月成都热电厂引进的日本荏原(EBARA)公司电子束脱硫技术在200 MW机组锅炉上投入运行,实际运行脱硫率平均50%~85%,脱硝效率18%,年运行费用800万元,SO_2单位脱硫成本1 000元/吨。杭州协联热电有限公司也采用该公司技术,为其发电机组建立了电子束法烟气净化装置,处理烟气量为30万立方米/小时。在烟气进入反应器前,注入相应氨气,在反应器内,烟气经受高能电子束照射,烟气中的N_2、O_2和水蒸气等发生辐射反应,生成大量离子、自由基、原子、电子和各种激发态的原子、分子等活性物质,他们将烟气中的SO_2和NO_x氧化成SO_3和NO_2。这些高价的硫氧化物和氮氧化物与水蒸气反应生成雾状的硫酸和硝酸,这些酸与注入的氨反应生成硫酸铵、硝酸铵。最后由静电除尘器收集气溶胶状的硫酸铵和硝酸铵,副产品经造粒处理后可做化肥。该工艺是一种脱硫新工艺,它具有不产生废水废渣、能同时脱硫和脱硝,且脱除率高等特点。

④石灰旋转喷雾干燥法烟气脱硫技术

以石灰浆液为吸收剂,浆液被雾化成细小液滴(小于100 μm)与热烟气接触液滴蒸发干燥并与SO_2反应生成亚硫酸钙。目前,该工艺在全世界约有130套装置应用于燃煤电厂,市场占有率仅次于湿法。这种装置相对于石灰石/石膏法来说,具有工艺简单、投资较低、占地面积较小、运行较为可靠等优点,适用于燃用中、低硫煤的锅炉。但是脱硫率相对较低,而且吸收塔内结垢问题、旋转喷雾器堵塞问题、喷嘴磨损严重问题一直未能得到很好的解决。

1991年四川白马电厂完成了处理烟气量7万立方米/小时的喷雾干燥法脱硫中间试验,脱硫效率为80%。1994年山东省黄岛发电厂引进日本三菱公司技术建成处理烟气量30万立方米/小时的工业规模脱硫装置,脱硫效率70%,年运行费用1 500万元,SO_2单位脱除成本1 500元/吨,1999年2月通过评审。

⑤活性焦可资源化烟气脱硫技术

活性焦烟气脱硫脱氮技术,是一种新型的干法烟气净化技术,它利用以煤为原料制造的活性焦作为脱除烟气中SO_2、粉尘等的可复原再生的吸附剂,同时作为脱除烟气中氮氧化物的无害化催化剂。而且,它将吸附的SO_2通过解吸转换成高浓度SO_2气体,作为化工生产原料,方便地生产硫酸、硫黄、硫酸铵等多种化工产品。

活性焦脱硫性能高,制造成本低,而且作为脱硫剂,它可以反复使用。吸附饱和后的活性焦,通过加热得到再生,又恢复了活性,可继续使用。由于我国煤炭资源丰富,活性焦的来源不成问题。该法无废水、废渣、废气等二次污染排放,脱硫成本低、脱硫效率高,除尘效率也很好,与已有脱硫技术相比更具先进性,这一技术的产业化推广可对解决我国长期存在的 SO_2 污染方面起到巨大的推动作用。2002 年,南京电力自动化设备总厂承担国家科技部"863"计划,开发的活性焦烟气脱硫脱氮及装置技术在我国最大的磷肥厂——贵州瓮福磷肥厂试运行成功。2005 年 1 月,该技术的工业示范装置在瓮福磷肥厂建成投入运行,脱除下来的 SO_2 气体全部用于生产硫酸。2005 年 7 月,贵州省环境监测中心对该装置进行了测试,脱硫效率达到 95% 以上,同时除尘效率达到了 70%。

⑥超重力技术脱硫技术

北京化工大学超重力工程技术中心开发的一种新技术——超重力技术,用来吸收烟气中的 SO_2。超重力技术的理论根据是通过高速旋转,利用离心力来增大重力,从而增大气、液两相接触过程的动力因素,即浮力因子 $\Delta\rho g$,流体相对速度也增大,巨大的切应力克服了表面张力,使得相间接触面积增大,从而大大强化气、液相间传递过程。超重力技术所应用的旋转填料床(rotating packed bed)是利用高速旋转的填料床产生的强大离心力(超重力),使气、液的流速及填料的有效比表面积大大提高而不液泛,液体在高分散、高混合、强湍动及界面急速更新的情况下与气体极大的相对速度在弯曲流道中接触,极大地强化了传递过程。错流型旋转填料床中的气体流道横截面均匀,气速恒定,且气体沿旋转床轴向流动,无须克服离心阻力,故气相阻力小,适合大流量的气液两相传热传质。在旋转填料床中传质单元高度降低了 1~2 个数量级,可将塔的高度缩为原来的 1/10,塔的直径减为原来的 1/5,并且显示出许多传统设备完全不具备的优点。

采用超重力技术,不仅设备体积小、占地面积少、节省基建投资,更重要的是该技术吸收 SO_2 充分,尾气排放达到 300 mg/kg 以下。目前超重力技术设备(简称超重机)在山东省淄博市已成功投入使用。

⑦活性炭吸附脱硫法

活性炭吸附脱硫法是目前干法脱硫中最具前景的方法之一,其原理就是应用活性炭的吸附性和催化性脱除烟气中的 SO_2。

活性炭又称活性炭黑,它是利用木炭、竹炭、各种果壳和优质煤等作为原料,通过物理和化学方法对原料进行破碎、过筛、催化剂活化、漂洗、烘干和筛选等一系列工序加工制造而成。活性炭是黑色粉末状或颗粒状的无定形碳,色黑多孔,其主要成分是碳、灰分和挥发分,除此以外还含有氧、氢等元素。活性炭的各种成分中碳的含量为 90%~95%,其次是有机组成部分(其中氧含量为 4%~5%,氢含量为 1%~2%,氯化锌法生产的活性炭还含有少量的氯),其无机组成部分是灰分(其含量和组成受原料、活化方法和后处理条件的影响很大)。

活性炭是一种非常优良的吸附剂,它具有类似石墨晶粒却无规则地排列的微晶。由于其微晶碳是不规则排列的,且在交叉连接之间有细孔,在活化过程中微晶间产生了形状不同、大小不一的孔隙。正是这些孔隙,特别是活性炭内部的微孔为活性炭提供了巨大的表面积,这些表面积最高可达几百平方米。事实上活性炭的吸附性质主要来自其巨大的内表面积,此外这些微孔能吸附蒸汽,并能为吸附物提供进入微孔的通道和直接吸附较大的分子。炭粒中还有更细小的孔——毛细管,这种毛细管具有更强的吸附能力。由于炭粒的表面积很大,所以能与气体(杂质)充分接触,当这些气体(杂质)碰到毛细管时立即被吸附,从而起到净化作用。活性炭可以有选择地吸附气相、液相中的各种物质,可通过对某些有机化合物的吸附达到净化效果。研究表明,活性炭具有 C—O—C、O＝C—O—C＝O、—C—O—C—O—C— 和 ＝C＝O 等表面含氧基团,其中—C—O—C—O—C—是 SO_2 在活性炭表面的活性吸附位。当烟气通过活性炭时,SO_2 被活性位吸附,与邻位吸附态的 O_2 反应生成 SO_3,然后与吸附态的 H_2O 反应生成硫酸,储存在活性炭的微孔中。利用这个原理,我们就能很快而有效地去除烟气中的 SO_2 等,使烟气获得直接而快速的改善。

活性炭脱硫主要是利用活性炭的吸附作用和催化作用。吸附性质是活性炭的首要性质,而这种吸附性质又可分为"物理吸附"和"化学吸附"。活性炭脱硫技术是一种以物理－化学吸附共同作用的原理为基础的干法脱硫工艺,活性炭对烟气中 SO_2 的吸附过程中即有物理吸附又有化学吸附。当烟气中没有氧气和水蒸气存在时,主要发生物理吸附,吸附量不大。当烟气中存在着充足的氧气和水蒸气时,化学吸附反应非常明显,因为活性炭表面的基团对 SO_2 与 O_2 的反应有催化作用,反应结果生成 SO_3,SO_3 易溶于水而生成硫酸,从而使吸附量比单纯的物理吸附时增大许多。

活性炭脱硫的物理吸附过程原理为:

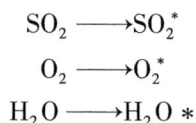

$$SO_2 \longrightarrow SO_2^*$$
$$O_2 \longrightarrow O_2^*$$
$$H_2O \longrightarrow H_2O *$$

活性炭脱硫的化学吸附过程原理为

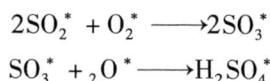

$$2SO_2^* + O_2^* \longrightarrow 2SO_3^*$$
$$SO_3^* + _2O * \longrightarrow H_2SO_4^*$$

除吸附性能外活性炭的催化活性能也很强,煤气中的 H_2S 在活性炭的催化作用下,能与煤气中少量的 O_2 发生氧化反应,反应生成的单质 S 吸附于活性炭表面从而达到去除效果。活性炭脱硫的脱硫反应机理为

$$2H_2S + O_2 =\!\!=\!\!= 2S + 2H_2O$$

当活性炭脱硫剂吸附达到饱和时,脱硫效率明显下降,必须进行再生,活性

炭的再生根据所吸附的物质而定。单质 S 在常压下,190 ℃时开始熔化,440 ℃左右便升华变为气态,所以,一般利用 450~500 ℃的过热蒸汽对活性炭脱硫剂进行再生,当脱硫剂温度提高到一定程度时,单质硫便从活性炭中析出,析出的硫流入硫回收池,水冷后形成固态硫。

⑧热解焦的脱硫

热解焦的脱硫性能由其物理性质(比表面积和孔结构)和化学性质(表面化学性质)共同决定。比表面积和孔结构影响热解焦的吸附容量,而表面化学性质影响热解焦极性或非极性吸附质之间的相互作用力。热解焦的表面化学性质很大程度上由表面官能团的类别和数量决定,热解焦表面最常见的官能团是含氧官能团。表面含氧官能团影响热解焦的表面反应、表面行为、亲(疏)水性、催化性质和表面电荷等,从而影响其吸附行为。而且热解焦表面的某些含氧络合物基团是 SO_2 吸附及催化氧化的活性中心,其发达的比表面积和孔结构也是吸附和催化氧化的基础。

⑨硅藻土的脱硫

硅藻土具有独特的微孔结构,比表面积大,堆密度小,孔体积大,因而其吸附能力强,但这并不表明硅藻土对任何物质都具有强吸附能力。发生在硅藻土孔隙内的吸附主要是物理吸附,既可以发生单分子吸附,也可以形成多分子层吸附,吸附的速率较快。

硅藻土表面有大量不同种类的羟基,硅藻土中的羟基越多,则吸附性能越好。这些羟基在热处理条件下可以发生转化,改变硅藻土的吸附性能。并且这些羟基有一定的活性,可与其他物质发生反应或成键,改变硅藻土的吸附特性。硅羟基在水溶液中离解出氢离子,使其颗粒表现出一定的表面负电性。硅藻土的吸附性能与它的物理结构和化学结构密切相关,一般来说,比表面积越大吸附量越大;孔径越大,吸附质在孔内的扩散速率越大,则越有利于达到吸附平衡。但在一定孔体积下,孔径增大会降低比表面积,从而减小吸附平衡量;孔径一定时,孔容越大,吸附量就越大。

提纯后的硅藻精土不同于硅藻原土,它具有整体均匀一致的微粒和比较干净的表面,从而使其比表面充分展露出来,使表面特性达到最大的展现。均匀一致是指具有一致均匀的大小、外形尺度、表面理化性能等,这是目前人造微粒所难以实现的。硅藻土表面带有负电性,所以对于带正电荷的胶体态污染物来说,它可通过电中和而使胶体脱稳。但对带负电的胶体颗粒只能起压缩双电层的作用,无法使其脱稳。向硅藻精土中加入适量的其他阳离子混凝剂,可制成改性硅藻土混凝剂。当带正电荷的高分子物质或高聚合离子吸附了负电荷胶体粒子以后,就产生了电中和作用,从而达到吸附作用。

因此,硅藻土在烟气脱硫应用中主要是借助于其丰富的微孔结构通过物理

吸附来达到对 SO_2 的去除,硅藻土中羟基越多吸附性能越好,在水分存在的条件下,硅羟基可通过化学反应的方式去除烟气中的 SO_2。

⑩其他的烟气脱硫方法

冯治宇等研制了 $FeSO_4/AC$ 脱硫剂,并对 $FeSO_4/AC$ 脱硫剂的脱硫性能进行了试验研究。结果表明,当 $n(O_2):n(SO_2)=7\sim10$;$n(H_2O):n(SO_2)=3\sim5$,脱硫温度为120%时,$FeSO_4/AC$ 脱硫剂具有良好的脱硫性能,脱硫效率可达 $92.1\%\sim96.8\%$。$FeSO_4/AC$ 脱硫剂能够再生重复使用,采用水蒸气加热再生法对 $FeSO_4/AC$ 脱硫剂进行再生,实验结果显示,经 4 次加热法再生的 $FeSO_4/AC$ 脱硫剂的脱硫效率仍能达到91%。

张云峰等提出了把磁流化床技术应用于烟气脱硫的新思路,并研制了一套磁流化床脱硫试验装置。多种工况下的脱硫实验验证了磁流化床强化脱硫的理论分析,当采用床料 $d_p=220\ \mu m$ 铁磁颗粒,施加外加磁场的磁感应强度 $B=40\ mT$。钙硫物质的量比 $n(Ca)/n(S)=2.31$,入口烟气温度 $T_0=250$ 的工况条件对初始浓度为 $2\ 000\sim3\ 000\ mg/L$ 的模拟烟气进行脱硫时,获得了 85.93% 的脱硫效率。试验结果还表明,脱硫效率随着磁性颗粒粒径的变小或磁感应强度的增大而增加。

YAN 等提出了一种工业范围内的半干法烟气脱硫过程,该法通过电晕放电进行烟气脱硫。在生产能力为 $12\ 000\ Nm^3/h$ 的中试条件下。使用 SO_2 初始浓度为 $500\ mg/L$ 的烟气进行脱硫,脱硫率达到95%以上,反应器的能耗为 $1.8\ Wh/Nm^3$,氨流失少于 $5\ mg/L$,且可获得合格的化学肥料。

Mohamed 等向油棕灰中加入其他化学药品(如 CaO 和 $CaSO_4$ 等),通过水合作用制取干法脱硫的吸附剂,然后在不同进料浓度(SO_2 浓度,$500\sim2\ 000\ mg/L$ 之间)和反应温度($65\sim400\ ℃$)条件下,考察吸附剂的反应活性。结果发现,较高的 SO_2 进料浓度会减少吸附剂将 SO_2 完全脱除所用的时间;另一方面,较高的反应温度可增加吸附剂的反应活性。然而,当反应温度高于 $300\ ℃$ 时,温度的升高对吸附剂的反应活性有副作用。

3.2 热解过程中熄焦烟尘污染控制

原煤经热解炉炭化后,自炉底排出,温度较高,通常在 $500\ ℃$ 左右,需要经过冷却降温熄焦后方可外送。目前兰炭熄焦方式主要为湿法熄焦、半干法熄焦和干法熄焦三种。

1.湿法熄焦

该法采用直接冷却方式,俗称水捞焦,炭化炉出来的高温兰炭直接进入熄焦池,与冷水直接接触,达到冷却温度后焦炭外送烘干车间进行烘干,冷却水循环回用,其间产生的水蒸气部分收集返回炉内参与反应,但仍存在一定量水蒸气携带有毒有害污染物逸散至大气中,其中包含大量的粉尘、酚类、氰化物、硫化物等有毒、有害气体,严重污染大气及周围环境,同时腐蚀设备。

2. 半干法熄焦

半干法熄焦目前处于中试阶段,该装置有别于传统兰炭生产时所采取的"水捞焦"熄焦工艺,通过间接水冷 + 喷水冷却方式达到冷却兰炭的目的,先经水夹套间接冷却至 450 ℃ 左右后由导焦槽底下推焦机均匀推出,依次落入耐高温的集焦仓和中间仓,同时喷洒适量的水进行冷却,产生的蒸汽由下而上进入炉子,使兰炭温度从炉子冷却段开始至中间仓逐渐冷却,最后降温至 100 ℃ 左右。兰炭由中间仓落入出焦仓,从出焦仓底部直接落至炉底刮板输送机。本过程中采用密封的方式,熄焦废气进入炭化炉参与反应,确保无烟尘溢出。与水捞焦比较,该法主要优势在于:避免了水捞焦在熄焦时产生的大量含有有毒有害污染物的水蒸气的无组织逸散;采用夹套间接水冷 + 直接喷淋的方式,减少了熄焦用水量,节约水耗。

3. 干法熄焦

干法熄焦是以惰性气体(或燃烧废气)作为载体与赤热兰炭进行换热,换热后惰性气体余热可回收综合利用。吸收了兰炭热量的惰性气体温度升高,可高达 150 ℃,将其送入余热回收装置生产工业或生活用热水、蒸汽。然后,再把经过余热回收装置冷却的惰性气体(或废气)由循环风机鼓入闭式履带输送机冷却兰炭。该法优势主要体现在:避免湿法熄焦造成的严重大气污染,常规湿法熄焦将含有酚、氰、硫化物及粉尘的蒸汽带入大气中;而干法熄焦则利用惰性气体套管将兰炭降温。同时,利用干熄焦余热生产工业或生活用热水,又可减少烘干煤气燃烧对大气 SO_2 和 CO_2 的排放;兰炭显热约占焦炉能耗的 30% ~ 40%,采用干法熄焦,可回收约 70% 的兰炭显热;提高兰炭质量,干法熄焦提高了块度的均匀性,降低兰炭反应性。兰炭含水量低于 4%,对降低炼电石、铁合金成本有利。

第4章 热解过程中重质焦油的利用现状及特性

煤加工化学产品的生产工艺,是以煤为原料,经化学加工转换为气体、液体和固体产物,并将气体和液体产物进一步加工成一系列化学产品的过程。根据煤加工方法的不同,所得化学产品的种类也不同。目前煤的加工方法主要有高温干馏、气化和液化。煤热解的产品已在化工、医药、染料、农药和碳素等行业得到广泛应用。煤热解过程中的重质焦油,特别是吡啶喹啉类化合物和很多稠环化合物的生产,是石油化工无法替代的。煤转化利用技术,将煤转化为洁净的二次能源和化工原料,既充分利用了资源,又为保护环境提供了根本性措施。所以煤干馏、气化和液化技术的应用和发展,在国民经济发展中具有重要的现实意义和战略意义。

4.1 煤重质焦油的利用现状

18 世纪中叶人们用煤制取灯用燃料,但随着石油的发现和大规模的开采,工业上逐渐用石油替代了煤热解产生的液体产物,煤热解利用方面的研究慢慢淡化。进入 21 世纪,石油资源开始缺乏,石油价格不断上涨,人们又开始关注起煤炭的价值。煤的低温干馏始于 19 世纪,至 20 世纪在欧洲已有很大的发展。特别在 20 世纪 40 年代的第二次世界大战期间,德国利用低温干馏焦油制取动力燃煤,以满足战时生产燃料的需要。日本在战时也曾采用类似的方法将低温焦油加工成战时用燃料。这些低温焦油加工生产厂的工艺生产过程与高温煤焦油加工生产厂完全不一样,也从未与高温焦油联合生产过。从某种意义上说这是世界上真正的低温干馏的焦油加工厂。在 1943 年这些战时工厂曾生产和加工了约 250 万立方米的低温焦油,而当时焦炉生产的高温焦油在加工量上相当于低温焦油加工量的 77% 。

战后,由于廉价的石油冲击,使低温干馏工业处于停滞状态,而一些石油资源贫乏的国家,至今仍停留在常年操作生产中。单一的煤低温干馏不多见,但从能源以及化工资源角度考虑,低温干馏和低温焦油加工还具有一定的发展空间。在欧洲,目前低温焦油加工生产量大约为150万立方厘米,采用加氢、蒸馏、萃取、裂解、脂化等工业方法,生产汽油、柴油、酚类产品、盐基类产品、溶剂、石脑油、渣油等产品。

在化学工业中煤焦油化工占有重要地位,经过处理的煤焦油应用广泛,能够提供多环芳烃和高碳等原料。由低温焦油可以生产液体燃料及酚类、烷烃和芳烃等有机化学产品及耐火材料黏结剂、沥青。低阶煤中低温分段热解可以用于提取酚类、油气资源和生产洁净固体燃料技术。低温干馏焦油是人造石油的重要来源之一,通过发展催化裂解技术,利用中低温煤焦油生产优质燃料油、柴油、汽油的工艺已经开始被广泛采用,将逐步改善我国富煤少油的现状。目前,中低温煤焦油主要用来做燃料油,其余的大部分直接粗放作为烧火油,利用途径较为单一,造成能源浪费。从技术方面来说,中低温煤焦油催化处理产生的轻质油,不符合国家汽柴油标准,只能作为汽柴油调和油。但是在国际原油价格不断大幅上涨的情况下,石油化工原料成本不断升高,迫切需要深入研究中低温煤焦油转化达标的燃料油技术。

煤炭热解研究有两个目的:一个是如何能够提高煤直接利用的效果,另一个是如何能更好地实现煤炭的分级转化利用。煤热解是实现煤炭分级转化的主要方法,在煤热解过程中加入催化剂可以调节煤裂解的反应条件,使反应变得比较温和,同时催化剂的调节也可以得到较多的目标产物。并且很多学者通过焦油催化加氢、煤催化裂解以及焦油催化裂解的方法改善焦油的品质,其工艺复杂、成本较高,但是这些方法是提高焦油品质有效的方法。

我国煤炭的剩余探明可采储量约为石油的35倍,我国也是世界上最大的煤炭生产国和消费国,每年有600~800万吨的煤焦油产量,其中非沥青重质煤焦油(以下简称重焦油)保守估算量为100万吨,目前这些重焦油主要用作炭黑原料油、燃料油和沥青调和油,或分离得到萘、蒽、芘、菲、咔唑等粗产品,但这些方法的综合经济性都较差,尤其是其作为低档燃料油消耗,除经济性差外,对环境污染也比较严重。

除了上述因素外,石油资源供给的日益紧张,也是目前煤焦油加氢成为热点的主要原因,有关煤焦油临氢制取轻质燃料油的文献较多。加氢是使煤焦油轻质化和清洁化的有效方法,在临氢条件下,煤焦油中的 S、N、O 和金属等杂质被脱除,使其成为清洁燃料,芳烃加氢饱和并裂解开环成为优质轻质油组分,胶质被加氢分解成分子较小的烃类。

4.2　煤焦油的特性

随着我国工业化、城镇化进程加快,今后较长一段时期,能源的需求量仍将继续增长。据 2015 年英国石油公司(BP)统计,2014 年中国煤、石油和天然气的剩余探明可采储量分别为世界的 12.8%、1.1% 和 1.8% ,储采比分别为 30、11.9 和 25.7。我国能源的基本禀赋特点"富煤、少油、缺气"的状况还将会持续。预计到 2030 年,我国煤炭消费量仍将占一次能源的 55% 以上,煤炭仍将是经济社会、能源发展的重要支撑。而石油和天然气对外依存度逐年增加,使得煤制油品及相关化工产品的地位变得愈加重要。同时,加强节能降耗,促进产业低碳、绿色发展也是国家能源发展的关键。因此,大宗煤化工产品原料生产过程中的资源节约技术尤其值得重视,特别是要实现煤加工过程中的综合利用,以生产出替代石油和天然气产品。

我国是世界焦炭生产大国,国家能源局统计数据显示:2015 年焦炭产量就达到了 44 778 万吨,与此同时也产生了较多的煤焦油。根据 2015 年焦炭产量,按焦油量约占焦化炉装炉煤量的 3% 和焦炭产量约占 76% 的标准计算,可副产约 1 767 万吨煤焦油。如果加上生产半焦的中温干馏过程、生产油品为目的的低温干馏过程及煤移动床气化过程中产生的煤焦油,我国焦油产量可观,如果合理利用将对缓解我国油源紧张起到积极作用。目前我国低温煤焦油加氢制燃料油技术发展较快。低温煤焦油类似于重质原油,经催化加氢分离可以生产石脑油和柴油,收率分别达到约 24% 和 54% ,而此燃料性能与柴油、煤油相同,价格只有柴油的 70% ,一定程度上可缓解我国石油对外进口的依存度,但该技术仅能处理煤焦油中的轻组分。不同干馏过程所产焦油组分分布特征见表 4 - 1,从表中可以看出各种焦油中沥青含量占比最大。而目前我国大量的煤焦油利用方式相对粗犷,加工转化能力低下,尤其是煤焦油中重组分由于沸点高、分离困难,未能用于生产高附加值产品。显然,一方面我国石油资源短缺,另一方面大量的焦油重组分未能轻质转化。因此,开发煤焦油中占比最大的重质组分轻质化技术,使其转化为苯、甲苯等在内的高附加值化工品将为煤焦油深加工提供有利途径。焦油是煤热解过程中的液体产物,主要是由稠环芳香族、脂肪族和一些酚类化合物组成。

表 4 - 1　不同种类焦油各馏分的百分含量

馏分名称	沸点范围/℃	产率/%		
		低温煤焦油	中温煤焦油	高温煤焦油
轻油	<170	7.2 ~ 9.6	1.8 ~ 4.3	0.3 ~ 0.6

馏分名称	沸点范围/℃	产率/%		
		低温煤焦油	中温煤焦油	高温煤焦油
酚油	170 ~ 210	10.3	7.6 ~ 9.5	1.5 ~ 2.5
萘油	210 ~ 230	11.4	22 ~ 24	11 ~ 12
洗油	230 ~ 300	11.5 ~ 13.2	7.6 ~ 9.4	5 ~ 6
蒽油	300 ~ 360	16.5 ~ 20	15.2 ~ 17.9	20 ~ 28
沥青	>360	35.7 ~ 40.2	34 ~ 36.9	54 ~ 56

4.2.1　煤焦油的分类

　　煤焦油是煤焦化过程中得到的一种黑色或黑褐色黏稠状液体,是煤化学工业的主要原料,其成分达上万种,主要含有苯、甲苯、二甲苯、萘和蒽等芳烃,以及芳香族含氧化合物(如苯酚等酚类化合物),含氮和含硫的杂环化合物等很多有机物。可采用分馏的方法把煤焦油分割成不同沸点范围的馏分。

　　煤焦油是煤在干馏和气化过程得到的液态产物,根据干馏温度和过程的方法不同,可以得到以下几种焦油:

　　低温煤焦油,干馏温度在 450 ~ 600 ℃;

　　中温煤焦油,干馏温度在 700 ~ 900 ℃;

　　高温煤焦油,干馏温度在 1 000 ℃;

　　低温焦油是煤大分子侧链和基团的断裂所得到的初次分解产物,亦称原始焦油。中温焦油和高温焦油是低温焦油在高温下经过二次分解的产物,或者说经过深度芳构化过程的产物,只不过是中温焦油的芳构化深度低于高温焦油。低温焦油和高温焦油在组成上有很大差别,见表4−2。

表4−2　低温和高温焦油的组成

项目	低温焦油/%	高温焦油/%
产率	10.0	3.0
组分	—	—
饱和碳氢化合物	10.0	—
酚类	25.0	1.5
萘	3.0	10.0
菲和蒽	1.0	6.0
沥青	35.0	50.0

高温焦油主要是由芳烃化合物组成的有机复杂化合物,同时还含有酚类,杂环氮、硫、氧化合物以及高分子环状烃。焦油可作为提取多种化工品、碳基材料的原料。但高温焦油中的高附加值化工品相对较少,轻油和酚油(沸点低于210 ℃)总含量为1.8%~3.1%,焦油密度为$1.17 \sim 1.19 \ g/cm^3$。高温煤焦油中沥青产率高达50%~60%,沥青是由高度缩聚的稠环芳烃组成,主要含有三环以上的多环芳烃和一些含氧、氮、硫等化合物。沥青密度约为$1.25 \sim 1.35 \ g/cm^3$,无固定熔点。在常温下为褐色固体,加热后沥青软化继而熔化,易冷凝且加工转化能力低。

与高温焦油相比,低温焦油基本是由烃类、非烃类有机物组成,二者存在很大差异。烃类化合物中含有50%以上的芳香烃化合物,并存在一定的烷烃、环烷烃。非烃类化合物中酚类物质的含量高达40%以上,低温焦油中高级酚占30%~42%,单元酚(如苯酚、甲酚等)占24%~33.5%,二甲酚占31%~33%。低温焦油的密度一般低于$1.0 \ g/cm^3$。将煤热解产生的焦油按照各组分沸点的差异,可分为轻油、酚油、萘油、洗油、蒽油和沥青。轻油中主要含有苯、甲苯和二甲苯,酚油则多以酚、甲酚等酚类化合物为主。萘和多环芳烃及其衍生物都是煤焦油中组分,如表4-3所示。对煤焦油进行蒸馏加工后,即可从中提取苯、甲苯、二甲苯、萘等化工品,进而用于进一步的加工利用。例如,苯可用于生产尼龙、六氯化苯、聚苯乙烯、硝基苯和苯胺等化工产品;甲苯是合成糖精、三硝基甲苯和聚氨酯泡沫塑料的原始材料。另外,二甲苯则作为混合物用于特种溶剂直接销售。萘是高温焦油中较为丰富的组分,萘经氧化后可形成邻苯二甲酸酐,可用于生产醋酸树脂和作为增塑剂使用。

表4-3 煤焦油各馏分段主要成分

馏分名称	沸点范围/℃	主要成分
轻油	<170	苯,甲苯,二甲苯
酚油	170~210	苯酚,甲酚,二甲酚,三甲酚
萘油	210~230	萘,硫茚
洗油	230~300	芴,苊,甲基萘,二甲基萘
蒽油	300~360	蒽,菲,咔唑
沥青	>360	三环以上芳烃化合物

焦油是煤热解过程中的伴生产品,每年我国焦油产量十分可观。焦油中富含特有的稠环芳香族化合物,是宝贵的化学工业资源,例如苯系类化合物可以作为制取橡胶、塑料、杀虫剂等的原料。目前工业中多对已冷凝焦油进行精馏加工,首先按照流程的不同,通过蒸馏分离出轻油、酚油、萘油、洗油、蒽油和沥青,

之后采用结晶、萃取和聚合等手段对各馏段焦油提取相应化工品。但对于焦油中占比最大的沥青,仍需要进一步加工处理,才能实现焦油的高附加值利用。

4.2.2　煤焦油的特性

1. 物理特性

常温下煤焦油的密度为 $1.17 \sim 1.19$ g/cm^3,具有酚、萘的特殊臭味,闪点为 $96 \sim 105$ ℃,自燃点为 $580 \sim 630$ ℃,燃烧热为 $35.7 \sim 39.0$ MJ/kg。煤焦油含有一定量的悬浮于其中的炭黑状物质和高分子树脂,决定了其带有深暗的颜色,它们是由高分子的,特别是多碳少氢的芳烃或稠环芳烃组成的。

煤焦油属分散体系,分散质以固、液、气态微粒的形式分散在焦油中。分散质包括水滴、各种盐溶液、煤粉、焦粉、石墨以及喹啉不溶的平均直径约为1 μm 的聚合物。这些微粒分散在油介质中,形成非均相体系——悬浮液。水分子分散在油介质中,形成均相体系。各种盐溶于氨水中,使油相和水相密度差变小,形成油包水型乳化液。

2. 化学特性

煤焦油中的组分非常复杂,其有机化合物组分估计有上万种,已被鉴定的约有 500 种。煤焦油中含量超过 1% 的组分只有 12 种,如萘、甲基萘、氧芴、芴、茚、蒽、菲、咔唑、萤蒽、苊、䓛和甲酚的 3 种异构体。

煤焦油组分由于分子间力的作用,导致形成复合物,既共沸混合物、低共熔物和固体溶液。煤焦油在精馏过程中,能证实的共沸物至少有百种,实际存在的比能证实的还要复杂,所形成的共沸混合物体系,既有正偏差的,也有负偏差的共沸体系;既有二组分的,也有三组分的共沸混合物体系;还可以推断,也能形成四组分的正负偏差共沸混合体系。所以,从理论上讲,不可能用精馏方法分离各组分。

煤焦油组分绝大部分形成低共熔体系,使焦油油分的固化温度大大低于其所含纯物质的熔点温度,所以尽管煤焦油馏分主要是由熔点相当高的物质所组成,但仍呈液态。共熔体实际上也是一种溶液,固相和液相平衡,当体系冷却时可以分开;形成的固态共晶体,当升温至某一温度后,又可以融化。几种主要化合物可形成的二元低共熔物的数目如下:

① 萘形成的二元共熔物 >15 种;

② 荧蒽形成的二元共熔物 >11 种;

③ 菲形成的二元共熔物 >7 种;

④ 苊形成的二元共熔物 >6 种;

⑤ 咔唑形成的二元共熔物 >5 种;

⑥ 芴形成的二元共熔物 >5 种;

⑦ α - 甲基萘形成的二元共熔物 >3 种。

在焦油及其馏分中也存在着固体溶液,特别是在较高沸点的焦油馏分中,所含的某些组分更容易形成固体溶液。固体溶液比共熔体更具有序的晶型结构,它们的形成需要形状和尺寸接近。所有已知的固体溶液均伴有稳定的物质,如萘－硫茚、萘－蒽、蒽－咔唑、咔唑－菲、菲－芴、菲－硫茚、菲－蒽、咔唑－蒽及蒽－菲－咔唑三元体系。固体溶液的固相组成与液相组成差别不大,所以用重结晶或液固萃取的方法很难分类。

4.2.3　煤焦油的质量

对加工用的原料焦油,要求达到下述规格:密度(20 ℃)1.17～1.20 kg/L,水分≤4%,游离碳≤10%,黏度($^{\circ}E_{80}$)≤5.0。此外,还要求所夹带的水中固定铵盐含量≤1.5 g/L(氨水),对酚、萘、蒽的含量及各种馏分和沥青产率应进行分析检测。

4.2.4　煤焦油催化裂解机理

针对热解焦油催化改质机理,研究者多采用模型化合物作为煤或焦油代表组分进而对其进行研究。Akira Tomita 和 Metta Chareonpanich 等选用了多种模型化合物(1－丁苯、四氢化萘、萘、二苯甲烷、蒽等)作为煤结构的代表组分,USY 分子筛为催化剂,对焦油裂解反应路径进行了分析,H_2压力达到了 5 MPa。二苯甲烷中的 C—C 连接键在催化剂的裂解作用下断裂,最终形成苯和甲苯,而苯和甲苯继续可被裂解为 $C_1 \sim C_4$ 等烃类气体,具体裂解途径如图 4－1 所示。三环芳烃化合物蒽在 USY 作用下,首先加氢形成 9,10－二氢蒽,但随后裂解反应主要发生在外部的芳香环上,烷基萘是裂解反应过程中重要的中间产物,具体裂解途径如图 4－2 所示。其他研究者同样认为在加氢催化剂的作用下,蒽首先可加氢生成 9,10－二氢蒽和四氢蒽,随着加氢反应的进行可形成八氢蒽。菲与蒽的反应路径类似,菲可在外部芳香环和中间芳香环进行加氢,形成二氢菲。菲、芴可在裂解催化剂(Ni/ZSM－5、Ni/HY、Ni/Al_2O_3 和 USY 等)的作用下可裂解生成苯、甲苯和二甲苯等轻质芳烃。

另外,甲基萘和萘也多被选用为焦油模型化合物而对催化机理进行探讨。A. Martiinez 等利用双功能催化剂 Pt/USY 对甲基萘进行加氢催化裂解,首先生成的甲基四氢萘中的饱和环可在催化剂的作用下发生开环反应,形成二甲基茚满、烷基苯等,同时甲基四氢萘中未饱和芳香环亦可继续加氢生成甲基十氢萘及其异构体。其他研究家者同样认为甲基萘在催化剂 MoNi/F－Al、MoNi/B－Al、MoNi/Al_2O_3、Pt/丝光沸石的加氢催化裂解作用后可最终形成两类产物:甲基四氢萘和烷基苯。甲基萘中两个芳香环均有加氢饱和的可能,从而分别形成了甲基丁基苯和戊基苯,但并未检测到甲基十氢萘的生成。具体反应路径如图 4－3 所示。

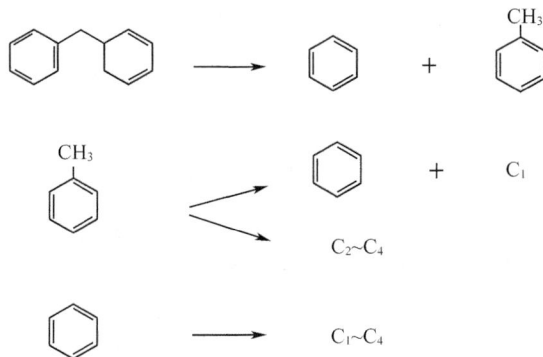

图 4-1　二苯甲烷的反应路径

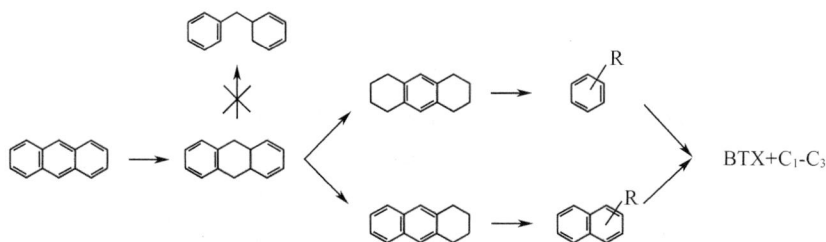

图 4-2　蒽的反应路径

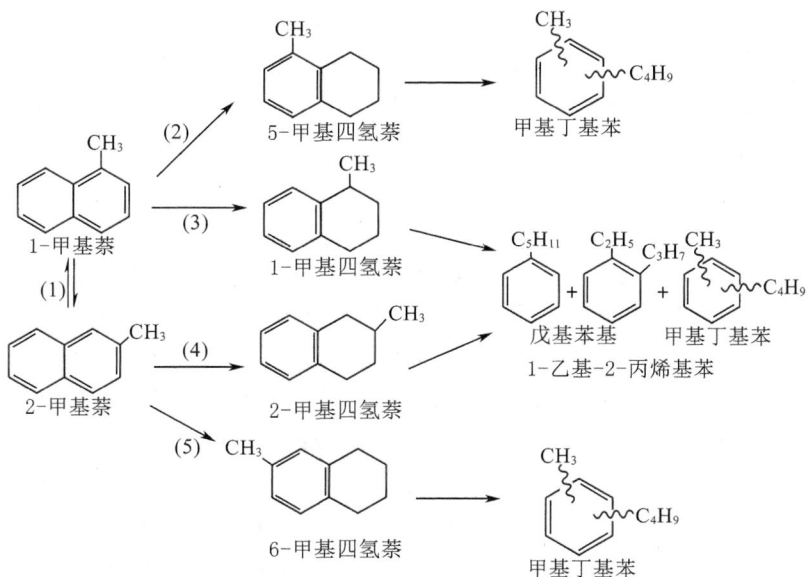

图 4-3　甲基萘的反应路径

Mengxiang Fang 等则认为萘系物催化加氢裂解过程首先是从侧链较少的芳香环加氢开始,随后未饱和芳香环可继续发生加氢反应,饱和环的异构化、开环裂解反应伴随发生。萘形成四氢萘后,在经历加氢、催化裂解等反应后进而生成苯、甲苯和二甲苯等芳烃。

焦油中存在一定量的含氧化合物,尤其是低温焦油中酚油可达到 10.3%。研究表明酚类化合物、酮等含氧物质在进入催化剂孔道后,在催化剂酸性位的作用下可发生脱羟基、脱羧基和脱羰基等反应,最终将焦油中含氧化合物催化转化为芳烃化合物。Leahy 等考察了 ZSM - 5 和 MCM - 41 催化剂对模型化合物 4 - 乙基酚和 2,3 - 二氢苯并呋喃催化加氢裂解机理,在发生加氢反应、脱羟基反应后可形成乙基苯、甲苯和苯等芳烃化合物。

4.2.5　国内外煤焦油加氢现状

壳牌油公司在 1986 年申请了一个有关三环化合物选择性裂化提高十六烷值的专利,原料为石油炼厂的中间馏分油,原料中除三环化合物外,还有链饱和烃,异构饱和烃、四氢萘和十氢萘,其组成与非沥青重质煤焦油差别较大。Suchada 等对煤基喷气燃料的组成、热稳定性和性质进行了研究,但未提及生产技术。其他非沥青重质煤焦油加氢的文献报道大多属于基础研究,有关国外非沥青重质煤焦油加氢生产石脑油和柴油馏分的技术,目前尚未发现有别的文献记载。

目前国内仅有两套煤焦油加氢装置,一个在哈尔滨气化厂,另一个在云南解放军化肥厂,但其两者原料均为中低温焦油,在 S、N 杂质和芳烃含量上与重焦油存在较大差异,因为中低温焦油的烃类组成以脂肪烃和酚属烃为主,芳烃很少,其目前所采用的工艺条件参数和所用的催化剂无法处理本文所指的重焦油。

燕京等以全馏分高温焦油为原料加氢制取轻质油外,尚有 20.27% 的尾油未能处理。仅用作催化裂化或加氢裂化掺炼原料,而且其所提供的工艺条件不能使本文所指重焦油 100% 转化。王守峰以干点为 455 ℃ 的中高温焦油为原料。采用加氢裂化生产优质汽油、柴油和润滑油工艺,该过程是采用煤焦油经加氢精制后进行分馏,所得的汽油、柴油和润滑油出装置,尾油进入加氢裂化反应器,经气液分离后,所得液相生成油与加氢精制生成油进入分馏塔。目前所用的加氢裂化催化剂通常要求进料中硫和氮杂质的含量。尤其对氮的要求更为严格,否则就会影响加氢裂化催化剂的活性和稳定性,而煤焦油中的硫、氮、氧杂质含量都很高。而且较难脱除的含氮化合物集中在作为加氢裂化进料的重馏分中。在常规的加氢精制催化剂和加氢条件下,很难使重馏分中的氮含量符合加氢裂化的进料要求。沈和平以干点小于 550 ℃ 的煤焦油为原料,亦采用加氢裂化生产汽油、柴油等轻质油品工艺,其工艺流程过程与王守峰采用的流程类似,只是在催化剂级配上有所变化,但此方法没有使其原料完全轻质化,仍有 0.5% 和 1.0% 的尾油,量虽不大,但说明其轻质化能力有限,况且对加氢而言,其原料比抚顺石油化工研究院所用原料较为优质。

4.2.6　煤焦油的催化热解

已经冷凝的焦油可经热裂化、催化裂化、加氢裂解等不同手段精制加工生成汽油、柴油和燃料油等液体燃料。热裂化是不用任何催化剂仅在热作用下将焦油中重质馏分或渣油裂化为气、轻质油的过程。热裂解温度一般可达1 000 ℃。焦油中的大分子烷烃、环烷烃等可裂解为烯烃、小分子烷烃等轻质产物,焦油量大幅度下降。但是焦油主要成分芳烃较难裂解,主要是通过脱氢缩聚反应生成焦炭,在热裂化过程中轻质油的选择性较低。在催化剂和热作用下,焦油中重质组分发生了裂解、芳构化等反应,最终转化为气体、轻质油品的过程称为催化裂化。催化裂化反应温度一般低于 500 ℃,且焦炭产率较热裂化过程低。Nozomu Sonoyama 等用共沉淀方法制备了含铈、锌和铝的 Fe_2O_3 催化剂,在固定床中常压、500 ℃、蒸汽气氛下对煤焦油进行催化裂化制取化工品。结果表明大约 97 wt% 重质焦油(沸点大于 250 ℃)分解,产物中单环芳烃、酚类、酮类化合物总量占焦油的 40%。Mridul Gautam 等在流化床中利用一些商用催化剂(LZ – Y82、LZ – Y3 Z7 等)将焦油催化裂化为 H_2、CO、CH_4 及其他烃类气体,催化剂的存在同样可将焦油中含 S 化合物转化为 H_2S,焦油裂解率也达90% 左右。另外,研究者也会采用催化裂化的方法去除高温烟气中的焦油。

与热裂化方法相比,经催化裂化获得的轻质油产率有较大的提高,烃类气体也有所增加,但由于焦油中氢含量有限,催化裂化方法仍无法避免反应中脱氢缩合反应的发生和焦炭的形成。因此,在催化裂化过程中可引入外来氢源,及时稳定催化裂解产物,避免缩聚反应的发生。王永刚等在正庚烷溶液中,并通入 4 MPa H_2 的条件下,利用负载金属 Ni、W 和 Y 型分子筛的 $\gamma – Al_2O_3$ 催化剂对低温焦油(沸点低于 300 ℃馏分)、焦油模型化合物甲酚 – 萘进行催化加氢裂解。焦油中酚类化合物、双环芳烃可转化为茚、环烷烃和氢化芳烃等产物,同时产物中含 N、O、S 等化合物显著下降。将 Y 型分子筛、HZSM – 5、生物质焦作为催化裂解煤焦油的催化剂都表现出较好的活性,产物中轻油、轻质气体的收率均有增加。也有研究者在超临界溶剂(二甲苯和汽油)中对全馏段高温焦油、低温焦油进行催化加氢处理,在合适的实验操作条件(温度、氢气压力、溶剂量、停留时间、催化剂比例)下,高温焦油和低温焦油经加氢裂化后产物中轻油(沸点低于 350 ℃)最高分别可达 56.0% 和 68.8%。另外,在超临界水中对沥青质进行加氢裂化亦可获得较好的效果。

为了提高煤热解产物中轻质芳烃产量,许多研究者在热解时即加入催化剂,进行催化热解反应。催化剂改变了煤热解过程,影响了焦油的产量、组成。有研究者采用流化床反应器,将煤与催化剂以一定速率喷入流化床内形成流化状态,此时二者充分混合,对焦油的催化裂解十分有利。也有研究者采用固定床或低温干馏炉,将煤与催化剂直接混合共热解,生成的焦油同样可经过催化剂的催化裂化作用,从而实现了焦油轻质化的目的。

在对煤热解焦油催化改质时,金属化合物对重质焦油的催化裂解性能及最终焦油组分的影响获得了较多的关注。马晓迅等利用热重分析仪对五种低阶煤进行催化加氢热解,将 MoS_2 与原煤直接混合在一起,而 $ZnCl_2$ 通过浸渍分散在煤中。结果表明,MoS_2 和 $ZnCl_2$ 的引入均能促进挥发分的转化,其中 $ZnCl_2$ 作用后液体收率提高,但对苯、甲苯和二甲苯的收率几乎没有影响,MoS_2 则显著提高了苯、甲苯和二甲苯的收率。其他研究者对金属氯化物与煤共热解也进行了相关研究。例如,Zou Xianwu 等将 $CaCl_2$、KCl、$NiCl_2$、$CoCl_2$ 或 $ZnCl_2$ 与褐煤浸渍共热解,发现 $CoCl_2$ 和 $ZnCl_2$ 的加入可促进芳烃化合物、酚类化合物的形成,但脂肪烃类化合物产率却有所下降,KCl 的作用效果则与之相反。Filomena Pinto 将 $ZnCl_2$、Fe_2O_3、FeS、$ICI\ 41-6(Co-Mo)$ 和 $ICI61-1(Ni-Mo)$ 与煤进行加氢热解,结果表明在催化剂的作用下煤热解产生的沥青可以转化为轻质组分。Jie Feng 等考察了铁系催化剂(Fe_2O_3、Fe_2S_3、Fe_2O_3-十八烯酸、FeS、和 $FeSO_4$)对长焰煤的催化特性,铁系催化剂可将重质焦油裂解为轻油。朱廷钰等在流化床反应器中将 CaO 与神木烟煤分别粉碎筛分后混合进行催化热解实验,产物中气体收率、焦油中轻质组分收率均有增加,且焦油中杂原子、含氧物质减少。贾永斌等在流化床反应器中对 CaO 和煤直接混合热解,发现 CaO 对焦油催化作用在低温下较为显著,在 700 ℃以上 CaO 的催化作用减弱。Shiying Lin 等同样发现 CaO、$Ca(OH)_2$ 的引入使得气体产物增加。蔡志丹等在低温干馏炉中,通过向煤样中添加碱金属碳酸盐催化剂 K_2CO_3 和 Na_2CO_3,对伊宁长焰煤进行催化热解,增加了液体产物中甲基苯和甲基萘的含量,降低了烷烃($C_{10}-C_{28}$ 的直链烃)化合物的产量。蔡宁生等利用热重-红外联用技术考察了不同金属(K、Ca、Ni、Fe)对煤热解反应速率、产物的影响,所选煤样的热解转化率均有增加,煤气中 CO、CH_4 等气体含量也有不同程度的提高。

另外,不同类型的分子筛也被认为是煤热解焦油改质效果良好的催化剂。Takayuki Takarada 等在加压流化床中,采用 $CoMo/Al_2O_3$ 以及不同类型的沸石催化剂对煤样进行催化加氢热解,最终热解制得焦油中轻质烃类化合物(如苯、甲苯和二甲苯,萘)产量最高达到 10.9 wt%,产物收率在很大程度上取决于反应气氛、催化剂类型、热解温度和压力。W. Heschel 利用 MFI 型分子筛对褐煤进行催化热解实验。结果表明,产物中烯烃(甲烷、丙烯、丁烯、己烷等)和芳烃

(苯、甲苯等)的产率均有增加,丙烯和丁烯产率可达 12%。作者认为反应温度、煤热解产生的 H_2 含量、挥发分含量均会影响最终产物分布。马晓迅等利用 NaX 分子筛和 CoOx-、MoOx-、CoOx-MoOx 负载 NaX 催化剂对黄土庙煤进行催化热解,最终气体中 CO、CH_4、芳烃化合物和脂肪烃化合物有不同程度增加。宋文立等在流化床中考察了 Co/ZSM-5 分子筛催化剂对煤热解产物组分的影响,可以看出催化剂的存在使得产物中酚类、脂肪烃类和芳香烃类的产率分别增加了 203%、51% 和 78%。

除此之外,近年来国内外研究学者开始关注对生物质热解焦油进行催化改质。将生物质与金属氧化物,分子筛(HZSM-5、H-Y、H-Beta、Mordenite)进行直接混合,进而对生物质焦油改质,产物中芳烃类化合物(如苯、甲苯等)产率有显著提高,含氧化合物含量有所降低。王昶等将生物质与不同催化剂 (NiMo/Al_2O_3、CoMo/Al_2O_3、CoMo-S/Al_2O_3 等)混合在流化床反应器中催化加氢热解,在 CoMo-S/Al_2O_3 催化剂的作用下,苯、甲苯、二甲苯和萘的收率达到 6.3%,在 NiMo/Al_2O_3 催化剂的作用下,甲烷收率达到最大值为 99.5%。

4.2.7 煤热解气相焦油的催化改质

煤热解反应大致可分为两个步骤,首先是煤大分子结构的裂解进而形成初次热解产物,然后初次热解产物相互作用发生二次反应,最终形成焦油、煤气等产物。如对煤热解过程中二次反应进行定向调控,则可获得较高收率的目标产物。关于煤热解气相焦油的催化裂解研究,主要是将煤的热解和气相焦油的催化裂解分开,即将煤和催化剂分开放置,煤热解反应产生的气相焦油在未冷凝前进入催化段,经过催化剂的作用后,最终实现重质焦油定向转化。国内外研究者对煤热解气相焦油催化改质所采用的催化剂可主要分为以下 3 种类型。

1. 金属氧化物

在对煤焦油催化改质的研究当中,金属化合物是比较常用的催化剂。Xu 等在两段式固定床反应器中考察了四种金属氧化物(SiO_2、Al_2O_3、CaO 和 Fe_3O_4)对煤热解产生挥发分的作用,发现 Fe_3O_4 对脂肪烃和芳烃化合物有较好的裂解能力。李雪玲等利用制备含有 NiO 的催化剂对焦炉中焦油组分进行裂解实验,结果表明催化剂能将焦油模型化合物(甲苯和苯)裂解为 CH_4 等小分子气体。Wang 等则发现 CaO 或 Fe_2O_3 对煤热解产生的多环芳烃(PAHs)有较佳的裂解能力,600 ℃ 下在 Fe_2O_3 的作用下 16 种 PAHs 裂解率可达 60.59%。CaO 与煤混合后进行流化床热解实验,发现气体产率增加,焦油中轻质组分收率增加,焦油中杂原子、含氧化合物减少,而且氧化钙的作用效果与反应温度有关。

2. 碳基催化剂

国内外研究者利用金属氧化物、半焦及负载金属催化剂、不同类型分子筛对生物质热解焦油进行催化改质。例如 T. S. Nguyen 等考察了 3 种不同 H^+、Na^+ 浓度的催化剂（H－FAU、$Na_{0.2}$ $H_{0.8}$－FAU、Na－FAU）对生物质热解焦油催化影响，研究表明催化剂可以脱除生物质焦油组分中含氧物质，如酮、酸和醛，最终转变为烃类物质，增加气体产量及改善油品质量。Kong 等在 Py－GC/MS 上在线考察了 3 种 Y 型分子筛对煤热解产物的影响，发现具有较高强度和较多酸性位的 Y 型分子筛更有利于多环芳烃的催化裂解，生成轻质芳烃 BTEXN（苯、甲苯、乙苯、二甲苯、萘）。Nelson 等采用 NiMo/γ－Al_2O_3 作为催化剂在常压流化床实验中加氢热解次烟煤，产生的气相焦油经催化后，低分子焦油增加，杂原子含量降低，同时长链脂肪烃裂解生成轻质气体或者环化、芳构化成为多环芳烃。也有研究表明，在催化褐煤热解挥发分模拟气体的实验中，脂肪烃通过 HZSM－5 也会形成单环芳烃。在两段式加热催化炉实验中，负载 Ni－Mo－S 的 Al_2O_3 催化剂和 USY 分子筛均会有利于产物中苯、甲苯、二甲苯的生成。

3. 子筛催化剂

近年来，众多研究者开始关注将低阶煤制备的半焦用于热解气相焦油的催化重整，发现活性半焦表现出较好的催化活性，最终可使焦油产量降低，产物中轻油和轻质气体的收率有所增加。许光文等利用两段式固定床反应器考察了原位热解煤焦和已冷凝煤焦对热解焦油的催化反应性，结果显示原位热解煤焦对焦油改质效果更佳。Sou Hosokai 等认为碳基催化剂对芳烃化合物（苯、苯酚、萘、菲和芘）具有裂解能力。相比于半焦上赋存矿物质、半焦吸附焦油能力、热裂化的影响，碳基催化剂中碳缺位、无定型碳以极高的比更有利于煤热解重质焦油转化为轻油和气体。在低阶煤制备的半焦用于煤的非原位催化热解的相关研究中，发现半焦可以提高产物中轻油和轻质气体的收率。王兴栋利用两段式固定床反应器考察了半焦在煤原位催化热解和非原位催化热解中的作用，结果表明原位催化热解对焦油改质效果更好。Hosokai 等认为碳基催化剂对单环、双环、三环或四环芳烃及含氧衍生物有裂解能力，而催化剂的活性主要归功于其无定型碳结构、发达的孔隙结构以及半焦中的矿物质元素（碱金属、碱土金属）。也有研究考察了不同的碳基催化剂对焦油轻质化效果的影响，认为碳基催化剂的独特物理结构比矿物质元素更有利于将煤热解重质焦油转化为轻质油和气体。在半焦上负载金属对煤热解焦油进行催化改质的研究中发现，金属 Co 和 Ni 活性较高，而 CeNi 双金属负载则效果最佳。焦油中轻质组分比例可达 75 wt%，同时焦油中的 N、S 元素也显著降低。通过对催化剂的表征，研究者发现，半焦负载型催化剂的良好催化活性可能是由于金属负载在半焦上所形成的酸性位。

焦油催化改质的研究中发现，金属氧化物、半焦及负载金属热解焦催化剂、分子筛均能够改善焦油的品质。

4.2.8　煤焦油催化裂解仍存在的问题

系统分析关于煤焦油的精制加工、焦油催化裂化、焦油催化加氢、煤催化热解、煤热解气相焦油催化改质等方面的工作，可以发现关于焦油改质方面的研究还存在以下不足。

（1）冷凝后的重质焦油（沥青）是煤焦油蒸馏加工、分馏后的固态或半固态产物，化学反应能力弱，不易进行加氢裂解。将煤气与焦油冷凝分离，再升温对已冷凝的焦油进行加氢，无疑造成了能源的浪费。

（2）目前关于焦油改质的研究多在较高的 H_2 压力下进行，产物中轻质芳烃收率有所提高，但消耗了大量的 H_2。而煤热解气中除焦油外已富含 H_2、CH_4 等能够提供氢源的气体。

（3）对煤进行催化热解，可提高轻质气体和焦油中苯、甲苯等轻质芳烃的产率，但存在催化剂与焦炭分离困难等诸多问题。

（4）为定向获取较高收率的某类轻质芳烃，煤阶结构参数与催化裂解产物之间的内在关联是关键问题，但目前缺少对不同变质程度煤与催化剂互适性的探讨。

（5）煤热解焦油改质的研究中多注重焦油中轻质油、重油产率及分布规律，对催化改质过程 BTEXN 等轻质芳烃的生成机理研究甚少。而形成机理的揭示恰恰是探究煤热解气相焦油轻质化的基础。

显然，开发煤焦油中占比最大的重质组分轻质化技术，使其转化为 BTEXN 等在内的高附加值化工产品将为煤焦油深加工提供有利途径。而对煤热解气相焦油的催化改质则为重质焦油轻质化技术的实施提供了可行性。关于煤热解气相焦油的催化改质已引起研究者关注，特别是近期对生物质热解焦油催化裂解研究较活跃，这也表明通过气态催化裂解可以实现焦油组分部分轻质化。但与生物质相比，煤更加复杂、多样化，煤热解产生的焦油在组成及分布上与生物质焦油存在根本性差别，对二者热解焦油的催化改质显著不同。

4.3　煤焦油沥青

煤焦油沥青是炼焦的副产品，即焦油蒸馏后残留在蒸馏釜内的黑色物质。它与精制焦油只是物理性质有分别，没有明显的界线，一般的划分方法是规定软化点在 26.7 ℃（立方块法）以下的为焦油，26.7 ℃ 以上的为沥青。煤焦油沥青中主要含有难挥发的蒽、菲、芘等。这些物质具有毒性，由于这些成分的含量不同，因而煤焦油沥青的性质也不相同。温度的变化对煤焦油沥青的影响很大,冬季容易脆裂,夏季容易软化。加热时有特殊气味;加热到 260 ℃在 5 h 以后,其所含的蒽、菲、芘等成分就会挥发出来。

沥青是煤焦油蒸馏提取馏分后的残余物。常温下为黑色固体,无固定的熔点。呈玻璃相,受热后软化继而熔化。按其软化点高低可分为低温、中温和高温沥青。沥青的性质和组成与炼焦煤的性质、炼焦工艺条件、焦油蒸馏条件及沥青的生产工艺有关。我国煤沥青的质量指标见表 4-4。

表 4-4　煤沥青的质量指标

指标名称	低温沥青		中温沥青		高温沥青
	一类	二类	电极用	一般用	
软化点/℃	30～50	>45～75	>75～90	>75～95	>95～120
甲苯不溶物/%			15～25	25	
灰分/%			0.3	0.5	
水分/%			5.0	5.0	5.0
挥发分/%			60～70	55～75	
咔唑不溶物/%			10		

低温沥青用于建筑、铺路、电极碳素材料和炉衬黏结剂,也可用于制炭黑和做燃料用。中温沥青用于生产油毡、建筑物防水层、高级沥青和沥青焦等产品,也是沥青延迟焦化和改质沥青的原料。沥青经过特殊处理,还可以用于制取针状焦和沥青炭纤维等新型碳素材料。

4.3.1　煤焦油沥青的应用前景

改革开放以来中国的经济一直保持着高速的增长,公路交通建设突飞猛进,我国道路沥青生产企业也得到了迅猛发展。尤其是重交沥青和改性沥青实现了由无到有、由小到大、由少到多的质的飞跃,为我国道路建设做出了巨大贡献。

其中,用沥青来养护路面通常分为三种类型:预防性养护、矫正性养护、应急性养护。这三种养护形式可以根据路面的使用情况来进行选择,每一种养护形式又需要选择不同的养护方法和养护设备。三种养护措施的差异主要体现在路面状况和通车时间长短上。当然,三者之间没有明显的界线。

预防性养护是指在路面出现破损前进行养护;矫正性养护指修补路面的局部损害或对某些特定的病害进行处理;应急性养护是在紧急情况下的应对措施,例如,路面爆裂和严重坑槽需立刻修补后才能通车等情况。

　　现如今我国沥青行业已进入规模化、集中化的快速发展阶段,人们对沥青的研究也越来越深入,因为沥青的用量不仅大,而且还非常的广泛,不管是乡村里的小街道,城市里的大道,还是高速都离不了沥青的使用,然而沥青的发展规模同我们国内市场的需求相比较,中国沥青市场仍然处于供不应求的状态,尤其是那些高端的改性沥青市场,应增加专业沥青的生产线,来弥补不断增长的专业沥青市场需求。

第5章 重质焦油裂解催化剂的研究进展

5.1 重质焦油的危害及去除方法

在化石燃料枯竭和环境污染严重的形势下,世界各地对开发清洁可再生能源和提高能源利用效率的研究不断加强。钢铁制造以及煤焦化过程形成的焦炉煤气量大、价廉、富含氢气,在化工合成、城市燃气以及氢氧燃料电池等领域有着重要作用,是我国极其宝贵的能源之一。煤气化是最有效的煤炭转化主要途径之一,但在气化过程中会产生堵塞管道、损伤或腐蚀设备、危害人体健康的颗粒物和重质焦油,严重影响设备正常运行,降低气化效率,污染环境。所以,高效清洁节能的净化措施是生物质或煤气化技术中必不可少的环节。

重质焦油是生物质气化过程中产生的一种危害极大的副产物,所以在生物质气化的过程中要想方设法将其清除。通常,除去重质焦油的方法有物理、非催化(例如热解)和催化裂解三种类型。据报道,机械/物理的清除方法分为干法除尘和湿法除尘两种,干法除尘适用于生物质气化产生的气体产物温度大于500 ℃时的情况,而湿法除尘适用于气体产物冷却到20 ~ 60 ℃的情况。物理方法包含过滤和洗涤两个程序,在这个程序中,重质焦油以浓缩的方式从气体产物中分离出来,但是这样的物理去除方法有很大的弊端,不仅要求高温气体产物被冷凝,而且会浪费大量的水,造成巨大的资源浪费。另外,重质焦油的非催化热解去除方法要求热解温度达到1 000 ℃以上,对设备的要求极高而且此过程也会消耗大量的能源,对生产来说难以达到,而且不经济。

从经济和技术的角度来讲,催化裂解去除重质焦油的方式更有前景一些。这种方式在较低的温度下重质焦油的去除就可以达到较高的程度,而且可以将重质焦油转化为燃料价值更高的气体产物。根据实验条件可以将重质焦油的催化方法分为重组、裂解、氢化和选择性氧化四种。为了迎合能源效率的要求,重质焦油去除的催化温度通常为350 ~ 700 ℃,生物质气化过程中的出口处温度900 ~ 1 300 ℃到后续步骤中的操作温度350 ~ 700 ℃,这种温度变化的范围在某种程度上受到操作上的限制。而催化部分氧化的方式可以避免以上提到的问题,在重质焦油催化去除的程序中通入部分的氧气有利于重质焦油向燃烧值较高的 CO/H_2 转化。重质焦油催化去除的一般过程如图 5 - 1 所示。

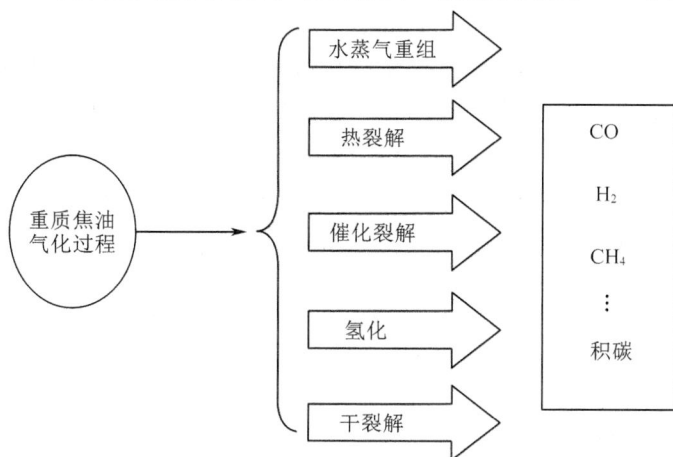

图 5 - 1　重质焦油气化过程

5.2　重质焦油催化剂裂解技术及反应原理

在重质焦油的催化裂解技术中,催化剂的选择是关键,因为使用不同的催化剂,会影响重质焦油的催化裂解效果及产气的组分。而且对生产成本来说,催化剂的选择也是不可忽视的因素,所选催化剂应该具有催化性能好、来源广泛、容易制备的特点。此外,所用催化剂应该不仅可以降低重质焦油含量,还要使重质焦油转化为燃气的选择性要高。关于重质焦油裂解的催化剂的研究在国内外已经有很多。碱金属催化剂是最先被研究用于重质焦油的催化裂解转化,但是此类催化剂活性不高而且再生能力不强。后来诸如白云石、钙镁碳酸盐和镍基催化剂相继被广泛研究用来去除生物质气化产生的重质焦油。目前,重质焦油催化裂解所使用的催化剂按照制备方法大致可分为天然矿石催化剂和人工合成催化剂。天然矿石催化剂包括焙烧岩石、橄榄石、黏土矿和铁矿石;人工合成催化剂包括木炭、流化催化裂化(FFC)催化剂、碱金属基催化剂、活性氧化铝和过渡族金属基催化剂。天然矿石催化剂具有较好的催化活性,资源丰富,价格低廉但易于失活;人工合成催化剂是通过人为改性处理后获得,催化活性高,耐失活能力较强,价格较贵。

消除焦油的催化裂解反应遵循动力学基础,所以单从热力学角度来讲,温度的增加和使用催化剂有利于催化反应的速率的增大。然而,在重质焦油催化裂解转化为气体的过程中发生的化学反应十分复杂,因为在这个过程中有很多平行反应同时发生。目前,关于焦油催化裂解转化为气体的机理已经引起很多科学家的兴趣。根据 Simell 报道,他们用甲苯作为焦油的模型物对焦油催化裂解过程中发生的平行反应做了一些推理。如表 5-1 所示,表中甲苯以 C_nH_m 表示。与甲苯比起来,焦油的成分多达 150 多种,相对分子质量也是,所以焦油的成分很复杂,通常以焦油的模型化合物为研究对象。在部分氧化条件下,用过渡金属铁为活性组分的催化剂,发生的主要化学反应为水蒸气重整方程式和干重整反应方程式。在温度达到 830 ℃时,焦油催化消除的反应主要是干重整反应;而温度在 650 ℃时,倾向于发生析碳生成反应。

表 5-1　重质焦油催化裂解中的发生平行化学反应

反应	方程式
水蒸气重组反应	$C_nH_m + nH_2O \rightarrow nCO + (n+0.5m)H_2$
水蒸气脱烷基化	$C_nH_m + xH_2O \rightarrow C_xH_y + qCO + pH_2$
热裂解	$C_nH_m \rightarrow C + C_xH_y + gas$
加氢裂解	$C_nH_m + (2n-m/2)H_2 \rightarrow nCH_4$
加氢脱烷基	$C_nH_m + xH_2 \rightarrow C_xH_y + qCH_4$
干重整	$C_nH_m + CO_2 \rightarrow 2nCO + 0.5mH_2$
裂解	$C_nH_{2n+1} \rightarrow C_{n-1}H_{2(n-1)} + CH_4$
积碳的形成	$C_nH_{2n+1} \rightarrow nC + (n+1)H_2$
水煤气转换	$CO + H_2O \rightarrow H_2 + CO_2$
甲烷化 1	$CO + H_2O \rightarrow H_2 + CO_2$
甲烷化 2	$C + 2H_2 \rightarrow CH_4$
析碳反应	$CO + H_2 \rightarrow H_2O + C$ $CO_2 + 2H_2 \rightarrow 2H_2O + C$
碳素溶解损失	$C + CO_2 \rightarrow 2CO$

5.3　重质焦油催化剂

　　人类使用催化剂已有 2000 多年的历史,催化剂最早被用于酿酒、做奶酪和面包。直到 1835 年,Berzelius 才把早期化学家的工作汇总在一起,认为反应过程中加入少量的外来物质能极大影响化学反应的速率。后人在 Berzelius 的基础上提出,催化剂是指能加快化学反应的速率而本身并不消耗的物质。在

Berzeliu 之后的 150 多年里,催化剂开始在世界各地发挥了重要作用,主要用于炼油和化工。催化剂的研究是探索提高反应收率和选择性的重要内容,催化剂使许多化学反应的发生成为可能,催化剂通过改变反应的路径(反应机理),降低化学反应的活化能,对反应的收率、转化率和选择性均能产生影响。通常谈论催化剂时,主要是指能加速反应的催化剂,严格来说,催化剂可能加速反应,也可能降低反应的速率,催化剂只改变反应的速率,并不改变反应的平衡状态。催化剂对焦油裂解有很大的促进作用,其催化活性主要受反应条件的影响。对于焦油转化催化剂的基本要求大体上是一致的,David Sutton 等总结了这类催化剂应该具备的条件:

(1)必须能有效脱除焦油;

(2)如果合成气为目标产物,则该催化剂必须能够实现甲烷重整;

(3)应针对特定的用途而提供适宜的合成气比率;

(4)应具有一定的抗积碳或抗烧结的能力;

(5)应较容易的再生;

(6)应具有足够的强度;

(7)应价格低廉。

重质焦油催化裂解最关键的影响因素是催化剂,大体分为两类:天然类催化剂和合成类催化剂。如图 5 - 2 所示,其中天然类催化剂包括铁矿石、沸石、董青石、白云石和橄榄石。合成类催化剂包括过渡金属、碱金属、木炭、焦、氧化铈、氧化锆以及氧化铝。

5.3.1　白云石

白云石是一种菱镁矿,白云石和硅铝催化剂在工业上是固体碱性和酸性催化剂。由于催化剂活性中心的存在,酸性和碱性催化剂对生物质重质焦油的裂解率影响要大于单纯的吸附式裂解,而且非常的显著。酸碱催化剂活性中心的存在,加剧了重质焦油分子内部的反应。但白云石具有较低的机械强度,在应用中磨损快,也容易失活;热稳定性不足,有时有相变情况出现并最终"烧融",降低了有效表面积,从而使得活性下降甚至丧失。

白云石是一种钙镁矿,其化学式为 $MgCO_3 - CaCO_3$。作为一种天然矿石,白云石本身就具有一定的催化活性,经过煅烧以后的白云石具有更高的催化活性。这是因为在 800 ~ 900 ℃煅烧过程中,发生高温分解,释放出 CO_2 和 $MgO -$ CaO 的配合物。它是一种混合氧化物的酸 - 碱型催化剂,颗粒的表面具有极性活化位,而重质焦油中含有许多带负电性 π 电子体系的稠环化合物。它们在活化位上被吸附后,π 电子云被破坏而失去稳定性,使 C—C 键、C—H 键容易发生断裂,从而降低了裂解活化能。同时催化剂还促进裂解后的碳氢化合物与 H_2O

```
                          ┌─ 铁矿石

                          ├─ 沸石

              天然类催化剂 ─┼─ 堇青石

                          ├─ 白云石

                          └─ 橄榄石

重质焦油裂
解催化剂

                          ┌─ 过渡金属 ─┐
                          │           ├─ 活性组分
                          ├─ 碱金属 ───┘
                          │
                          ├─ 木炭 ────→ 具有一定催化活性，也可
              合成类催化剂 ─┤              做催化剂载体
                          ├─ 焦
                          │
                          ├─ 氧化铈 ──┐
                          │          │
                          ├─ 氧化锆 ──┼─ 催化剂载体
                          │          │
                          └─ 氧化铝 ──┘
```

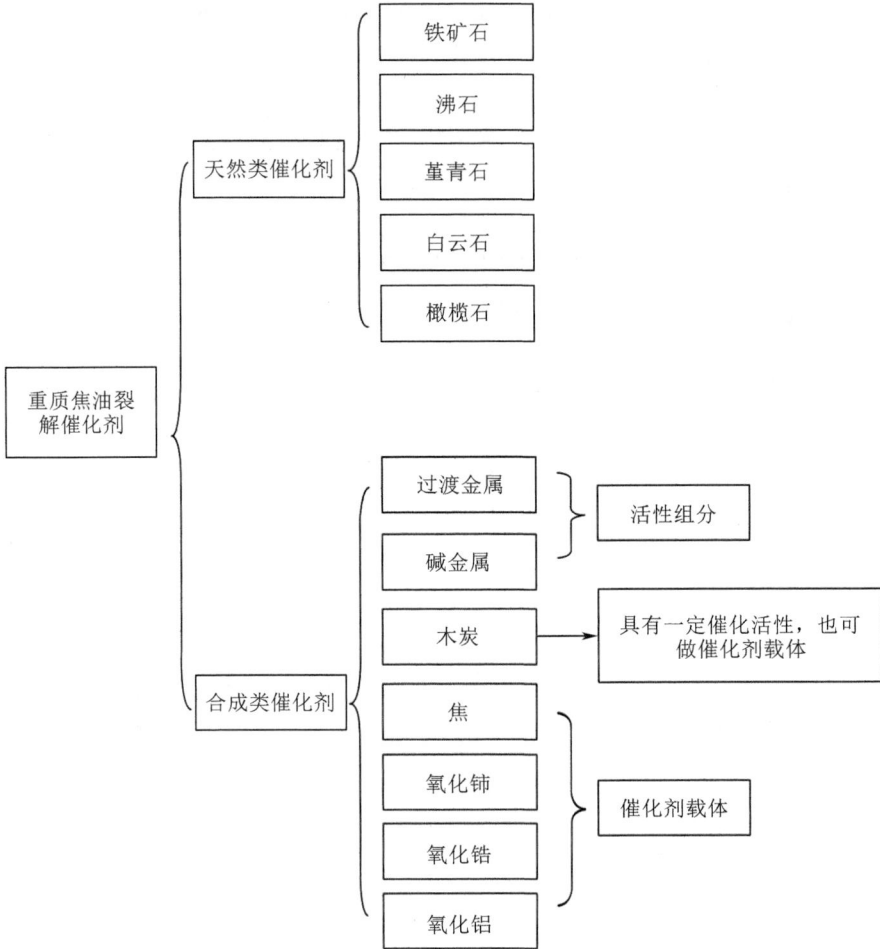

图 5 - 2　重质焦油裂解催化剂的分类

和 CO_2 重整反应。侯斌等通过实验发现，在 800～850 ℃煅烧后白云石对重质焦油裂解率可达 90% 以上，在 900 ℃左右能够获得更理想的效果。

　　文献报道用不同产地的白云石对重质焦油裂解进行研究，发现白云石中 Fe_2O_3 的含量越高，对重质焦油的裂解能力越强。燃气经富含 Fe_2O_3 的白云石催化裂解后，重质焦油转化率达 95% 以上，气体产物增加了 10%～20%，低位热值增加了 15%，燃气组分中 H_2 增加了 4%。Ponzio 等以 H_2O 和 O_2 为气化介质研究白云石的裂解作用，指出在重质焦油裂解的同时发生水气置换、水蒸气重整、CO_2 重整和部分氧化反应。适当增加 H_2O 量有利于提高气体产物中 H_2 的含量，降低 CO 和 CH_4 的含量，在 840 ℃的温度下获得了 96% 的重质焦油裂解率。Lammers 等比较了在白云石上重质焦油的水蒸气重整和水蒸气/空气重整的效

果,指出水蒸气重整仅获得72%的重质焦油转化率,而水蒸气/空气重整获得了96%以上的转化率。Zhang 等在白云石上对重质焦油进行初次裂解,发现在800 ℃常压下获得了72%的重质焦油转化率,提高反应温度和压力,有利于增加重质焦油转化率。

白云石催化剂虽有许多优点,但在高温(800 ~ 900 ℃)条件下也未获得100%的重质焦油转化率。在白云石裂解生物质重质焦油过程中,裂解后的产物中仍有萘,可见,对萘的裂解能力不高,也说明萘是重质焦油中最难裂解的组分。此外,白云石裂解重质焦油存在两个很大的缺陷:一是白云石本身强度不高,因而在流化床反应器中很容易被粉碎;二是白云石的活性随着反应进行而很快降低。这是由于裂解过程中产生的积碳覆盖了催化剂表面活性位,这在流化床反应器中尤其明显。因此,为促使重质焦油裂解过程持续进行,需尽量延长白云石活性时间,如增加 H_2O 的含量,促使其与积碳反应,可有效地减少积碳,延长催化活性。此外,Zhang 等认为 H_2 对减少积碳有明显的影响,若将 H_2 从反应器中分离出去,催化剂的积碳量显著增加。

5.3.2　橄榄石

橄榄石是含有镁与铁的硅酸盐矿石,其化学式为$(MgFe)_2SiO_4$,橄榄石在裂解重质焦油中的催化活性与 MgO 和 Fe_2O_3 含量有关,而后者的含量比白云石中的含量高很多。橄榄石的催化裂解反应机理类似于白云石,它催化失活的原因主要是积碳。积碳覆盖了橄榄石表面的活性位,从而导致催化剂比表面积降低。橄榄石最大的优点是来源广、价格便宜、有较高的抗磨损性能。它的抗磨强度与硅砂相似,甚至在高温下也是如此,因此它可应用于催化效果更好的流化床反应器中。但是,橄榄石的催化活性低于白云石。这是由于橄榄石的结构特征不同于白云石,白云石具有多孔结构,而橄榄石不具有多孔结构,导致其比表面积比较低橄榄石的催化活性主要与其组分有关,而不是其微观结构,同时煅烧也有助于提高橄榄石催化活性。Swierczynski 等利用橄榄石并结合少量的镍作为催化剂,发现在 700 ℃时具有较高的 CO_2 重整催化活性(甲烷转化率为90%)以及水蒸气重整催化活性(甲苯转化率为100%)。目前,关于橄榄石在重质焦油裂解过程中催化活性的研究还比较少,有待进一步探讨。

不同地区的橄榄石对重质焦油的裂解活性也不尽相同。杨小芹比较了分别来自湖北宜昌(A)、河南西峡(B)、天津明德(C)和陕西商南(D)4 种具有代表性的镁橄榄石对重质焦油模型化合物苯的水蒸气裂解活性,实验结果表明,在 900 ℃煅烧下,4 种煅烧橄榄石的催化活性顺序依次为 A > B > C > D,转化率在1%~4%。其中橄榄石 A 的碳转化率达3.93%,是其他 3 种橄榄石转化率的3 ~ 4 倍。作者认为比表面积和可还原氧化铁的含量是橄榄石活性的决定因素。

湖北宜昌产的橄榄石比表面积大、可还原氧化铁含量高,因而具有较高的催化活性。李兰兰等发现煅烧橄榄石对甲苯裂解反应和重整反应具有一定的催化活性。而镍的引入使裂解反应中的甲苯转化率降低(降低 2.2%~9.8%),但催化剂对甲苯水蒸气重整反应的活性升高,甲苯的转化率可高达 9.7%,并且催化剂在 28 h 内维持稳定的催化活性。

Michel 等比较了橄榄石及其负载镍催化剂对重质焦油模型化合物的水蒸气裂解活性,发现 Ni/橄榄石对重质焦油的裂解活性要比橄榄石高得多。Virginie 等发现使用橄榄石负载铁催化剂得到的甲苯转化率和产氢量约为单独使用橄榄石催化剂的 3 倍。此外,杨小芹通过铝酸钙水泥对橄榄石进行改性,发现其孔隙率提高了约 30%。所制备的载 Ni 催化剂具有较高的催化活性和较高的稳定性,Ni 金属颗粒在具有适宜孔结构的橄榄石上分散良好。

此外,添加助剂可以进一步提高催化剂的活性和稳定性。Zhang 等比较了 Ni/橄榄石、Ni－Ce/橄榄石和 Ni－Ce－Mg/橄榄石的催化活性,发现 Ce 的加入可以减少催化剂上积碳的形成,提高甲苯的裂解活性。添加 1% Ce－3% Ni/橄榄石,甲苯转化率从 59% 提高到 88%。1% Mg 的添加使 3% Ni－1% Ce/橄榄石的甲苯转化率提高到 93%。

5.3.3 黏土矿石

黏土矿石包括高岭石和蒙脱石,其主要成分是 SiO_2、Al_2O_3、Fe_2O_3、MgO 和 CaO。Wen 等认为影响黏土矿催化活性的主要因素有表面孔径大小、内表面积大小和酸性位的数量。当孔径大于 0.7 nm 时,催化活性随孔径的增大而增加,同时内表面积的增加和酸性位数目的增多也会引起催化活性的提高。Adjaye 等认为 SiO_2/Al_2O_3 型催化剂是无定形非晶态,酸性位大多数处于反应气体难以接触的位置,因此导致有效酸性位较低,从而影响其催化活性。Simell 等认为黏土矿石能够提高重质焦油裂解的反应速率,但是对重整反应几乎没有影响,例如水气置换反应、水蒸气和二氧化碳重整反应等,这也证明了这类催化剂的活性不高;同时发现,当温度高于 850 ℃ 时,黏土矿催化剂催化活性非常低。这是因为大多数铝硅酸盐不能承受重质焦油裂解的高温条件(850~900 ℃),致使催化剂内部结构遭到破坏,孔道结构发生塌陷。黏土矿石催化剂的最大优点是价格便宜,容易处理。

刘海波以凹凸棒石黏土催化裂解生物质气化重质焦油,发现与热裂解相比,凹凸棒石黏土对生物质重质焦油有显著的催化裂解作用。凹凸棒石黏土的煅烧处理能够改善催化活性,但煅烧温度不宜过高。最佳煅烧温度为 500 ℃,在该煅烧温度下凹凸棒石黏土对重质焦油转化率可达 70%。

马志远等考察了 800 ℃ 热处理后白云石－凹凸棒石黏土(CDPC)催化裂解

甲苯的性能,结果表明,CDPC 具有较白云石($8.5\ m^2/g$)更高的比表面积($17.9\ m^2/g$),使其催化活性优于白云石。在 800 ℃,空速为 3 774 h 时,CDPC 催化剂的甲苯去除率可达 100%。

在凹凸棒黏土上负载金属镍同样可提高重质焦油去除效率。刘海波研究了凹凸棒石黏土负载 Ni 催化剂对生物质重质焦油催化裂解的影响。发现在 800 ℃,镍负载量为 6% 时,重质焦油去除率较高可达 93.8%,且该催化剂具有较强的抗积碳性能。随后,作者比较了不同助剂(Fe、Mg、Mn 和 Ce)对 Ni/PG 催化剂改性效果,发现在 700 ℃下,助剂对 6% Ni/PG 催化剂修饰的效果为 Fe > Mg > Mn > Ce。当 Fe 负载量为 8% 时,催化剂的性能最佳,重质焦油去除率达 99.0%。此外作者还研究了催化剂的制备方法以及 Fe 助剂的前驱体对凹凸棒石负载镍催化剂催化裂解生物质重质焦油活性的影响。结果表明,以 $Fe(NO_3)_3\cdot 9H_2O$ 为 Fe 前驱体制备的催化剂活性较高,稳定性较好。在低 Fe 负载量(3%)条件下,共沉淀法较共浸渍法制备的催化剂活性更高。

Zou 等研究了焙烧温度、焙烧时间、焙烧气氛、反应温度等条件对 $3Fe_8Ni/PG$ 催化裂解甲苯的影响。结果表明,$3Fe_8Ni/PG$ 在 700 ℃氢还原 2 h,反应温度为 550 ℃,甲苯转化率为 100%。在氢气中还原的 $3Fe_8Ni/PG$ 对甲苯转化率的催化活性优于在空气中煅烧的 $3Fe_8Ni/PG$、$3Fe/PG$ 和 $8Ni/PG$。在制备负载型金属催化剂时应在合适的焙烧气氛中采用合适的焙烧温度和时间以获取较高催化活性和稳定性。

5.3.4　木炭

木炭属于非金属催化剂,可通过煤或生物质高温气化的方法获得。木炭在重质焦油裂解反应中的催化性能与其孔径尺寸、比表面积大小、粉尘和矿物质含量有关。前两种因素与其形成条件有关,如加热速率和温度。第 3 种因素取决于木炭的前体类型。造成木炭催化失活的因素:一是积碳的形成,阻塞孔道,降低木炭的比表面积;二是木炭的消耗,在裂解重质焦油的同时木炭还与 H_2O 和 CO_2 反应,所以逐渐消耗。

Zanzi 等研究快速热解对木炭活性的影响,发现高的加热速率、小的颗粒尺寸以及短的滞留时间都有利于木炭活性的提高。Chembukulam 等研究发现,以木炭为催化剂,在 950 ℃下重质焦油 100% 裂解为低热值燃气。

5.3.5　碱金属催化剂

碱金属化合物催化剂主要包括:碱金属碳酸盐、碱金属氯化物和碱金属氧化物等。生物质气化产生的木灰对重质焦油也有裂解作用,其基本组成为:44.3% CaO、15% MgO、14.5% K_2O。因而木灰也是一种碱金属化合物催化剂。

　　碱金属化合物催化剂在生物质热解过程中能有效促使重质焦油裂解,但是这类催化剂最大的缺点在于颗粒的团聚和积碳所导致的失活。在流化床反应器中,由于颗粒团聚丧失催化活性;在二级固定床反应器中,900 ℃的高温下,也会因为催化剂颗粒的融合而发生失活。此外,Lizzio 等发现,碱金属化合物的催化活性与接触条件、颗粒的烧结、金属的挥发以及副反应的发生等因素有关。将生物质颗粒浸渍在碱金属碳酸盐溶液中,能够有效地抑制积碳和减少高温环境下颗粒的团聚,而直接干混不利于防止积碳。

　　蒋剑春在富氧条件下研究了生物质在流化态气化炉和上吸式气化炉中的气化过程,探索了碱金属催化剂对气化过程及焦油裂解过程的影响,所使用的催化剂为强碱弱酸盐 K_2CO_3、Na_2CO_3 和 CaO。催化剂先溶解在水中,按比例(占气化原料的 3%)与气化原料混合均匀后送入气化炉,试验得出这三种催化剂对焦油的裂解性能大小为: CaO > Na_2CO_3 > K_2CO_3。AzharUddin 等采用氧化铁为催化剂研究了生物质(雪松)在双固定床微型反应器内的催化气化特性,比较了由不同铁源所制取的氧化铁的催化特性,研究结果表明,由硝酸铁和氨水所制得的催化剂具有最大的比表面积;在 Fe_2O_3 催化作用下,H_2 和 CO_2 的产率明显增加,CO 的产率降低,这主要是水煤气反应和焦油裂解反应的共同作用的结果。Al_2O_3 添加剂的加入,大大增加了催化剂的表面积,改善了催化剂的活性,增强了对焦油的裂解性能。Thomas Nordgreen 等研究了精炼铁(由赤铁矿 Fe_2O_3 经还原得到)及其氧化物(FeO,Fe_2O_3 和 Fe_2O_3)对焦油的催化裂解性能,结果显示,铁基催化剂对焦油的催化裂解性能与白云石相当,但总的气产率比白云石低,其主要原因可能是白云石还对催化反应器内的其他化学反应有一定的催化作用,氧化铁却基本没有显示其催化作用,这一点与 Azhar Uddin 等的结论相反。

　　Hauserman 将木料灰作为气化反应的一种催化剂用于木料和煤的蒸汽气化,对气化之后的木料灰的分析表明,该灰分中含有较高含量的碱金属。清华大学的吕俊复等对流化床锅炉循环灰对焦油裂解的催化作用进行了研究,以循环床锅炉循环灰为热载体,苯和甲苯作为焦油模型化合物,研究发现,循环灰中的氧化钙对降低焦油产率、提高煤气产率是有利的。随着积碳量的增加,氧化钙颗粒的比表面积和空隙率减小,氧化钙的催化活性和裂解反应速率逐渐下降,失活按指数规律变化。

5.3.6　沸石催化剂

　　LZ - Y82 是一种合成铝硅酸盐沸石催化剂,具有由配位多面体 $[SiO_4]^{4-}$ 和 $[AlO_4]^{5-}$ 的空间网络结构组成的三维结构,其中 SiO_2/Al_2O_3 物质的量比为 5∶4 LZ - Y82 是煤重质焦油催化裂解以及除硫的最有效催化剂,在 500 ~ 530 ℃条件下呈现出很高的催化活性,在 450 ~ 530 ℃重质焦油含量从 20.9% 减小至

14.3%,而在 530~606 ℃重质焦油含量又增加至 17.2%。

LZ - Y82 沸石催化剂失活的主要因素是积碳和催化剂中毒。在催化裂解煤重质焦油过程中,该催化剂的催化活性与其比表面积、孔径尺寸、酸性位以及密度有关。积碳导致催化剂比表面积下降并且阻塞孔道,在 450~606 ℃,积碳量与温度的变化呈线性关系,这也与催化剂比表面积下降规律相吻合。在 606 ℃使用后的催化剂比表面积比在 450 ℃使用后降低 13%。同时,水蒸气、氮化合物和碱金属能够与催化剂酸性位反应致使其中毒。

5.3.7　生物质焦、煤焦催化剂

生物质焦和煤焦是生物质和煤在热化学转化过程中的衍生产物,由于孔隙发达、比表面积大、富含碱和碱土金属(AAEMs)而常被用作烃类转化和重质焦油裂解的催化剂或催化载体。生物质焦或煤焦对重质焦油的催化活性与其孔径、比表面积以及灰分或矿物含量有关。

El - Rub 等比较了生物质焦和煅烧白云石、橄榄石、催化裂化催化剂(FCC)、生物质灰、商业镍催化剂、商业活性炭和石英砂的重质焦油裂解活性。结果表明,催化活性顺序依次为:商业镍催化剂 > 商业活性炭 > 生物质焦 > 生物质灰 > FCC > 煅烧白云石 > 橄榄石 > 石英砂。因此,生物质焦具有较高的重质焦油裂解活性。

彭军霞等考察了反应温度、制焦条件、制焦原料对萘和苯酚催化裂解转化率的影响。结果表明,反应温度越高,萘和苯酚的催化裂解转化率越高。相同反应条件下,制焦温度越高,热解速率越快,生物质焦的比表面积、孔容积越大,催化活性越高。850 ℃快速热解杉木焦对萘和苯酚的转化率分别为 55.6% 和 76%。SEM 和金属氧化物含量测定结果表明,不同原料制得生物质焦催化活性差异与其表面形貌和金属氧化物含量有关。

Kastner 等发现在生物质焦中添加 Fe,可使生物质重质焦油模型化合物甲苯的活化能由 90.6 kJ/mol 降低至 48.4 kJ/mol。Min 等对比了维多利亚褐煤焦及其负载 Ni、Fe 催化剂对生物质重质焦油裂解的活性。发现负载型金属催化剂的活性明显高于焦炭本身,且载 Ni 催化剂的性能略优于载 Fe 催化剂。Zhang 等比较了生物质焦和褐煤焦载 Fe 催化剂对重质焦油的裂解效果。结果表明,生物质焦负载 Fe 催化剂的活性明显高于煤焦载 Fe 催化剂,作者认为这与焦载体自身的特性有关。但是 Wang 等在研究木屑焦和煤焦载 Ni 催化剂对锯末重质焦油的催化裂解时发现,煤焦载 Ni 催化剂的催化活性高于木屑焦,作者认为这是由于煤焦对金属 Ni 具有较高的吸附性能。总之,在生物质焦或煤焦上负载贱金属(如 Ni、Fe)可提高催化剂的活性,但是焦催化剂在重质焦油裂解过程中会被汽化剂消耗。

韩江则等发现半焦对煤的热解产物具有一定的催化裂解作用。煤热解产物经过半焦的催化裂解作用后,虽然焦油的总收率有所降低,但焦油中轻质组分质量分数增加,轻质焦油的绝对收率基本保持不变或略有增加。不同表面结构的半焦对煤热解产物的裂解作用有所不同。随着半焦比表面积的增加,其对焦油中重质组分的裂解能力逐渐增强,焦油中的轻质组分质量分数大幅上升,但焦油的收率也有明显下降。半焦中的灰分对焦油的裂解也有一定的效果,在比表面积较低时,半焦中的灰分对煤热解产物的催化裂解效果比较明显;随着比表面积的增加,灰分的影响越来越弱,半焦表面结构对焦油裂解效果的影响越来越明显。

5.3.8　天然钙基催化剂

煅烧扇贝壳(CS)、煅烧鸡蛋壳(CES)等天然钙基材料主要组分为 $CaCO_3$,此外还含有少量的 Mg、Sr 等碱性金属元素,经煅烧后具有多孔结构以及较强的碱性,可用于生物质重质焦油的吸附和裂解。

Guan 等在 650 ℃研究了 CS 对苹果枝衍生重质焦油水蒸气裂解活性,发现 CS 对重质焦油裂解具有良好的催化活性以及重复利用性。同样地,在 CS 上负载 Fe、Ni 金属,可提高催化活性。此外,生物质中的 K 等碱性物种可迁移到催化剂表面,从而提高催化活性。作者进一步将少量的 K 助剂掺杂到 Fe/CS 催化剂上,用于生物质重质焦油的水蒸气裂解反应。结果表明,K 助剂的加入极大地提高了催化活性。

此外,Kaewpanha 等还研究了 CS 负载 Cu 催化剂的重质焦油裂解活性,发现 CS 载 Cu 催化剂较 CaO 和 Al_2O_3 载 Cu 具有更高的催化活性。XRD 表征结果表明,CS 载体中的主要组成为 CaO,且其与 Cu 具有较强的相互作用,并形成了氧化铜钙相,使活性 Cu 物种更趋稳定,为重质焦油裂解反应提供了新的活性位点。此外,CS 载体的强碱性以及 CS 载体中的其他碱金属元素也提高 Cu/CS 的活性。最后作者发现,通过加入少量 Co 助剂可以进一步提高 Cu/CS 催化剂的催化活性、稳定性和再利用性。

煅烧蛋壳具有和煅烧扇贝壳相似的组成和结构。Yang 等研究了 CES 对香柏木重质焦油蒸汽裂解的催化活性,发现其对柏木重质焦油具有较高的转化率。在 CES 上负载 Fe、Ni、Co 和 Cu,可提高催化活性。其中,CES 负载 Cu 效果最好,最佳 Cu 负载量为 1%～2%。

5.3.9　堇青石催化剂

蜂窝状堇青石是常见的催化剂载体,堇青石化学式为 $Mg_2Al_4Si_5O_{18}$,此外还含有钠、钾、钙、铁、锰等微量元素。研究表明经处理后的堇青石比表面积最高可达 255 m^2/g（50% 草酸煮沸处理 7 h）。L. Villegas 等对蜂窝状堇青石涂层的涂敷及活性组分的浸渍进行了研究，得出采用 Al_2O_3 作为涂层原料可获得高的氧化铝负载量，并且涂层、黏性好；浸渍活性组分 Ni 之后进行微波或温室干燥可获得较均匀的活性组分分布；所得到的整体式催化剂的失活与较大的 Ni 金属颗粒有关，随着反应的进行，Ni 金属颗粒的存在有效限制了催化剂的失活速度。

徐鑫等通过研究发现，堇青石由于含有活性成分 MgO 和 Al_2O_3，所以对焦油模型化合物的裂解有一定的催化作用，催化作用高于碳化硅。堇青石上负载白云石后虽然增加了活性成分 CaO，但是催化活性没有得到明显提高。堇青石上负载 NiO 后催化活性得到很大提高，实验中几种材料活性比较如下：10% NiO/Al_2O_3/堇青石 > 5% NiO/Al_2O_3/堇青石 > 空白堇青石 > 碳化硅。通过焦油模型化合物苯和甲苯在堇青石和白云石作用下的催化转化实验可以得出：不同催化剂作用下，苯和甲苯的转化率都随温度的升高和试验空速的降低而增加。一定实验条件下甲苯和苯转化率能达到 96% 和 61%。随着 S/C 的增加苯和甲苯的转化率都出现先升高后降低的趋势，由于实验条件的限制结果还需要进一步的验证。水蒸气的通入有助于裂解气体成分的调整。随着蒸气量的增加，促进了消碳反应、水汽变换反应和甲烷重整反应，CO 百分比呈下降趋势，CO_2 百分比和 H_2 百分比呈现增加趋势。随着温度的增加气体产物中 CO、CO_2 和 H_2 百分比也呈现增加趋势。通过连续试验堇青石表现出良好的催化活性，积碳是造成催化剂失活的重要原因。

5.3.10　镍基催化剂

镍基催化剂由镍、载体和助剂三部分构成，其催化活性与镍的含量、载体及助剂的种类与含量有关。金属镍是催化剂的活性位，研究表明，焦油转化率和气体产率随 Ni 负载量的增加而增加，当 Ni 负载量的质量分数为 15% 时达到最大值；继续增大负载量，催化活性开始下降，这主要是由于金属烧结的缘故。载体的作用是给予催化剂足够的保护和强度支持，防止金属镍在高温条件下长大。Al_2O_3 是最常用的载体。助剂一般选择碱土金属 Mg 和碱金属 K，其中 Mg 可稳定镍的晶粒尺寸，K 可中和载体表面的酸度以减少催化剂表面的积碳，从而延长催化剂活性。最新的研究发现，以 CeO_2 为助剂的催化剂具有良好的抗积碳性能。

镍基催化剂的主要特点是催化活性高，在 900 ℃ 可获得 100% 的焦油转化率，并能提高 CO 和 H_2 的含量；在相同条件下镍基催化剂的催化活性比煅烧白云石高出 8~10 倍。然而它最大的缺点是裂解重整过程中易发生催化失活。

此外,镍基催化剂价格也比较昂贵。造成镍基催化剂活性降低的主要因素有:①机械损耗,这是由于摩擦导致催化剂本身的损耗和坍塌,以致催化剂的比表面积减少,这种因素造成的活性降低是不可逆的,只能通过改进气化反应器的工艺条件加以遏制,因此,镍基催化剂不适用于磨损严重的流化床,而适用于固定床;②在高温条件下会发生催化剂烧结,引起催化剂本身比表面积降低;③产生的积碳堵塞催化剂内孔,降低催化剂的比表面积,从而引起失活,可通过调节气化气体组分或者改善催化剂结构防止这种失活;④催化剂活性位吸附 H_2S 气体引起催化剂中毒,但硫中毒是可逆的,升温至 900 ℃ 以上或者调节气体组分可恢复催化剂活性。

梁鹏等以甲苯为煤焦油模型化合物,研究了镍基催化剂对焦油组分催化裂解反应特性的影响。采用浸渍和分步浸渍的方法制备了 Ni/Al_2O_3 和 $Ni/MgO-Al_2O_3$ 两个系列镍基催化剂,考察催化剂组成(Ni 含量、MgO 含量)、反应条件(温度、空速、水蒸气含量)对焦油组分催化转化的影响。结果表明,Ni 含量在 0.2% 左右时,Ni/Al_2O_3 具有较高的催化活性,催化剂的活性随着 Ni 含量的继续增加而下降,作为助催化剂的 MgO 可以减少催化剂表面积碳。高温有利于 H_2 和 CO 的生成,但不利于 CH_4 的生成。水/甲苯比是影响焦油催化裂解的重要因素,较高的水/甲苯比有利于 H_2 的产生,而不利于 CO 和 CH_4 的生成。

Matas Guell 等利用 $Ni/K-La-ZrO_2$ 和 Ni/CeO_2-ZrO_2,研究了催化剂载体对苯酚蒸气重整的催化性能的影响。与 Ni/CeO_2-ZrO_2 相比,采用 $Ni/K-La-ZrO_2$ 时产气成分随着运行时间发生了较大变化,其中 H_2 和 CO_2 的产量降低,CO 产量增加。这可能归结于活性 Ni 表面积碳导致的水一气转化的失活。研究观察到 $Ni/K-La-ZrO_2$ 上的积碳主要在 Ni 表面,而 Ni/CeO_2-ZrO_2 上的积碳均匀分布在 Ni 金属和载体表面上,积碳位置的差异可能与载体的氧化还原性能有关。

Wang 等报道了采用共沉淀法制备的一种高度稳定的 NiO-MgO 催化剂。NiO-MgO 催化剂具有良好的还原性和高度稳定的活性,可在未预还原的情况下对原燃料气体进行重整。在 100 h 的寿命试验中,没有发现失活并且积碳量很少。这种高度稳定的活性是由于镍颗粒的粒径小、镍颗粒的高分散度以及催化剂的可还原性。

5.4 小 结

重质焦油的组成十分复杂,在重质焦油催化裂解过程中同时进行着多种错综复杂反应。不同反应之间存在竞争关系,因此几乎无法预测催化机理。合成类催化剂制备成本高,并且其原因积碳或烧结而导致活性降低或失活,需添加一些贵金属改性。与合成催化剂不同,天然非均相催化剂价格低廉、储量丰富且对真实生物质气化重质焦油具有良好的催化裂解活性。此外,通过添加助剂可进一步对天然催化剂进行改性。值得注意的是,金属的添加量、前驱体类型以及与天然材料之间的焙烧温度、焙烧时间、焙烧气氛等条件均影响催化剂的活性、稳定性。

目前,重质焦油裂解催化剂在实际重质焦油催化裂解工艺中具有很好的适用性。在今后的研究中,该类催化剂应从以下方面进行研究。

(1)需要用低成本的金属对催化剂进行改性,以提高催化剂的低温催化活性。通常情况下,天然催化剂在高温下的机械强度低,易受到破坏导致流失。若可在较低的温度下正常工作,则可有效地利用重质焦油自身余热(400～600 ℃)对其进行活化,这对于实际裂解过程来说具有十分重要的经济意义。

(2)需要对这些天然催化剂进行大规模或中试试验。目前,在实验室测试中,天然催化剂表现出对重质焦油良好的催化裂解性能。但是在实际过程中,影响催化剂性能的因素很复杂,应考虑气体流量、温度、压力等操作条件的变化,以及催化剂结焦、中毒程度等因素的影响。

(3)采用催化再生循环系统连续脱除重质焦油。在实际操作中,由于重质焦油的复杂性,催化剂容易失活,如何使天然催化剂进行再生,也是今后必须要面对的一项重要课题。

第6章 褐煤热解焦负载型催化剂的制备及其应用

6.1 热解焦性能概述

我国有丰富的煤炭资源,如山西省、贵州省及陕西省等地蕴藏着大量的弱黏结性煤,民间工厂大多采用直立炉,副产品就是如热解焦这一类煤的低阶产物,若不对其进行有效的利用,就会大量堆积,进而严重污染环境。

近年来,随着我国对环境保护力度的增大,用于废气、废水处理等方面的吸附剂用量不断增加,其中活性炭一类的吸附剂价格偏高,但热解焦的价格却不及活性炭价格的50%。因此,可以大大缓解环保企业的压力。而且现在还出现了很多针对低阶煤、垃圾及生物质热解等课题,产生了大量的热解焦,这部分热解焦由于机械强度低、性能不稳定等缺点,致使它的使用范围受到了很大的限制,如果能加以利用,必定会起到一举两得的作用。因此,加强改性热解焦的应用研究在我国具有重要的理论和实际意义。

热解焦不仅孔网结构丰富、吸附性能优异,且机械强度较高,适宜做吸附与催化双重特性的烟气吸附剂。因此将其应用在烟气脱硫领域定能取得很好的脱硫效果。而且如果将改性热解焦看作载体,在上面继续负载活性组分,在将来也必定有很好的研究前景。

热解焦以其良好的热稳定性和化学稳定性,已被广泛用作吸附剂、催化剂或催化剂的载体。其中,它的表面化学性质起着最为重要的作用。更具体地说,就是与碳表面的含氧基团有着密切的联系。

不同的官能团会表现出不同的酸碱性,一般氧含量越高,其酸性就越强。上述氧基团的酸性从羧基到羰基依次减弱。而不同的表面含氧基团会使其表现出不同的酸碱性质,给予弱极性,增强了热解焦的催化性能,改变热解焦对有机物、无机物的吸附选择性。一般来说,含氧基团特别是酸性含氧基团的种类以及相对含量直接对热解焦表面的酸碱性、吸附性能、催化性能产生重要影响。因此,增加热解焦表面含氧基团种类和数量就有了更深层的意义。本书主要侧重于对酸性基团,碱性基团,羧基以及酚羟基基团进行研究。

6.2　热解焦催化剂的制备

热解焦是煤低温裂解的一种产物。由于热解焦未热解完全,有极其发达的微孔结构,且含有较多的金属矿物质,故可以作为一种很好的催化剂载体。近年来,随着我国对环保力度的加大,用在处理废气、废水处理等方面的活性炭用量不断增加,且活性炭的价格偏高,导致企业的环保成本增加,而热解焦的价格不到活性炭价格的一半。因此,利用褐煤热解焦制备负载型催化剂具有重要的意义。

6.2.1　浸渍法

将热解焦催化剂载体置于含活性组分的溶液中浸泡,达到平衡后将剩余液体除去(或将溶液全部浸入固体),再经干燥、煅烧、活化等步骤,即得催化剂。浸渍溶液中所含的活性组分,应具有溶解度大、结构稳定或可受热分解为稳定化合物的特点。一般多选用硝酸盐、乙酸盐、铵盐等。浸渍法的基本原理为当热解焦催化剂载体与溶液接触时,由于表面张力作用而产生的毛细管压力,使溶液进入毛细管内部,然后溶液中的活性组分再在细孔内表面上吸附。

浸渍方法有如下几种。

(1)过量溶液浸渍法

将多孔性载体浸入到过量的活性组分溶液中,稍稍减压或微微加热,使载体孔隙中的空气排出。数分钟后活性组分就能充分渗透进入载体的孔隙中,可用过滤或倾析法除去过剩的溶液。

(2)等体积浸渍法

预先测定热解焦催化剂载体吸入溶液的能力,然后加入正好使热解焦催化剂载体完全浸渍所需要的溶液量,这种方法称为等体积浸渍法。此法省去了除去过剩液体的操作,增加了测定热解焦催化剂载体吸附能力的步骤。实际操作中通常采用喷雾法,即把配好的溶液喷洒在不断翻动的热解焦催化剂载体上,达到浸渍的目的。工业上可以在转鼓式搅拌机中进行,也可以在流化床中进行。

在浸渍制备多组分催化剂时,要考虑各组分在同一溶液中共存的问题。若各组分可溶性化合物不能同时共存于同一溶液中,可采用分步浸渍法。同时,由于载体对各活性组分的吸附能力不同,导致竞争吸附,这将影响各组分在载体表面的分布,这也是制备催化剂时必须考虑的问题。

(3)多次浸渍法

当活性组分在液体中的溶解度甚小,或者载入活性组分量过大时,一次浸渍不能达到热解焦催化剂中所需的活性组分含量。此时可采用多次浸渍法,第一次浸渍后将热解焦干燥(或焙烧),使溶质固定下来,再进行第二次浸渍,为了防止活性组分分布不均匀,可用稀溶液进行多次浸渍。

多组分溶液浸渍时,由于各组分的吸附能力不同,会使吸附能力强的活性组分浓集于孔口,而吸附能力弱的组分分布在孔内,造成分布不均,改进的方法之一是用分布浸渍法分别载上各种组分。

(4)蒸气相浸渍

当活性组分是易挥发的化合物时,可采用蒸气相浸渍,即将活性组分从气相直接沉积到热解焦催化剂载体上。利用这种方法能随时补充易挥发活性组分的损失,使热解焦催化剂保持活性。

浸渍工艺可分为湿法和干法两大类。湿法也称浸没法,它是将已经过预处理的热解焦放在含有活性组分溶液中浸渍。

①间歇浸渍是将载体置于不锈钢的网篮中,将其浸没在装有活性组分溶液的浸渍槽中,经 30~60 min 后吊起网篮,多余溶液从网孔中流出,然后进行干燥及焙烧分解处理。连续性浸渍则在带式浸渍机中进行,在不断循环运转的运输带上悬挂多个由不锈钢制成的网篮,内装载体,随运输带移动,网篮提起,沥去多余浸渍液后再入隧道窑干燥。

对于多组分的浸渍型催化剂,不同活性组分溶液可配成混合液共浸,也可分步浸渍,每浸渍一次后均经干燥和焙烧以固定活性组分,这种方法称分浸。采用哪种方式取决于不同活性组分的相溶性。

②干法浸渍又称喷洒法或喷淋拌合法,它是将载体放入转鼓或捏合机中,然后将浸渍液不断喷洒到翻腾的载体上。这种方法易于控制活性组分含量,又可省去多余浸渍液的沥析操作。干法浸渍亦可分为间歇与连续操作方式。当装有搅拌浆的捏合机中两个螺旋桨按相反方向旋转,一个方向用于装料与浸渍,另一方向用于卸料,浸渍液通过计量泵连续送入。

亦可采用流化床操作,使载体处于流化状态,此时浸渍液喷洒到载体上,这种方法适合于制备流化床用的微球催化剂。改变不同的工艺条件,可在流化床内依次完成浸渍、干燥、分解和活化过程,这样可改善环境并缩短制造周期。

此外还可采用离子交换方式浸渍,如将铜离子经离子交换到分子筛上,然后经洗涤、干燥、焙烧、还原等工序,可制得脱氧用含铜分子筛催化剂。

6.2.2　溶胶–凝胶法

溶胶–凝胶法一般是按照化学计量比分别称取各硝酸盐晶体于烧杯后加水溶解,再配制一定浓度的柠檬酸溶液,然后滴加适量柠檬酸到混合后的硝酸盐溶液中,在一定温度下搅拌,然后放入烘箱中烘干形成凝胶,再置于马弗炉中高温焙烧,取出后研磨得到样品。

6.3　催化剂的改性

碳基催化剂通常拥有 1 500 m^2/g 的比表面积,由于工艺技术在不断进步,因此更大的比表面积被迫切需求,很多研究者对制备高比表面积活性炭并使其在实际中的应用尤为关注。

其中,对催化剂进行改性是一种效果很好的方法,主要包括对其进行气体的改性、表面化学性质的改性、电化学性质的改性三大类改性方法。

6.3.1　气体改性

在催化剂的制备过程当中,利用物理、化学的方式来增加其比表面积、改善孔隙结构,使炭材料的表面结构产生改变,从而影响物理吸附特性。除此之外,将催化剂与氧化性气体(二氧化碳、水、氧气、空气)进行接触活化,产生新的孔隙,从而使孔隙结构愈加发达,另外,有些化学的活化剂也能够使孔隙结构得到改善。

CO_2 的分子尺寸使得 CO_2 比水蒸气扩散得慢,因此水蒸气活化法是通常使用的方法。近年来不断有学者对物理活化法中的影响因素进行研究。赵爱华等制备出一种碳材料用作吸附催化剂,原料是神木产出的灰分含量很低的煤炭。在制备催化剂的过程中,还将其与神木产出的普通煤相比较,并由此证明了这种煤制备吸附剂的长处,讨论了炭化温度、活化条件是如何改善了吸附剂的吸附特性。陈雯制备出了性价比较高的碳基吸附剂,原料是产自云南的褐煤,将其进行采用炭化、破碎、除杂、压缩并进行活化处理。结果表明,水蒸气用量、活化的温度、时间是影响吸附特性的重要条件。

申恬研究发现在 800 ℃水蒸气气氛中,醚基裂解造成芳环间短链或无定形碳含量减少,从而削弱石墨化进程,进而提高芳香结构的缺陷程度,是半焦活化的内在原因。陈宗定等利用水蒸气对半焦进行活化重整褐煤热解焦油,经过水蒸气活化的半焦比表面积由 9.302 cm^2/g 提高到了 422.671 cm^2/g,表明水蒸气具有较好的扩孔作用,活化半焦床层厚度增加对焦油催化重整效果影响非常显著。采用 CO_2 与 $H_2O(g)$ 混合气体作为活化剂,结果发现,活性炭性能有显著提高,气体产物中 H_2、CH_4 和 CO 产量均有提高。

通过气体改性热解焦能够增加热解焦表面的官能团,因此利用气体改性热解焦能够有效地提高热解焦催化剂的活性,改善对焦油裂解的影响。

6.3.2　表面化学性质改性

表面的化学基团、杂质及氧化物决定表面化学性质。化学基团包括含氧和含氮官能团,其中,含氧官能团有酸性和碱性含氧官能团两种。酸性含氧官能团可吸附极性比较强的化合物;反之,碱性含氧官能团则可以吸附极性较弱或非极性物质。改性的方法有表面氧化改性、表面还原改性、负载金属及化合物改性、低温等离子体改性、酸和碱改性等。下面对常见的四种改性方法作以详细介绍。

（1）氧化改性

氧化改性主要是利用强氧化剂在适当的温度下对热解焦表面的官能团进行氧化处理,从而提高表面含氧基团的含量。其中过氧化氢和硝酸氧化改性是增加热解焦表面含氧官能团的最常用方法。在适当的温度下,利用合适的氧化剂对热解焦表面的官能团进行氧化处理,主要目的是提高表面酸性含氧官能团的含量,同时增强表面的亲水性和对极性有机物的亲和力。此外,还可以利用臭氧对热解焦进行氧化改性。在一定条件下 O_3 可以分解产生具有较高氧化活性的羟基自由基(—HO),从而吸附去除污染物质。

（2）还原改性

还原改性主要是通过还原剂在适当的温度下对热解焦表面的官能团进行还原改性,从而提高含氧碱性基团的比含量,增强表面的非极性,这种热解焦对非极性物质具有更强的吸附性能。还原改性的手段主要集中在 H_2 或 N_2 等惰性气体对热解焦的高温处理和氨水浸渍处理,主要机理是去除热解焦表面的大部分酸性基团。

（3）负载金属改性

负载金属改性的原理大都是通过热解焦的还原性和吸附性,使金属离子在热解焦的表面上优先吸附,再利用热解焦的还原性,将金属离子还原成单质或低价态的离子,通过金属离子或金属对被吸附物较强的结合力,从而增加热解焦对被吸附物的吸附性能。目前经常用来负载的金属离子包括铜离子、铁离子等。

（4）电化学性质的改性

物理和化学的吸附能力都可能被碳基吸附剂的电化学性质影响。炭材料的基本成分是石墨晶体和无定型碳,这些都使其可以很好地导电,而且其表面也携带有电荷。因此,这种改性方法就是在微电场中,改变其电化学性质,因此可以改善吸附剂的吸附能力。

采用等离子体法对催化剂表面进行改性,其原理是利用等离子体中的活性粒子,在催化剂材料的表面产生刻蚀作用,改善催化剂的表面性能。另外,改性后的材料作为载体,有望增加催化剂的表面活性和表面能。表面能的提高有助于后续活性基团的引入,并且还可以改善在制备催化剂的过程中,焙烧阶段所造成的活性组分在催化剂表面分布不均匀的现象。

6.4　催化剂的表征

目前已经拥有很多关于研究、表征催化剂的方法,有的给出宏观层次信息,有的给出微观层次信息。人们还在不断地探索将物理－化学新效应、新现象用于催化剂和催化过程的研究和表征,力求更精确地测定活性位的结构、数量,并向原子－分子层次发展,从时间、空间两个方面提高对催化剂表面所发生过程的分辨能力。

6.4.1　比表面积分析

单位质量催化剂所具有的表面积称为比表面,其中具有活性的表面称为活性比表面,也称有效比表面。尽管催化剂的活性、选择性以及稳定性等主要取决于催化剂的化学结构,但其在很大程度上也受到催化剂的某些物理性质(如催化剂的比表面)的影响。一般认为,催化剂比表面越大,其所含有的活性中心越多,催化剂的活性也越高。因此,测定、表征催化剂的比表面对考察催化剂的活性等性能具有重要的意义和实际应用价值。

对于气－固相催化反应,催化剂表面是其反应进行的场所。一般而言,表面积愈大,催化剂的活性愈高。具有均匀表面的少数催化剂表现出其活性与表面积呈比例关系。如丁烷在铬－铝催化剂上脱氢就是一个很好的例子。其反应速度与表面积几乎呈线性关系。但是,这种关系并不普遍,因为我们测得的表面积都是总表面积。而具有催化活性的表面积(即活性中心)只占总表面积很少的一部分,催化反应通常就发生在这些活性中心上。由于制备方法不同,这些中心不能均匀地分布在表面上,使得某一部分表面比另一部分表面更活泼。颗粒中结构不同,物质传递方式也不同,会直接影响表面利用率,从而改变总反应速度。

尽管如此,测定表面积对催化剂的研究还是很重要的。其中一个重要的应用是通过测定表面积来研究和判断催化剂的失活机理和特性。如果一个催化剂在连续使用后,活性的降低比其表面积的降低严重很多,这时可推测催化剂活性降低是由于催化活性中心中毒所致。如果活性伴随表面积的降低而降低,这可能是由于催化剂烧结而造成的失活。催化剂的表面积测定也可用于估计载体和助催化剂作用,判断其增加了单位表面积活性还是增加了表面积。

研究中常用 BET 法测定,用电子分析天平准确称取待测样品 50 mg,装入测定比表面积专用测定管中,在 110 ℃下烘干脱水后在比表面积孔径测定仪(北京市北分仪器技术公司 ST－2000 型)上进行测定并且记录数据。

6.4.2 热分析方法

热分析是研究物质在加热或冷却过程中其性质和状态的变化并将这种变化作为温度或时间的函数来研究其规律的一种技术。由于它是一种自动化动态跟踪测量,所以与静态法相比有连续、快速、简便等优点。目前从热分析技术研究物质的物理和化学变化所提供的信息和可能性来看,热分析技术已广泛地应用于无机化学、有机化学、高分子化学、生物化学、冶金学、石油化学、矿物学和地质学等各个学科领域。

热分析方法种类繁多,涉及的内容也很广泛,但应用最为广泛的是热重法(TG)、差热分析法(DTA)。

热重法(TG):是指在程序控制温度条件下,测量物质的质量与温度变化关系的一种热分析方法。由热重法记录的质量变化对温度的关系曲线称为热重曲线,即 TG 曲线。TG 曲线以质量(或百分率%)为纵坐标,从上到下表示减少,以温度或时间为横坐标,从左至右增加,试验所得的 TG 曲线,对温度或时间的微分可得到一阶微商曲线 DTG。

差热分析法(DTA):是指在程序控制温度条件下,测量样品与参比物或基准物之间的温度差与温度关系的一种热分析方法。

试验时,把试样和参比物放在相同的加热或冷却条件下,记录二者随温度变化所产生的温差(ΔT)。由于采用试样与参比物相比较的方法,所以要求参比物的热性质为已知,而且在加热或冷却过程中比较稳定。两者之间温差测量采用差示热电偶,热电偶的两个工作端分别插入试样和参比物中。在加热或冷却过程中,当试样无变化时,两者温度相等,无温差信号;当试样有变化时,两者温度不等,有温差信号输出。由于记录的是温差随温度的变化,故称差热分析。

热分析用于催化方面的研究已有七十多年的历史。在我国虽然起步较晚,但近年来随着国产热分析仪的研制和国外先进热分析仪的研制和引进,热分析在我国催化研究中已得到全面应用,包括催化剂活性评价、催化剂制备条件选择、催化剂组成确定、确定金属活性组分的价态、金属活性组分与载体的相互作用、活性组分分散阈值及金属分散度测定、活性金属离子的配位状态及分布、固体催化剂表面酸碱性测定、催化剂老化及失活机理、催化剂的积炭行为、吸附和表面反应机理、催化剂再生及其条件选择和多相催化反应动力学等十个方面。可见,从催化剂制备 - 催化反应 - 催化剂失活 - 催化剂再生整个过程,热分析皆能提供有价值的信息和数据,特别是热分析的定量性,是其他一些分析方法或技术所不及的,因此可以说,在加速催化反应的研究过程中,热分析技术的作用是举足轻重的。

6.4.3 X 射线衍射分析方法

X 射线波长介于紫外线和 γ 射线之间,它和光同属横向电磁辐射波。由于 X 射线波长短,所以它有较高的贯穿能力和较小的干涉尺度。这些特性使得它在物质结构研究中有特殊的应用。X 射线衍射的基础理论是:X 射线是一种电磁波,是交变振荡的电磁场。当它照射到晶体上时,构成晶体的原子内的电子会在交变电场的作用下振动,成为一个新的振源,从而将入射的电子波向各方散射,这些散射波与入射波具有相同的频率。基于晶体结构的周期性,晶体中各个电子的散射波可相互干涉、相互叠加,称为衍射现象。

X 射线结构分析是揭示晶体内部原子排列状况最有力的工具。应用 X 射线衍射方法研究催化剂,可以获得许多有用的结构信息。在本实验的催化剂研究中主要是用于测定晶体物质的物相组成。

6.4.4 电子显微分析方法

电子显微分析是以电子光学的方法将具有一定能量的电子(或离子)会聚成细小的入射束,通过与样品物质的相互作用激发表征材料微观组织结构特征的各种信息,监测并处理这些信息,从而提供有关物质的形貌、微区成分和结构方面的有价值的信息和资料。由于电子显微镜是一种具有高分辨率和高放大倍数的电子光学仪器,因此电子显微镜分析是研究物质微观结构、微区组成的一种强有力的工具。

电子显微镜有多种,应用最广泛的是 TEM(透射电镜)和 SEM(扫描电镜)。用电子显微镜可观察催化剂外观形貌,进行颗粒度的测定和晶体结构分析,同时还可以研究高聚物的结构、催化剂的组成与形态。近年来电子显微镜分析技术的迅速发展,使该技术在催化剂表征中的有效性增加,使我们可以更好地了解催化剂的组分、结构和活性的关系,也可以更好的设计催化剂并优化其性能。

6.4.5 X - 射线光电子能谱

X 射线光电子能谱又称 XPS,是以一定能量的 X 射线作为激发源,把它照射在物质或固体表面,激发出光电子,利用电子能量分析器将光电子按不同的能量分布进行检测,获取 N(E) - E 的电子能谱图,求取电子的束缚能(结合能)、物质内部原子的结合状态和电荷分布等电子状态的信息。利用 XPS 可以将非金属的化学状态和金属氧化态进行区分,因此,XPS 又称为化学光电子能谱法。

X 射线光电子能谱与电子探针相反,若样品被由 X 射线枪发出的单色 X 射线轰击,则由不同的原子层产生发光电子,最上面几个原子层和射出的电子强度高,再向下则呈指数关系地减弱,最深可以影响到 10 nm 左右。以电子能量为横坐标,射出电子强度为纵坐标,得到能谱图。因为每一个元素都有其特征峰,则据此可以进行定性和半定量分析。若与离子溅射技术相结合,本法还可进一步分析不同深度的组成,除氢以外的其他元素均可以测出。

XPS 已经成为催化剂研究中的重要工具之一,利用 XPS 技术可以进行催化剂各组分(如活性组分、助催化剂)的剖析,可以研究活性相的组成与性能的关系,可以进行对反应机理、催化剂的组成 – 结构 – 活性之间的关联,等等。

北京大学结构化学研究室曾对许多活性物质在各种载体表面的分散情况进行了系统研究,发现盐类或氧化物在载体表面有自发单层分散的倾向,并提出用 XRD 外推法测定活性物质在载体表面的最大单层分散量。他们为了进一步证实这些成果,用 XPS 强度比法结合相应模型,对这些体系进行了研究。XPS 是表面灵敏的技术,它的测量结果应直接反映载体表面上活性组分的分散状态。

研究还发现,有机物分子在载体上也具有自发单层分散的倾向。研究者对活性炭为载体的碘化酞菁钴($Na_4CoPcTs$)催化剂进行了 XPS 类似测试,发现负载型酞菁金属催化剂的催化性能与酞菁金属活性组分在载体表面的分散状态密切相关。虽有人提出酞菁金属在载体表面的单层分散状态应为最佳的假设,但尚未提出实验证据。结合具体工作,我们用 XPS 测试了 $Na_4CoPcTs$/活性炭催化剂。所得结果证实了 $Na_4CoPcTs$ 分子以单层分散于活性炭表面。

在 XPS 测试中应注意以下几个问题。

(1)结合能校正。粉末样品以双面胶带装样,必然存在荷电效应。通常以污染炭的 C1s(E_B =284.8 eV)进行荷电校正,在此例中不适用。因为污染 C1s 与载体活性炭的 C1s 重叠不可区分。但经测试发现,活性炭中残留的 S2p 峰与磺化酞菁钴中的硫 S2p 峰不重叠。因此可选用活性炭中残留的硫 S2p 峰进行荷电校正。

(2)在测试活性组分 Co、S、N 和载体 C 的 XPS 相对强度比时,活性组分中含有的 C 信号与载体活性炭的 C 信号重叠不可分。所以在求算上述 XPS 的相对强度时,应该从活性炭的 C1s 信号中除去活性组分中所含的 C1s 信号。此时,可应用原子灵敏度因子法,即在 $Na_4CoPcTs$ 中,C 与 Co 有确定的化学计量比,从 $Co2p_{3/2}$ 峰面积即可求算出活性分中的 C1s 面积。

(3)根据 $Co2p_{3/2}$ 结合能与活性组分载量的关系以及覆盖度的分析,可以确定 $Na_4CoPcTs$ 分子是以平 – 卧形式吸附在活性炭表面。通过 XPS 测试这类大的负载型有机金属络合物在载体上的分散,可为最佳选取负载量和载体的结构提供科学依据。

6.4.6　TPR 的理论

TPR 是一种在等速升温条件下的还原过程,在升温过程中如果试样发生还原,气相中的氢气浓度将随温度的变化而变化,把这种变化过程记录下来就得到氢气浓度随温度变化的 TPR 图。

一种纯的金属氧化物具有特定的还原温度,所以可以用还原温度作为氧化物的定性指标。当两种氧化物混合在一起并在 TPR 过程中彼此不发生化学作用,则每一种氧化物仍保持自身的特征还原温度不变,这种特征还原温度用 T_m 表示。反之,如果两种氧化物还原前发生了固相反应,则每种氧化物的特征还原温度将发生变化。

各种金属催化剂多半作为负载型金属催化剂,制备时把金属的盐类做成溶液后浸到载体上,干燥后加热使盐类分解成相应的氧化物,在这个过程中氧化物可能和载体发生化学作用,所以其 TPR 峰将不同于纯氧化物。金属催化剂也可能由双组分或多组分金属组成,各金属氧化物之间可能发生作用,所以双金属或多金属催化剂的 TPR 图也不同于单个金属氧化物的 TPR 图。总之,通过 TPR 法可研究金属催化剂金属组分和载体之间或金属组分之间的相互作用。

6.5　热解焦催化剂的应用

6.5.1　热解焦催化剂在脱硫过程中的应用

1. 实验样品

选取均匀混合下的稻壳焦、赤泥焦、垃圾焦及煤焦作为实验原料。质量分数分别是 3.22%、37.60%、18.27% 及 40.91%。

2. 改性热解焦的制备

选取热解焦成分为 600 ℃下的稻壳焦、煤焦、垃圾焦及赤泥焦作为原料;选取改性溶液为稀硝酸、磷酸、过氧化氢、硫酸;选取热解焦与改性溶液的固液比为 1:1、1.5:1、2:1、2.5:1;选取焙烧温度为 200 ℃、400 ℃、600 ℃、800 ℃;选取焙烧时间为 1 h、2 h、3 h、4 h;选取改性溶液浓度为 10%、25%、20%、25%。

采用的方法是将定量热解焦放入三口圆底烧瓶中,加入改性溶液,选取一定的固液比,回流处理 2 h,然后取出样品水洗至中性,120 ℃下干燥 12 h。最后,在一定焙烧温度和时间下装入充满氮气的管式炉中加热,降至室温即得改性热解焦催化剂。

(1)实验仪器设备

① 蒸发皿、玻璃棒、烧杯、移液管、洗耳球、50 mL 量筒、250 mL 容量瓶、蒸

馏水；

② 干燥箱：自动控温，装有鼓风机，电热恒温鼓风干燥箱；

③ 分析天平：感量 0.001 g；

④ 管式炉：型号 SRJK - 2 - 13，能调节温度，额定温度 1 350 ℃，额定功率 2 kW，额定电压 210 V；

⑤ 烟气监测装置：氮气、氧气、二氧化硫、耐高温石英管、型号 REX - C400 温控仪、加热带、热电偶、型号 LZB 系列的流量计、型号为 3 012 H 的自动烟尘（气）测试仪。

（2）制备步骤

称取待改性热解焦→加入一定浓度改性溶液→回流 2 h→120 ℃ 干燥 12 h→一定温度时间下焙烧→制得改性热解焦催化剂。

（3）制备方法

① 称取质量为 15 g 的热解焦，放入三口圆底烧瓶中，加入碎瓷片，配置浓度在相应固液比下的改性溶液 250 mL，移取溶液到圆底烧瓶中。

② 沸腾回流：将浸渍了改性溶液的热解焦沸腾回流 2 h。

③ 干燥：取回流结束的热解焦反复过滤、水洗，直至滤液为中性，取样品中的固体部分放入蒸发皿中。在 120 ℃ 下，置于干燥箱中处理 12 h。

④焙烧：取干燥结束的热解焦放入到充满氮气的管式炉中，在一定温度和时间下进行焙烧，制成改性热解焦催化剂。

实验中用到的仪器装置见图 6 - 1 至图 6 - 3

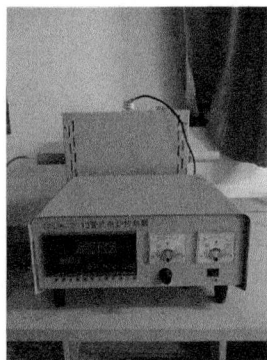

图 6 - 1 沸腾回流   图 6 - 2 干燥箱   图 6 - 3 焙烧装置

3. 实验装置

本实验在恒温固定床吸附柱中进行，催化剂放置在内径 20 mm，长 60 cm 的石英管中，加热过程是在管式炉中完成。催化剂性能测试装置如图 6 - 4 所示，脱硫装置如图 6 - 5 所示，烟气测试仪如图 6 - 6 所示。

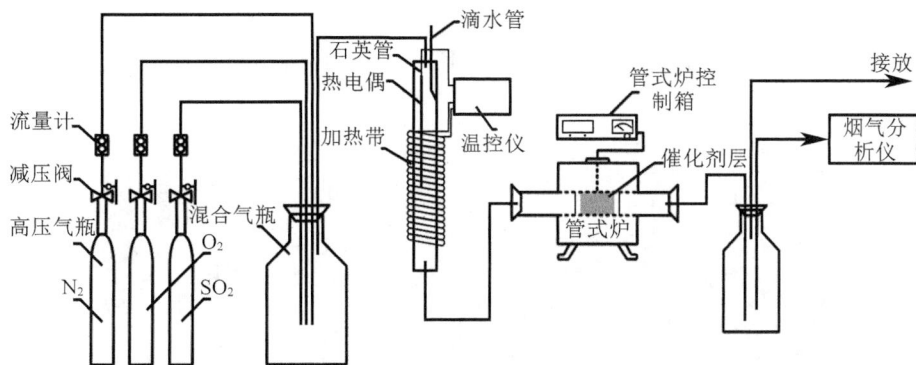

图6-4 催化剂性能测试装置

图6-5 脱硫装置

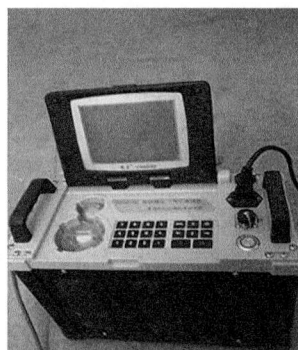

图6-6 烟气测试仪

4. 实验流程

实验工艺主要包括以下四个部分。

(1)气体混合部分:主要由气瓶、连接管和集气瓶组成;

(2)催化反应部分:主要由耐高温石英管、温控仪、热电偶和加热带组成;

(3)气体流量检测、气体收集部分:主要由流量计、连接管和集气瓶组成;

(4)气体成分检测部分:主要由烟气测试仪组成。

5. 催化剂的表征

(1)Boehm 滴定法

取样品4份(每份重1 g),各自放入 250 mL 碘量瓶,再分别加入 25 mL 0.1 mol/L的 HCl 溶液、NaOH 溶液、Na_2CO_3 溶液和 $NaHCO_3$ 溶液,振荡 30 min,于 25 ℃恒温槽中静置 48 h 后过滤。最后精确量取四种滤液各 10 mL,稀释到 50 mL 后,分别用标准液滴定浸泡前后溶液的变化。其中用 HCl 浸泡的滤液由 NaOH 标准液滴定,其余三种由 HCl 标准液滴定。

（2）红外光谱分析法

使用 Bruker 公司生产的型号为 VERTEX 70 的傅里叶红外光谱仪（如图 6－7）。

图 6－7　傅里叶红外光谱仪

6. 催化剂活性评价

催化剂活性评价装置如图 6－4 所示。烟气脱硫的反应是在耐高温反应管中进行。催化剂添加量为 5 g，将模拟烟气（85.8％氮气、6％氧气、8％水蒸气及 0.2％二氧化硫）混合充分，以流量为 1 L/min 通过加有催化剂的耐高温反应管，温度恒定控制在 180 ℃。经催化剂反应后的烟气在尾部用烟气测试仪检测。

7. 结果与讨论

（1）改性热解焦的筛选

设计 16 组正交实验，选取脱硫效果最好的改性热解焦，以烟气分析仪测得的数据计算催化剂的脱硫率，用以表征脱硫效果。

（2）正交实验表的设计

设计 5 因素 4 水平的正交实验。5 因素分别选取不同的改性溶液、热解焦与改性溶液的固液比、焙烧温度、焙烧时间以及改性溶液浓度。

改性溶液为：稀硝酸、磷酸、过氧化氢、硫酸；热解焦与改性溶液的固液比为：1：1、1.5：1、2：1、2.5：1；焙烧温度：200 ℃、400 ℃、600 ℃、800 ℃；焙烧时间：1 h、2 h、3 h、4 h；改性液浓度：10％、25％、20％、25％。通过实验研究酸种类、酸浓度、固液比、焙烧温度和时间这 5 个因素对催化剂的脱硫性能的影响。

根据正交实验表 6－1 的安排，依次完成上述实验，再将制得的 16 个催化剂通过烟气检测装置，用烟气分析仪记录下各个催化剂的脱硫率维持在 50％以上的时间，用作正交实验分析中的实验结果。

表 6 - 1　改性热解焦的正交实验

	酸种类	酸浓度	固液比	焙烧温度/℃	时间/h
实验 1	HNO$_3$	10%	1:1	200	1
实验 2	HNO$_3$	15%	1:1.5	400	2
实验 3	HNO$_3$	20%	1:2	600	3
实验 4	HNO$_3$	25%	1:2.5	800	4
实验 5	H$_2$O$_2$	10%	1:1.5	600	4
实验 6	H$_2$O$_2$	15%	1:1	800	3
实验 7	H$_2$O$_2$	20%	1:2.5	200	2
实验 8	H$_2$O$_2$	25%	1:2	400	1
实验 9	H$_3$PO$_4$	10%	1:2	800	2
实验 10	H$_3$PO$_4$	15%	1:2.5	600	1
实验 11	H$_3$PO$_4$	20%	1:1	400	4
实验 12	H$_3$PO$_4$	25%	1:1.5	200	3
实验 13	H$_2$SO$_4$	10%	1:2.5	400	3
实验 14	H$_2$SO$_4$	15%	1:2	200	4
实验 15	H$_2$SO$_4$	20%	1:1.5	800	1
实验 16	H$_2$SO$_4$	25%	1:1	600	2

（3）正交实验分析

经过烟气测试仪的数据处理和正交实验表的分析可以得出:实验 2、实验 3、实验 4、实验 12（即前三种采用硝酸改性,另一种采用磷酸改性）,固液比分别是 1:1.5、1:2、1:2.5 和 1:1.5;焙烧温度分别是 400 ℃、600 ℃、800 ℃ 和 200 ℃;焙烧时间分别是 2 h、3 h、4 h 和 3 h。这四种催化剂脱硫效果相对较好,其中在硝酸改性的四实验中,脱硫效果随酸浓度呈现递增趋势。如表 6 - 2 所示。

表 6 - 2　正交实验直观分析

因素	酸种类	酸浓度	固液比	焙烧温度	焙烧时间	实验结果/1×10^{-6}
实验 1	1	1	1	1	1	300
实验 2	1	2	2	2	2	305
实验 3	1	3	3	3	3	660
实验 4	1	4	4	4	4	670

续表

因素	酸种类	酸浓度	固液比	焙烧温度	焙烧时间	实验结果/1×10⁻⁶
实验 5	2	1	2	3	4	270
实验 6	2	2	1	4	3	215
实验 7	2	3	4	1	2	230
实验 8	2	4	3	2	1	275
实验 9	3	1	3	4	2	200
实验 10	3	2	4	3	1	225
实验 11	3	3	1	2	4	165
实验 12	3	4	2	1	3	760
实验 13	4	1	4	2	3	223
实验 14	4	2	3	1	4	290
实验 15	4	3	2	4	1	200
实验 16	4	4	1	3	2	190
均值 1	483.750	248.250	217.500	395.000	250.000	——
均值 2	247.500	258.750	383.750	242.000	231.250	——
均值 3	337.500	313.750	356.250	336.250	464.500	——
均值 4	225.750	473.750	337.000	321.250	348.750	——
极差	258.000	225.500	166.250	153.000	233.250	——

由表 6-2 的正交实验直观分析可知,酸种类、酸浓度、固液比、焙烧温度和时间这 5 个因素对催化剂的脱硫效果都有影响,并且酸种类是最主要的因素。由于硝酸是强酸,可以使热解焦表面的酸性含氧基团显著增多,进而达到改性的目的。硫酸虽然是强酸,但其氧化性较弱,所以改性后的脱硫效果没有硝酸好。其次,酸浓度也起到很重要的因素。以硝酸为例,酸浓度越大,其氧化性越强,对含氧官能团和孔结构都有积极的作用。从表 6-2 的分析还可以得知,焙烧温度虽然不是造成热解焦脱硫性能增加的主要原因,但却是重要原因。因为在高温的作用下,伴随着热解焦中的杂质挥发、反应,其内部的孔结构会增大,对二氧化硫的吸收能力也会随之增强。当然,随着焙烧时间的增加,也会增加其孔隙率。所以在温度和时间的联合作用下,共同影响热解焦脱硫效果。而固液比酸浓度所起的作用一致。就是通过提高热解焦表面含氧基团,如酚羟基、羧基、酮基和醚类等来影响改性热解焦脱硫效果。由极差分析知:改性热解焦的脱硫效果受 5 个因素的影响顺序为:酸种类 > 焙烧时间 > 酸浓度 > 固液比 > 焙烧温度。

8. 改性热解焦脱硫性能的分析

(1)不同改性热解焦对脱硫率的影响

改性热解焦脱硫率公式为 $\eta = (5\ 700 - X)/5\ 700$，其中 η 是催化剂的脱硫率(%)，X 是当前二氧化硫的含量(1×10^{-6})。不同改性热解焦对脱硫率的影响如图6-8所示。

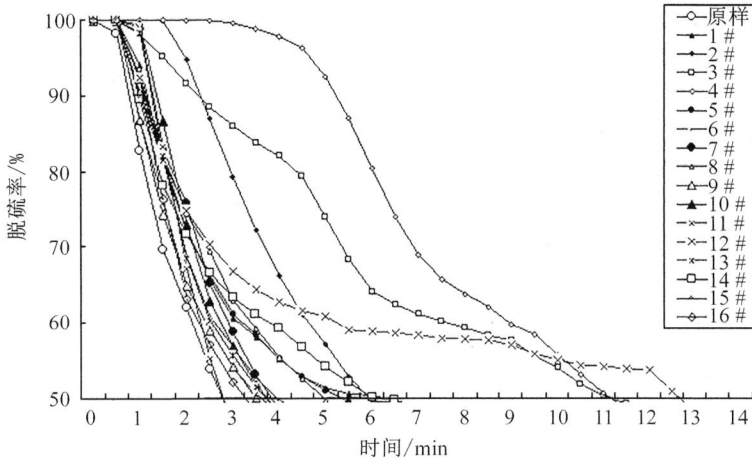

图6-8 不同改性热解焦对脱硫率的影响

由图6-8可以看出，脱硫效果最好的是2#、3#、4#和12#，即前三种是硝酸改性，另一种是磷酸改性，固液比分别是1:1.5、1:2、1:2.5和1:1.5；焙烧温度分别是400 ℃、600 ℃、800 ℃和200 ℃；焙烧时间分别是2 h、3 h、4 h和3 h。同时，可以看出磷酸改性的催化剂脱硫率维持在50%的时间最长，达13 min以上。而硝酸改性的催化剂脱硫率维持在100%的时间最长，达3 min左右。由图还可以看出，经过改性后的16种催化剂的脱硫效果较未改性前的原样都有所提高且硝酸的改性效果最好。

(2)定量分析催化剂的脱硫机理

由于改性溶液的种类是对脱硫率影响最大的因素，故将16种催化剂以不同的改性溶液进行区分，依次得到硝酸改性、过氧化氢改性、磷酸改性及硫酸改性对脱硫率的影响。

由于改性方法不同，所以16种改性热解焦的表面含氧官能团也不尽相同。而且，相同官能团的数量也有所不同。利用boehm滴定法可以定量反映出各个含氧官能团的变化情况，并以此分析其对脱硫率的影响。以下按改性溶液区分，将改性热解焦分为四组。

① 硝酸改性对脱硫率的影响。由图6-9可以得出，1#、2#、3#、4#(硝酸改性，固液比分别1:1、1:1.5、1:2、1:2.5；焙烧温度分别是200 ℃、400 ℃、600 ℃

和 800 ℃;焙烧时间分别是 1 h、2 h、3 h、4 h)的脱硫效果呈现出递增的趋势,即随着硝酸浓度的增加,脱硫效果也会不断增强,且脱硫率维持在 50% 以上的时间较原样明显增加,由原来的 3 min 最高增长至 12 min。

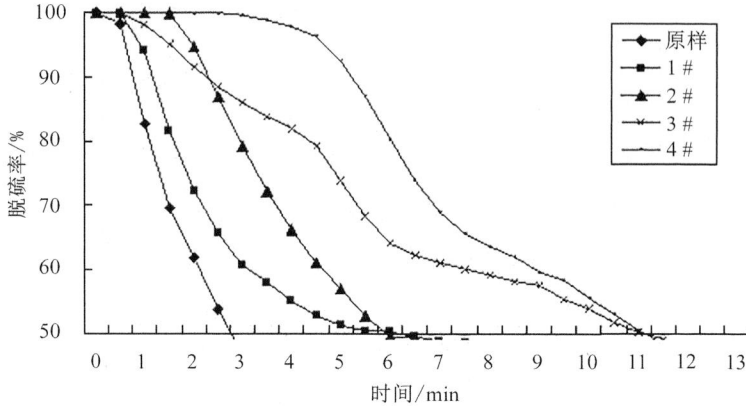

图 6 - 9 硝酸改性对脱硫率的影响

结合图 6 - 10 可以得出,随着硝酸浓度的增加,热解焦表面的酸性基团也不断增多。由于硝酸是最强的氧化剂,可产生大量的酸性表面基团,随着硝酸对热解焦的改性,制备的改性热解焦烟气脱硫剂脱硫活性有所提高。原因在于硝酸是强酸,能很好地提高热解焦表面含氧官能团数量,导致表面酸性上升,而 SO_2 属于酸性气体,如果其酸性增加,就等于其表面的酸吸附位增多,进而对 SO_2 的脱除就有了很大的影响。同时,随着焙烧温度和时间的增加,改性热解焦表面积和孔容也增加,进而提高了硫容。由图 6 - 10 还可以得出,除了酸性基团在逐渐增加外,羧基也有了明显的增多。相比较下,同是酸性基团的酚羟基没有明显的提高趋势,因而可以认为,在硝酸改性过程中,主要是由于提高了酸性基团中的羧基,才进而使脱硫效果变好。

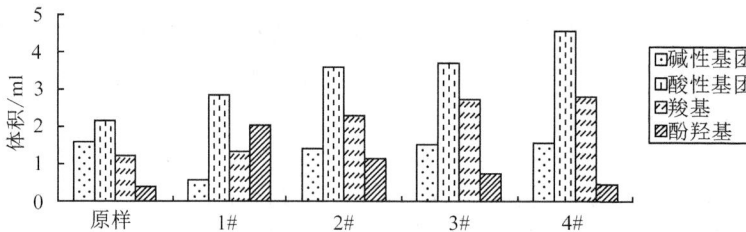

图 6 - 10 硝酸改性后的含氧官能团比较

② 过氧化氢改性对脱硫率的影响。由图 6 - 11 可以得出,5#和 8#催化剂
(过氧化氢改性,酸浓度分别是 10% 和 25%;固液比分别是 1∶1.5 和 1∶2;焙烧
温度分别是 600 ℃ 和 800 ℃;焙烧时间分别是 4 h 和 1 h)脱硫效果相对要好,但
总体来看,在过氧化氢改性的条件下,不同条件制得的催化剂脱硫效果相差不
大,并且没有明显的规律。从图中还可以看出,过氧化氢改性效果没有硝酸好,
维持脱硫率在 50% 的时间只有 5 min 左右。

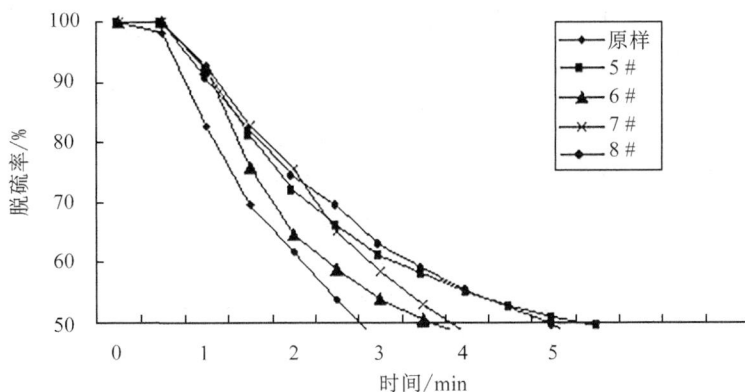

图 6 - 11　过氧化氢改性对脱硫率的影响

由图 6 - 12 可以得出,同过氧化氢改性对脱硫率的影响(图 6 - 11)一致,5#
和 8#的酸性基团和羧基也是含量最多的。而 6#和 7#(过氧化氢改性,酸浓度分
别是 15% 和 20%;固液比分别是 1∶1 和 1∶2.5;焙烧温度分别是 800 ℃ 和
200 ℃)酸性基团的数量没有明显的差距,而其脱硫率也符合这一特点。同样
的,也可以看出羧基的增长趋势与催化剂脱硫效果是一致的,因而可以认为是
热解焦表面酸性基团中的羧基在起主要作用。总体看来,过氧化氢改性效果没
有硝酸理想,是因为过氧化氢改性较为温和,所以对热解焦表面的孔结构破坏
并不大,这在一定程度上也影响了对 SO_2 的脱除。

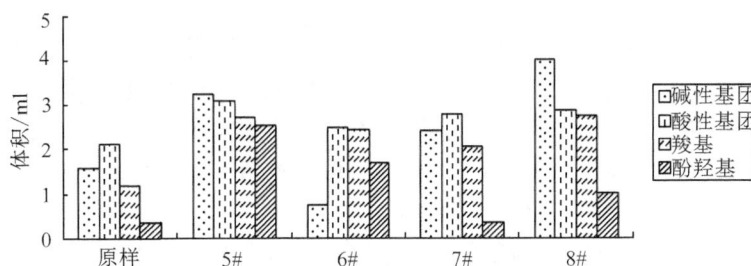

图 6 - 12　过氧化氢改性后的含氧官能团比较

③ 磷酸改性对脱硫率的影响。由图 6 – 13 可以得出,12#催化剂(磷酸改性,酸浓度为 25%;固液比为 1∶1.5;焙烧温度是 200 ℃;焙烧时间是 3 h)的脱硫效果最好,并且明显高于其他催化剂。在同是磷酸改性中,12#催化剂的浓度是最高的,这说明磷酸改性过程中,酸浓度是一个重要因素。磷酸虽然是弱酸,但当其浓度增加时,对脱硫效果也会有很大的提高,尤其是脱硫率维持 50% 以上的时间大大提高了,达 13 min 左右。表明除硝酸改性能提高催化剂脱硫性能外,磷酸在一定条件下也能达到很好的效果。而相比于 12#,其余 3 种催化剂的脱硫效果没有明显的提高与差距。这说明磷酸改性需要在适当条件下进行。

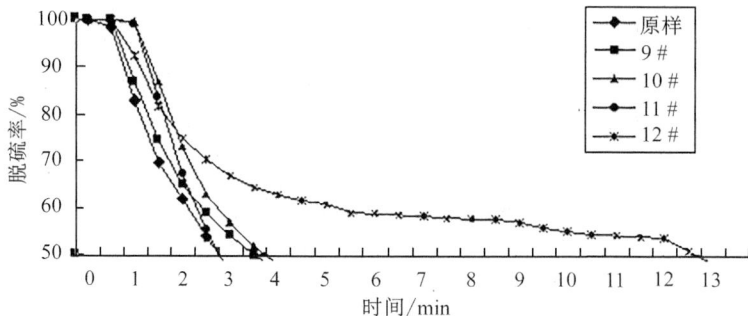

图 6 – 13   磷酸改性对脱硫率的影响

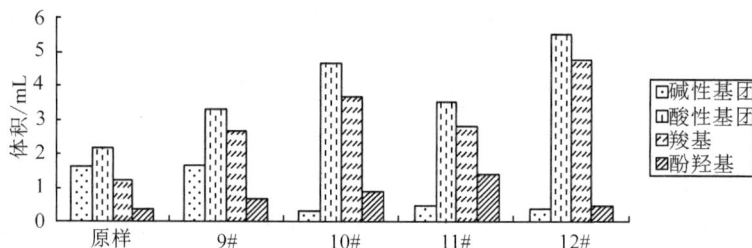

图 6 – 14   磷酸改性后的含氧官能团比较

由图 6 – 14 可以得出,12#的酸性基团含量是所有催化剂中最高的,这与其脱硫率(图 6 – 13)是一致的。其碱性基团没有一定的规律,也是符合酸性基团与脱硫率正相关的结论。且同样是酸性基团中的羧基占主导地位,酚羟基比原样也有提高,但没有明显的规律。因此,磷酸改性也是通过增加热解焦表面酸性基团来提高脱硫率的。

④ 硫酸改性对脱硫率的影响。由图 6 – 15 可以得出,14#催化剂(硫酸改性,酸浓度是 15%;固液比是 1∶2;焙烧温度是 200 ℃;焙烧时间是 4 h)的脱硫效果最好,但 13#(硫酸改性,酸浓度是 10%;固液比是 1∶2.5;焙烧温度是 400 ℃;焙烧时间是 3 h)是维持脱硫率 100% 时间最长的。除了 13#和 14#外,

其余两种催化剂的脱硫效果并没有明显的提高。硫酸虽然是强酸,但其氧化性主要是氢离子在起作用,所以氧化处理程度没有硝酸好。

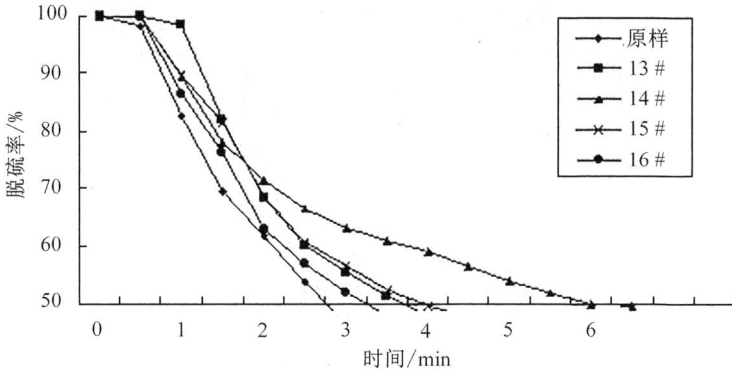

图 6 - 15　硫酸改性对脱硫率的影响

由图 6 - 16 可以得出,13#、14#的酸性基团和羧基含量最高,而酚羟基经过改性也有提高。通过比较图 6 - 10、图 6 - 12 和图 6 - 14 可以发现,虽然经过硫酸改性后酸性基团也提高了,但与硝酸和磷酸改性相比,酸性基团增多的量并没有那么明显。这说明并不是具有氧化性的强酸都是好的改性溶液,因而在选取时,应该优先选择硝酸和磷酸。

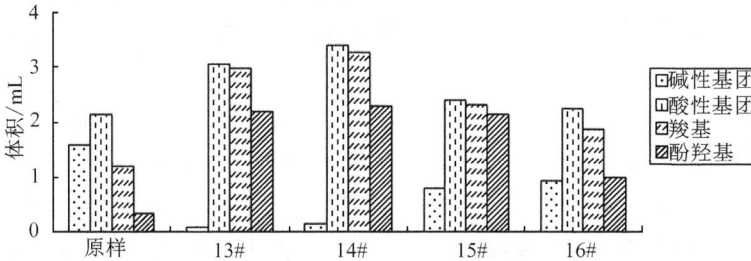

图 6 - 16　硫酸改性后的含氧官能团比较

(3)定性分析催化剂的脱硫机理

红外光谱法可以定性的表征热解焦表面的含氧官能团,根据不同催化剂对脱硫率的影响及 boehm 滴定法对催化剂表面的含氧官能团分析,选取具有最佳脱硫效果的 2#、3#、4#和 12#催化剂(前三种是硝酸改性,另一种是磷酸,固液比分别是 1:1.5、1:2、1:2.5 和 1:1.5;焙烧温度分别是 400 ℃、600 ℃、800 ℃和 200 ℃;焙烧时间分别是 2 h、3 h、4 h 和 3 h)进行红外光谱法分析,见图 6 - 17。并根据特征官能团的红外吸收峰频率表,找出酚羟基、内酯基和羧基的峰位置,用以证明这三个基团的存在。利用红外光谱法分析测定时,样品均掺杂 KBr 压片,分析范围为 400 ~ 4 000 cm^{-1}。

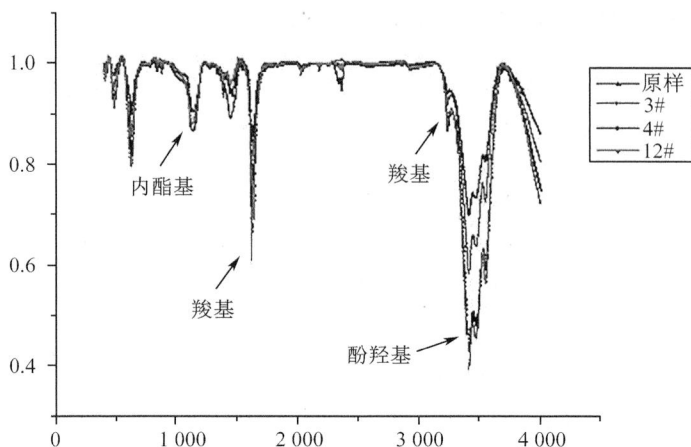

图 6 - 17　热解焦的红外谱图

由热解焦的定量分析可以得出,改性热解焦主要是由于表面酸性基团的提高导致脱硫效果变好。而 boehm 滴定法中所滴定的酸性基团主要包括:羧基、酚羟基和内酯基,其中羧基的酸性最强。红外光谱法检测就是为了定性分析催化剂的脱硫机理,如果改性后的热解焦存在这些基团,且强度较原样有提高,则说明与定量分析的结论相一致:脱硫效果的提高,主要是与其表面酸性基团有关。

由图 6 - 17 得:原样与三种改性效果最好的热解焦表面都存在于羧基、酚羟基和内酯基,其中在 1 000 ~ 1 250 m^{-1} 发现有内酯基伸缩振动峰,在 1 500 ~ 1 600 cm^{-1}、3 000 ~ 3 250 cm^{-1} 有羧基的特征峰的存在,并且在 3 250 cm^{-1} ~ 3 500 cm^{-1} 之间有酚羟基吸收峰存在。红外光谱对不同的热解焦表面酸性基团进行了分析测定,证明了在热解焦表面有羧基、内酯基、酚羟基的存在。

由图还可以得出:在同时存在这三种基团的情况下,经过改性的热解焦表面的羧基、酚羟基和内酯基的吸收峰强度都比原样强。这说明改性热解焦表面酸性基团较原样都有增加。其中 12#(磷酸改性的热解焦)的羧基吸收峰强度最大,对比脱硫率图,同时 12#催化剂在脱硫率维持 50% 以上的时间也是最长的,进一步说明在酸性基团增多的情况下,羧基的增加对催化剂脱硫效果有很大的提升,说明羧基是改性过程中是导致脱硫率提高的主要因素。

9.结论

(1)改性热解焦的脱硫效果受五个因素的影响顺序为:改性溶液的种类 > 焙烧时间 > 改性溶液浓度 > 固液比 > 焙烧温度。

（2）硝酸和磷酸改性的效果最好,前者脱硫率维持 100% 时间最长,脱硫率维持 50% 以上时间最长。

（3）硝酸改性中,酸浓度越大,对热解焦的改性程度越好,使之吸收 SO_2 的能力越强。

（4）脱硫率的提高与热解焦表面的酸性基团有关,其中主要与羧基的增加有关。酸性基团中的羧基越多,脱硫效果越好。

6.5.2　热解焦催化剂的制备及其氧化脱硝性能的研究

1. 实验试剂

实验中化学试剂见表 6 – 3。

表 6 – 3　实验主要试剂

药品名称	分子式	纯度	生产厂家
硝酸锰溶液	$Mn(NO_3)_2$	50%	天津市福晨化学试剂厂
六水合硝酸钴	$Co(NO_3)_2 \cdot 6H_2O$	≥99%	广东光华科技股份有限公司

实验中仪器设备见表 6 – 4 如图 6 – 18。

表 6 – 4　实验主要仪器设备

仪器名称	型号	生产厂家
管式电炉	SK – G06 123 K – L	天津市中环实验电炉有限公司
箱式电阻箱	SX_2 – 4 – 13	沈阳市节能电炉厂
等离子体电源(10 kHz)	CTP – 2 000 k	南京苏曼等离子体科技有限公司
等离子体调压器	TDCG2 – 1	南京苏曼等离子体科技有限公司
介质阻挡放电实验装置	/	南京苏曼等离子体科技有限公司

2. 热解焦载体的制备

（1）制备步骤

筛选 1~2 mm 粒径的褐煤颗粒→称取一定量的颗粒→置于管式炉→在一定温度、时间条件下焙烧→制得热解焦。

（2）制备方法

① 用筛网筛选 1~2 mm 内径的褐煤颗粒,称取 30 g 的褐煤颗粒待用。

② 放入温度升到 750 ℃ 的管式炉中焙烧 4 h。

③ 打开炉膛冷却半小时,取出热解焦。

图 6 - 18 实验主要仪器及设备

3. 常规单金属负载型催化剂的制备

根据之前课题组的实验结果,首先称取相应的锰硝酸盐,加热溶解。然后称取热解焦,搅拌均匀,静置 24 h,微火炒干;然后在 450 ℃ 下焙烧 4 h。制取负载量为 8% 的 MnO_2 热解焦负载型催化剂,筛选 8~16 目颗粒进行后续评价。

(1)制备步骤

配制一定浓度的硝酸锰溶液→称取一定量的热解焦→混合浸渍 24 h→炒干→焙烧→制得 MnO 负载型催化剂。

(2)制备方法

①测定活化后热解焦的饱和吸水量。

采用等体积浸渍法,先用蒸馏水实验,测得一定量载体能够吸附的浸渍溶液体积。称取 10 g 热解焦,加入蒸馏水 20 mL(饱和吸水),静置 24 h,电热炉炒干,浸渍吸水量 = 炒干后的热解焦 - 10 g。多次测定取平均值为 10 g,则负载热解焦的饱和吸水量为 10 mL 蒸馏水。

②计算所需的 $Mn(NO_3)_2$ 的量(10 g 负载后的热解焦)。

根据溶液中 Mn 的物质的量,计算出配制 50 mL 溶液所需的 50% $Mn(NO_3)_2$ 的质量。

③配置溶液:用计算出的硝酸锰的克数分别配置负载量为 1%、3%、5%、8% 所需的硝酸锰溶液 50 mL。

④等体积浸渍:用移液管移取 10 mL 的硝酸铁溶液均匀加入热解焦中,并用保鲜膜密封好,静置 24 h。

⑤炒干:将静置 24 h 的上述溶液与热解焦混合液(此时已经有很大部分溶液被热解焦吸附)用微火炒干。

⑥焙烧:将烘干后的上述物质放入马弗炉内于 450 ℃ 条件下焙烧 4 h,制成负载型金属氧化物催化剂。

4. 等离子体改性催化剂的制备

(1)制备步骤

称取一定量的负载热解焦→通入氩气→调节等离子电压→控制等离子体时间→得到等离子改性催化剂。

(2)制备方法

① 称取 3 g 的负载热解焦放到载片上,通入氩气,控制流量在 40 mL/min。

② 将浸渍、干燥后的催化剂前驱体在等离子体中进行处理,选择等离子体功率分别为 20 W、40 W、60 W,焙烧时间为 10 min,制备不同功率负载量为 8% 的 MnO/热解焦复合催化剂。

③ 将浸渍、干燥后的催化剂前驱体在等离子体中进行处理,选取等离子体功率为②的最优焙烧功率,分别选择等离子体焙烧时间为 3 min、10 min、15 min,制备不同时间负载量为 8% 的 MnO/热解焦复合催化剂。

5. 双金属负载型催化剂的制备

(1)制备步骤

配置一定浓度的硝酸钴溶液→称取一定量的热解焦→混合浸渍 24 h→炒干→配置一定浓度的硝酸钴溶液→混合浸渍 24 h→炒干→焙烧→制得 MnO 负载型催化剂。

(2)制备方法

① 计算所需的 $Co(NO_3)_2 \cdot 6H_2O$ 的量(10 g 负载后的热解焦)。

根据溶液中 Co 的物质的量,计算出配制 20 mL 溶液所需的 $Co(NO_3)_2 \cdot 6H_2O$ 的质量。

② 配置溶液:用计算出的六水硝酸钴的克数分别配置负载量为 5%、8%、10% 所需的六水合硝酸钴溶液 20 mL。

③ 等体积浸渍:用移液管移取 10 mL 的硝酸钴溶液均匀加入负载 Mn 型热解焦中,并用保鲜膜密封好,静置 24 h。

④ 炒干:将静置 24 h 的上述溶液与热解焦混合液(此时已经有很大部分溶液被热解焦吸附)用微火炒干。

⑤ 焙烧:将烘干后的上述物质放入马弗炉内于450 ℃条件下焙烧4 h,制成负载型金属氧化物催化剂。

6. 催化剂的活性评价

催化剂的活性评价是将不同方法制备得到的催化剂,通过模拟烟气装置进行评价的。装置中设置通入总气体流量为 1 000 mL, NO 含量(体积分数) 0.045%,流量18 mL/min;O_2含量(体积分数)6%,流量为 60 mL/min。其余用 N_2 填充。用烟气检测仪(Testo340)计算 NO 的脱除率进行分析评价。催化剂活性评价实验工艺见图 6 - 19。

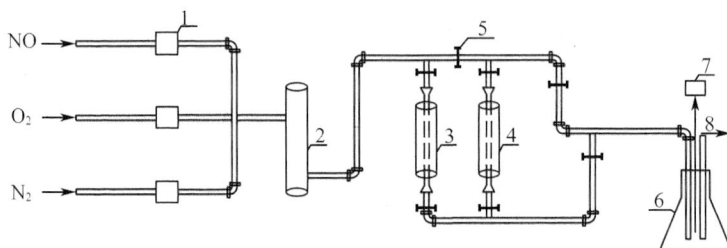

1—流量计;2—混合气罐;3—反应塔 A;4—反应塔 B;5—阀控;
6—检测气瓶;7—烟气分析仪;8—排放气体

图 6 - 19 催化剂活性评价实验工艺

(1)实验装置

此装置可分为配气系统、反应系统和检测系统 3 部分。

① 配气系统由氮气、氧气、一氧化氮 3 个气瓶组成。

② 反应系统主要由质量流量计、混合气罐、温控塔和气路管道组成。

③ 检测系统是在反应系统末端的集气瓶中,用 Testo340 检测氮氧化物含量。

(2)实验设计

① 将温控塔温度升到 150 ℃,通入总气体流量为 1 000 mL, NO 含量(体积分数)0.045%,流量 18 mL/min;O_2 含量 6%,流量为 60 mL/min。其余用 N_2 填充。

② 将原样热解焦和负载金属 Mn 的传统焙烧催化剂放入温控塔,用 Testo340 检测并记录 NO 的变化。

③ 将 20 W、40 W、60 W 不同等离子体功率制备的催化剂放入温控塔,用 Testo340 检测并记录 NO 变化,筛选最佳功率。

④ 将③最优制备功率条件下的催化剂分别氩气改性 3 min、5 min、10 min,用 Testo340 检测并记录 NO 的变化,筛选最佳改性时间。

⑤ 将 Mn 负载量为 1%、3%、5% 的催化剂,采用③和④最优条件制备的催

化剂放入温控塔,用 Testo340 检测并记录 NO 的变化,比较选择最佳负载量。

⑥ 将 Co 负载量为 5%、8%、10% 的催化剂,采用③和④最优条件制备的催化剂放入温控塔,用 Testo340 检测并记录 NO 的变化,筛选最佳负载量。

⑦ 将最好条件下的 Mn 型热解焦催化剂、Co 型热解焦催化剂和空白热解焦放入温控塔,通入 SO_2 或水蒸气,用 Testo340 检测并记录气体成分的变化,做出图像并分析,检测催化剂的抗硫抗水性。

7. 结果与讨论

(1)单金属负载型催化剂

①不同等离子体改性功率对催化剂脱硝效率的影响。图 6-20 表示不同在氩气氛围下等离子体改性功率对脱硝率的影响。对于大多数负载型催化剂,金属和载体必须合作才能完成催化过程,二者缺一不可。在反应过程中金属与载体之间需要频繁地进行物质交换和能量传递,这种过程需要透过金属-载体之间的界面进行,因此界面性质必然极大地影响催化效率。而本实验所采取的氩气等离子体改性就是通过预处理程序来改变金属-载体的相互作用。从图中可以看出,随着改性功率的增大,催化剂的脱硝效果呈先增高后降低的趋势。功率从 30 W 到 60 W,改性后的催化剂脱硝效率有所提高。原因是在于:等离子体低功率的改性,使前期负载的硝酸盐物质的分散性没有显著的影响,随着改性功率的提高,使得金属负载物质从热解焦孔道迁移到热解焦外表面,将金属颗粒紧紧束缚在表面,防止其在后续焙烧过程中迁移、团聚,同时也阻止金属颗粒在焙烧过程中离开载体表面,脱落流失,提高了金属和载体的相互作用,从而增加了催化剂的脱硝效率。当功率达到 90 W 时,脱硝率有所下降,是因为功率过大导致热解焦表面缺陷得到修复,降低了热解焦表面的活性金属的分散性,从而导致催化剂的脱硝效率下降。所以 60 W 改性催化剂的脱硝效果最好。

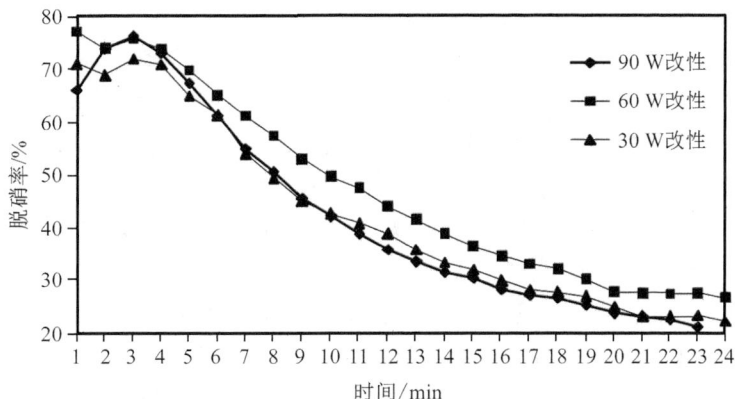

图 6-20　不同改性功率对脱硝率的影响

②不同等离子体改性时间对催化剂脱硝效率的影响。由图 6-21 不同改性时间对脱硝率的影响可以看出,随着改性时间的增长,催化剂的脱硝效果呈下降的趋势。等离子体改性 3 min 催化剂的脱硝效果要明显好于改性 10 min 和 15 min 的催化剂脱硝效果。分析原因在于:经等离子体处理使得金属颗粒变细并从热解焦的孔道迁移到热解焦外表面,使得活性金属分散度增高,但随着等离子体改性时间的增长,热解焦表面缺陷得到一定修复,破坏热解焦表面的孔结构,使得热解焦表面的活性金属分散度降低,从而导致脱硝效果下降。因此等离子体改性 3 min 的催化剂脱硝效果最好。

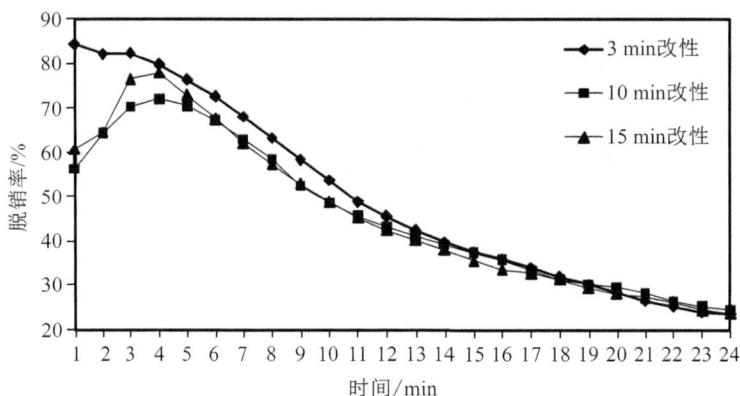

图 6 - 21 不同改性时间对脱硝率的影响

③不同锰负载量对催化剂脱硝效率的影响。图 6 - 22 为不同锰负载量对催化剂脱硝效率的影响,从图中可以看出,随着 Mn 负载量的增加,催化剂的脱硝效率呈现递增趋势。还可以看出,等离子体改性之后的催化剂,当负载量为 5% 时,其催化剂效果同常规焙烧负载量为 8% 的脱硝率相当,并且跟改性后的 3% 的催化剂活性也相差不大,因此可以得出通过氩气等离子体改性之后催化剂的活性有明显的增加,等离子体改性等同于提高了金属负载量。原因在于:经过氩气等离子体的改性后的催化剂,表面形成了表层自由基,增强了催化剂的极性,同样使得负载的活性组分 Mn 的分散度增大,增强了 Mn 的氧化物与载体之间的相互关系,从而使得等离子体改性后的催化剂脱硝效果好。

(2)双金属负载型催化剂

图 6 - 23 为不同钴负载量对催化剂脱硝效率的影响,由图可知在负载 8% Mn 的热解焦上负载 Co,随着 Co 负载量的增加催化剂的脱硝效果呈现先增高再降低的趋势。原因是因为在负载 Mn 的热解焦上再次负载 Co,Co 和 Mn 在催化剂表面会发生协同作用,降低催化剂氧化 NO 为 NO_2 的能量,提高催化剂在低温时的活性。当 Co 的负载量过多时,大量的 Co 氧化态晶型分散在热解焦的孔道

内,导致 Co 的分散度降低,导致催化剂脱硝效果降低。

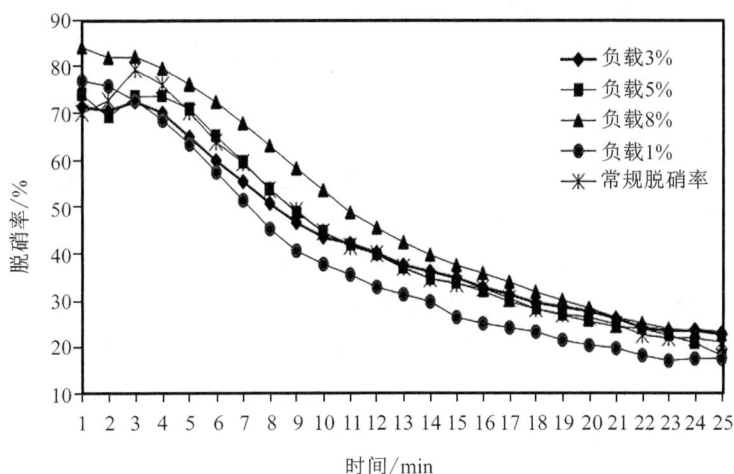

图 6 - 22　不同锰负载量对脱硝效率的影响

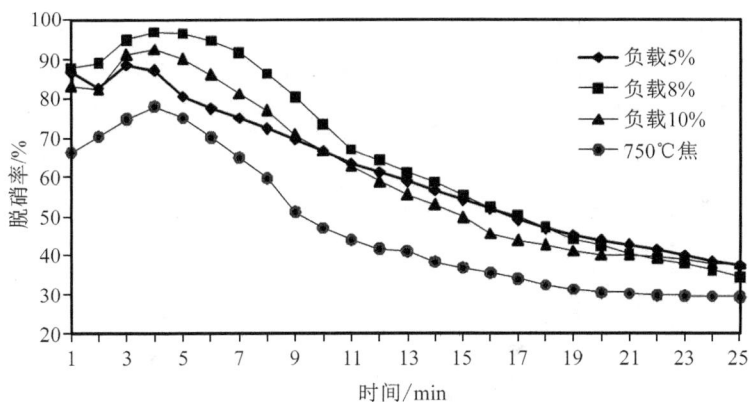

图 6 - 23　不同钴负载量对脱硝效率的影响

当金属氧化物是非化学计量,或引入杂质离子或原子可产生 N 型、P 型半导体。杂质是以原子、离子或集团分布在金属氧化物晶体中,存在于晶体表面或晶格交界处。这些杂质可引起半导体禁带中出现杂质能级。N 型半导体即自由电子浓度远大于空穴浓度的杂质半导体。这类杂质提供了带负电(Negative)的电子载流子,称他们为施主杂质或 N 型杂质。在 N 型半导体中,自由电子为多子,空穴为少子,主要靠自由电子导电,由于 N 型半导体中正电荷量与负电荷量相等,故 N 型半导体呈电中性。自由电子主要由杂质原子提供,空穴由热激发形成。掺入的杂质越多,自由电子的浓度就越高,导电性能就越强。P 型半导体中,空穴为多子,自由电子为少子,主要靠空穴导电。由于 P 型半导体中正电荷量与负电荷量相等,故 P 型半导体也呈电中性。空穴主要由杂质原子提供,自由电子由热激发形成。掺入的杂质越多,多子(空穴)的浓度就越高,导电性能就越强,氧化性能越高。

结合 XRD 图可以看出,制备出的热解焦表面 Mn 的主要氧化物为 MnO_2,Co 的主要氧化物为 Co_3O_4。在负载 Mn 的基础上再负载 Co 制备出的催化剂脱硝效果提高。原因在于 MnO_2 为 P 型半导体(P 型半导体是空穴浓度远大于自由电子浓度的杂质半导体,也称为空穴型半导体,空穴越多,其导电性能越强),由空穴导电,在 MnO_2 上负载 Co_3O_4 后,因为钴离子的价态比锰的价态低,起受主杂质的作用,增加了 MnO_2 的空穴,增加了 P 型半导体 MnO_2 的导电率,从而降低了 NO 氧化过程的反应能使得制备的催化剂脱硝效果提高。

(3)负载型催化剂的抗硫实验

图 6 – 24 为负载型催化剂在通入 SO_2 的条件下,催化剂的脱硝效率的变化图。从图中可以看出,通入 SO_2 后的催化剂脱硝效果明显降低。未负载金属的催化剂维持稳定脱硝率的时间为 10 min,Mn/负载型催化剂维持稳定脱硝率时间也仅为 11 min,由此可以说明,Mn/负载型催化剂的抗毒性差。但是金属活性组分 Co 的加入,使得 Mn – CoO/负载型催化剂维持稳定脱硝率时间可以达到 20 min,由此可以说明,金属活性组分 Co 的加入,明显优化了锰抗毒性差的缺点。

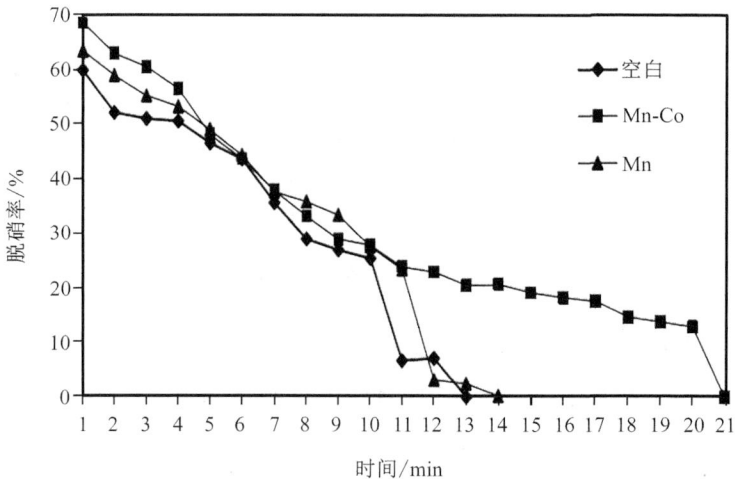

图 6 – 24 负载型催化剂的抗硫实验

对其原因进行分析,混合气体中的 SO_2 与 O_2 发生反应,生成了 SO_3,进而 SO_3 与金属氧化物反应生成硫酸盐。生成的硫酸盐慢慢覆盖在催化剂的表面,造成催化剂表面空隙堵塞,导致催化剂表面金属氧化物的活性位点减少,降低了催化剂的脱硝效率。

同时,Mn – CoO/负载型催化剂具有一定的抗硫性,是因为 SO_2 氧化生成的 SO_3 和 SO_2,NO 存在竞争吸附,更容易吸附到催化剂上,而 SO_2 的吸附位点主要是 O^{n-},形成齿形硫酸盐,起到一个保护的作用。因此 NO 只能通过分子扩散的形式与催化剂发生反应,使催化剂的活性时间延长。由此可以推断,Mn – CoO/负载型催化剂的抗毒性较好。

8. 催化剂的表征

(1)XRD 表征

催化剂的 XRD 谱图如图 6 – 25 所示。从图中可以看出,制备的负载型催化剂中,锰的主要氧化物主要为 MnO_2,Co 的主要氧化物为 Co_3O_4。观察 XRD 谱图可以发现,锰和钴的谱峰峰高较小,并且谱峰较宽,较平坦,并且无大晶体出现。说明采用等离子体焙烧法可以很好地增加活性组分在载体表面的分散性,使得制备的催化剂活性组分分布均匀,提高反应活性。

(2)XPS 表征

① 单金属负载型催化剂的 XPS 谱图。为进一步了解催化剂表面金属氧化物的能量,对其进行了 XPS 表征。单金属负载型催化剂的 XPS 谱图如图 6 – 26 所示。

从图 6 – 26 中可以看出,催化剂表面金属锰的峰个数为两个,说明存在两种价态不同的氧化物。其中,641.3 eV 为 Mn^{4+},652.8 eV 为 Mn^{3+}。结合 XRD 图谱,催化剂中含有较多的 4 价锰和极少的 2 价锰,说明等离子体焙烧催化剂的过程中更容易在其表面生成的活性金属氧化物,有利于催化剂的催化剂效果。从氧的分峰中可以看出,催化剂中存在两种氧的形式,即 529.7 eV 的晶格氧和 531.6 eV 的化学吸附氧,且晶格氧的数量明显多于化学吸附态氧。

② 双金属负载型催化剂的 XPS 谱图。从图 6 – 27 可以出,催化剂表面金属钴的峰个数为两个,说明存在两种价态不同的氧化物,其中,780.1 eV 为 CoO,795.6 eV 为 Co_3O_4。金属钴的添加没有明显改善锰的氧化物,但氧的谱图发生较大的改变,晶格氧的数量明显增多。结合双金属负载型催化剂的图谱可知,钴的加入能够明显提高催化剂的脱硝效果,说明晶格氧在催化过程起着积极的作用。晶格氧含量的增加,使催化剂中的空穴数量增多,氧化微反应增加,降低 NO 被氧化为 NO_2 的生成能,促使催化反应更容易进行。当反应达到一定时间,体系中的金属氧化物失活,晶格氧失去反应平台,导致脱硝效果下降。

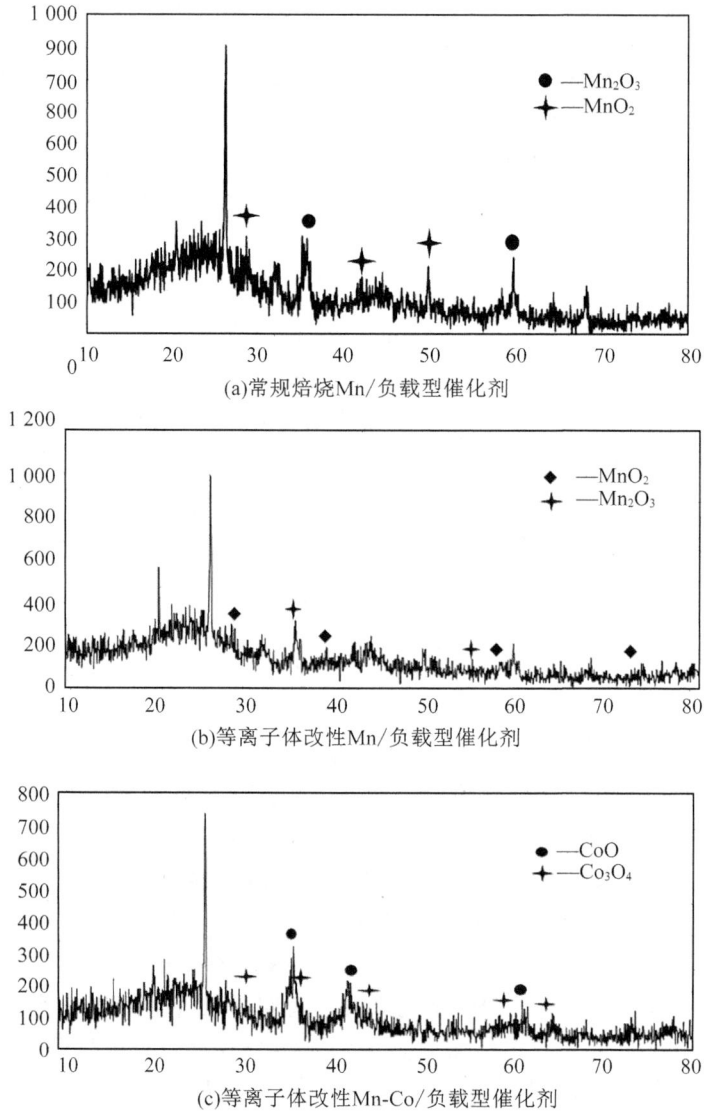

(a)常规焙烧Mn/负载型催化剂

(b)等离子体改性Mn/负载型催化剂

(c)等离子体改性Mn-Co/负载型催化剂

图 6-25　不同条件下催化剂的 XRD 谱图

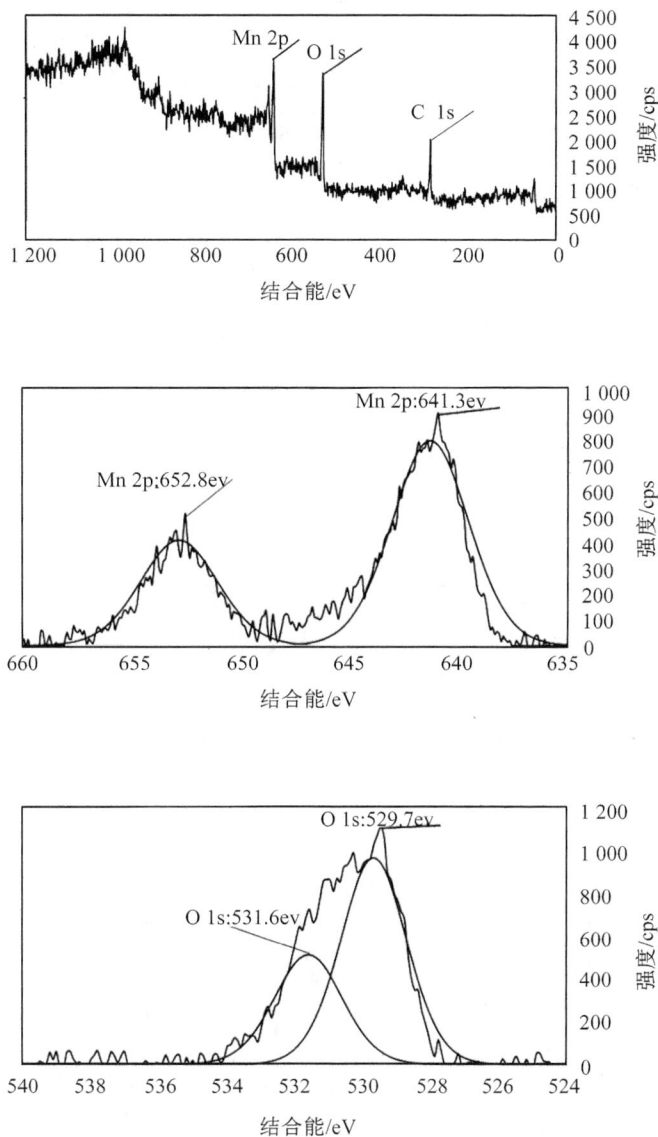

图 6-26　单金属负载催化剂的 XPS 谱图

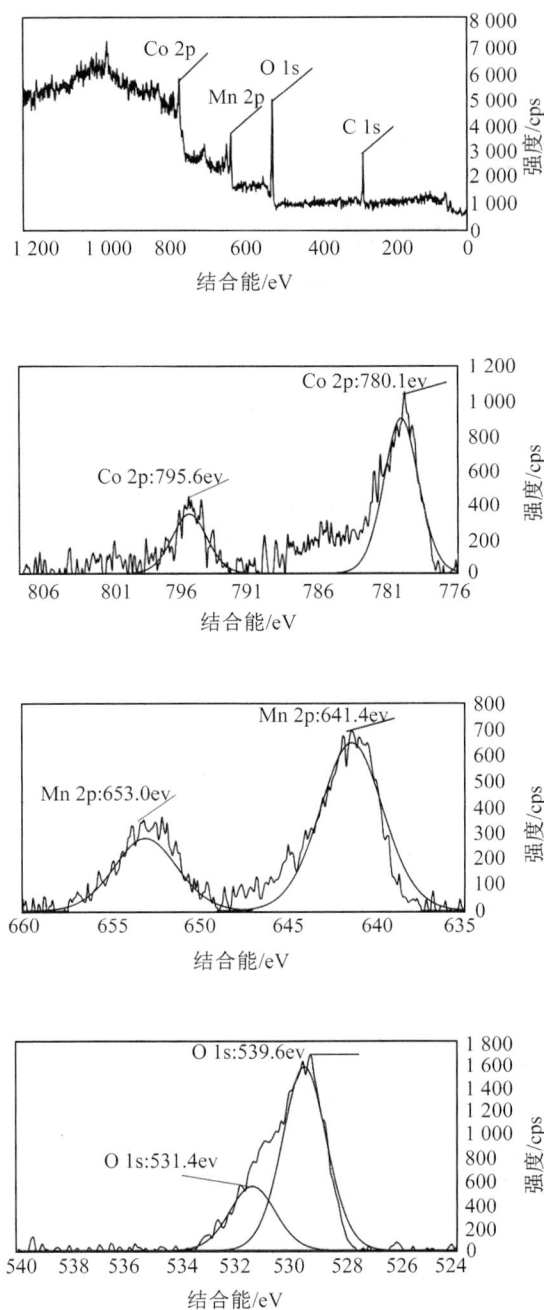

图 6 - 27　双金属负载型催化剂的 XPS 谱图

（3）SEM 表征

催化剂的 SEM 结果如图 6 - 28 所示。将图（b）至图（d）和图（a）进行比较可以发现，负载活性组分的催化剂表面有明显的晶粒出现。并且可以看出，经过等离子体改性后制得的催化剂同常规焙烧的催化剂相比，晶粒更均匀并且结晶性差，可以看出通过等离子体联合马弗炉焙烧后提高了催化剂均匀性和分散性。将图（d）和（c）进行比较，可以发现图（d）比图（c）明显有另一种晶型存在，结合 XRD 和 XPS 的结果，推测这种晶粒为 Co。

(a)原样　　　　　　　　　　(b)常规焙烧

(c)等离子体改性Mn/负载型催化剂　　(d)等离子体改性Mn-Co/负载型催化剂

图 6 - 28　催化剂的 SEM 表征

（4）BET 表征

实验测试了常规焙烧和等离子体联合马弗炉焙烧所制得的 Mn/负载型催化剂的比表面积，结果见表 6 - 5。从表中可以看出，经过等离子体改性 3 min 后的 Mn/负载型催化剂同常规焙烧 4 h 的催化剂的比表面积相当，说明等离子体焙烧法可以明显地提高催化的比表面积。但是结合实验数据可以发现，等离子体改性后催化剂的脱硝率明显高于常规焙烧制备的催化剂，由此可以得出，催化剂比表面积的变化和催化剂活性之间没有直接的联系。

表 6 – 5   BET 比表面测试结果

催化剂类型	比表面积/$m^2 \cdot g^{-1}$
常规焙烧 Mn/负载型催化剂	151.089 31
等离子体改性 Mn/负载型催化剂	145.392 47

9.本章小结

本章以热解焦为载体,通过等体积浸渍法制备得到的负载型热解焦催化剂,通过等离子的改性实验,探究等离子体的最佳功率和改性时间。然后在最佳等离子的条件下,继续负载第二种金属,探究不同金属负载量对脱硝率的影响,实验表明:

(1)等离子体的最佳功率为 60 W,最佳改性时间为 3 min;

(2)经过等离子体改性后的催化剂,脱硝效果明显高于常规焙烧型催化剂;

(3)不同 Co 负载量(5%、8%、10%)的催化剂,脱硝效果明显,并且负载量为 8%的最优;

(4)Mn – CoO/负载型催化剂具有一定抗硫性,且脱硝效率 Mn – CoO/负载型催化剂 > Mn/负载型催化剂 > 未负载型催化剂。

第7章 等离子体技术在煤热解催化剂制备过程中的应用

7.1 等离子体技术

7.1.1 等离子体概念

"等离子体"概念是1928年Langmuir和Tonks在描述带电粒子集合时首次提出的。等离子体是物质除气体、液体和固体外的第四种存在形式,它是由大量带电粒子(电子、正负离子等)和中性物质(原子、分子和自由基等)组成的导电性流体,因其正、负电荷的总数相等,故被称为"等离子体"。广义上,绝对温度不为0的情况下,通过向气体施加一定的外界条件,气体中会包含足够多的中性粒子,而且电子和离子的电荷数近似相等,这样的电离气体称为等离子体;狭义上,等离子体是由大量的电子、阳离子和中性粒子组成的整体上显现为电中性的物质集合。等离子体与我们相熟悉的气、液、固"三态"有明显的区别,"三态"之间的相互转化涉及分子间力的变化,但对等离子体而言,它由气态转化为等离子体态时需要克服原子核对外层电子的束缚作用。因此和气、液、固"三态"相比,等离子体无论在组成上还是性质上都存在着本质的区别。

等离子体有着独特的物理和化学性质,主要体现在以下几个方面:
①温度高、粒子动能大;
②强导电性;
③化学性质活泼;
④发光特性。
这些特性也使得等离子体在光学、热学、力学以及化学方面有很多的应用。

7.1.2 等离子体的主要性质

对于常见的由分子或原子组成的物质,当电子由于热运动或外加场等原因而脱离原子核,形成自由运动的电子和离子,这种物质状态就是等离子体状态。

等离子体可以只由电子和离子组成,也可能包括中性粒子,在宏观上呈现准电中性。同时,等离子体既具有电磁特性,也具有一定的流体特性,这使得等离子体呈现出各种纷繁复杂的物理过程。

等离子体具有"准电中性"和"集体行为"两大特性,并且其温度特性与中性粒子也有较大差别。

首先是准电中性,等离子体中的电子会在电场的响应下运动并形成电子云,电子云内的电场会被这个电子云屏蔽,因而不会对外面的带电粒子产生影响。这种现象称为德拜屏蔽(Debye Shielding),屏蔽的距离可以用德拜长度表示:在德拜长度之外,局域电场的作用会迅速衰减。所以对于尺度远大于德拜长度的系统来说,可以认为这部分等离子体是准电中性。

其次是等离子体的集体行为。普通的流体分子是电中性的,其运动只会受到碰撞的影响,这一影响是局域的。而对于以带电粒子为主的等离子体,由于库仑力的大小与距离的平方成反比,而等离子体元的单位立体角内的体积与距离的三次方成正比,这意味着库仑力的衰减比体积的增长速度要慢。因此,库仑力的作用距离可以非常远,特别是高强度激光与等离子体作用等过程,局域碰撞效应的影响与库仑力相比已经可以忽略,因此可以认为等离子体是"无碰撞"的。同时,在外加电磁场的情况下,等离子体的带电粒子可以通过聚集产生电场,通过运动产生电流进而产生磁场,而这一过程产生的电磁场也会影响到其他带电粒子的运动。这就是等离子体集体行为的意义,等离子体中带电粒子的运动不仅受到附近粒子的影响,也会受到远处等离子体的影响。

最后是等离子体的温度特性,对于中性粒子,其温度取决于粒子运动达到平衡时的运动速度,而对于等离子体,由于电子和离子的质量相差很大,整个系统的粒子达到平衡的时间比它们各自达到平衡所需的时间要更长,在这种情况下,电子和每种粒子都可以具有不同的温度。此外,对于有磁场的系统,由于粒子在垂直磁场和平行磁场方向受到的力不同,使得粒子的运动速度存在各向异性,此时就会出现所谓的垂直温度和平行温度。

等离体的范围十分广泛,从稀薄的星际物质到太阳核心都有出现。星际空间的稀薄等离子体,其密度只有 $1\ m^{-3}$,地球大气的电离层中,等离子体的电子密度约为 $10^3 \sim 10^6\ m^{-3}$,对于日冕这一数值达到 $10^3 \sim 10^8\ m^{-3}$,而在太阳内部,则高达 $10^{34}\ m^{-3}$,横跨了 34 个数量级。

等离子体的温度范围也十分宽,晶体内的非中性等离子体,温度约为零,极光的等离子体温度约为 $10^2\ K$,日冕的温度达到 $10^6\ K$ 量级,而在可控聚变的实验中,根据方案的不同,温度可达 $10^6 \sim 10^8\ K$,这些物质的等离子体温度横跨了 8 个数量级。

等离子体可以通过固、液、气态物质电离产生,电离的主要机制有两种,一种是当分子或原子具有较高温度,其热运动足以摆脱原子内部的电磁作用力,就会发生电离过程;另一种机制是分子或原子内的电子受到强电场的作用,当外加电场强度超过原子内部的电场强度时,电子就会脱离原子核的束缚,从而变成等离子体。原子内部的电场强度约为 10^9 V/m 的数量级,对于强度在 10^{16} W/cm^2 的激光,可以估算出其电场强度与原子内部的电场强度相当。当强度更高的激光照射在中性物质上,组成物质的原子就会电离形成等离子体。实际情况下激光对物质的电离过程相对复杂,存在多光子电离,量子隧穿电离以及碰撞电离等多种电离机制,以下是一些常见的电离能与对应的激光强度。

从表 7-1 中可以看出,对于离子加速所用到的相对论范畴($>10^{18}$ W/cm^2)激光,其强度已经明显超过大部分原子序数较小的电离阈值,所以当激光与物质作用时,物质很快就会电离形成等离子体,随后激光与等离子体相互作用。

表 7-1　常见离子的电离能与对应的激光强度

离子种类	电离能/eV	激光强度/(W·cm^{-2})
H$^+$	13.61	1.4×10^{14}
He$^+$	24.59	1.4×10^{15}
He^{2+}	54.42	8.8×10^{15}
C$^+$	11.2	6.4×10^{13}
C^{4+}	64.5	4.3×10^{15}
O^{6+}	138.1	4.0×10^{16}
Ne$^+$	21.6	8.6×10^{14}
Ne^{7+}	207.3	1.5×10^{17}
Ar^{8+}	143.5	2.6×10^{16}

7.1.3　等离子体的分类

按等离子体热力学平衡状态进行区分的话,可将等离子体分为完全热平衡等离子体、局部热力学平衡等离子体和非热力学平衡等离子三类。

(1)完全热平衡等离子体,也称为高温等离子体,其电子温度、离子温度和中性粒子温度相同(可达 $10^6 \sim 10^8$ K)。太阳内部的核聚变和激光聚变都属于该类型等离子体。

(2)局部热力学平衡等离子体,也称为热等离子体。其电子、离子和中性粒子温度局部达到了热力学一致性,即电子温度 = 离子温度 = 中性粒子温度 =

2×10^3 K ~ 3×10^4 K。电弧等离子体和射频等离子体均属于该类等离子体。热等离子体的电离程度主要由温度决定。热等离子的产生方式之一是通过气体的电击穿,形成电流通道(火花放电),持续供电产生连续的电弧。在温度到达 2 000 ℃时,气体分子分解为原子态,当温度提升至 3 000 ℃时,气体分子失去电子而电离。在这个状态时,气体在大气压下呈现出流体的黏度性质,而等离子体的自由电荷使得其电导率可提高至金属的数量级。热等离子体通过输出热量来加热及融化反应物质,其对反应物质的净能量输出为物质通过热传导和热对流从等离子体获取的能量与物质表面热辐射损耗至环境的能量的差值。热等离子体的优势包括以下几个方面:高温、高强度、高能量密度,同时热等离子放热可以产生较大的热梯度,主要用于热等离子体喷涂、冶金、粉体制备和固体废弃物处理等方面。

(3)非热力学平衡等离子体,也称为低温等离子体。低于几百帕的低气压等离子体常处于非热力学平衡状态,此时电子与离子或者中性粒子之间的碰撞几乎不损失能量,表现为电子温度远远大于离子温度和中性粒子温度,离子温度和中性粒子温度基本接近室温。在低温等离子体中,绝大部分能量被用于生成具有高化学反应活性的高能电子、离子和活性自由基团,因此在引导化学反应的过程中表现出较高的能量效率。

低温等离子体主要是由气体放电法和高能电子束法等产生,目前使用较多的是气体放电法。气体放电法的电子温度与放电电场强度呈正相关关系,这表明外加电场诱导的电子雪崩和电离过程是等离子体区域内高能电子产生的主要途径。它在工业中应用最为广泛,主要包括电晕放电(Corona discharge)、辉光放电(Glow discharge)、介质阻挡放电(Dielectric barrier discharge, DBD)、滑动弧光放电(Gliding arc discharge)、射频放电(Radio frequency discharge)等几类。因介质阻挡放电容易操作,对产生等离子体的条件要求较宽松,使得它成为低温等离子体中应用较为广泛的一种放电形式。

7.2　热等离子体的产生形式

热等离子体根据放电形式的不同,可以分为电弧等离子体(arc plasma)和射频等离子体(radio – frequency plasma)两种。

7.2.1　电弧热等离子体

热电弧等离子体主要是通过直流电弧放电来获取。早在 1808 年,Davy 和 Ritter 首次在两个水平碳电极间炽燃电弧得到热等离子体,并且在实验中发现:在自然对流条件下,热等离子体会向上运动,使其在两电极间形成拱形结构,也由此将该现象命名为"Electric arc"。1921 年,Beck 通过发明大电流碳弧为工业上应用电弧热等离子体提供了参考。1937 年,Heller 和 Elenbass 发表电弧弧柱区理论,建立了电弧能量平衡方程,得到了电弧电流、电弧半径、电场强度等参数之间的关系,为之后的研究奠定了理论基础。

电弧热等离子体一般具有很高的电子数密度(一般大于 10^{23} m^{-3}),但其内部的电场却很小(不超过 10^3 V/m)。除此之外,电弧热等离子体还具有高能量密度(10^7 J/m)、高电导率、高导热率、高亮度等特性。

7.2.2　射频热等离子体

射频热等离子体的反应器包括加料枪、内灯具管、外灯具管、感应线圈、射频电源等主要结构。反应器射频电源首先将工业交流电频率由 50 Hz 提升至 3.0 MHz,接通感应线圈后,在灯具管壁面附近形成高频振荡磁场。电火花发生器在反应器通入等离子气后,置于感应线圈底部附近,产生电火花以击穿灯具管内气体,气体发生电离形成各种带电粒子。带电粒子进入高频振荡电场中,受洛伦兹力影响加速,从而与灯具管内其他粒子发生剧烈碰撞,诱导产生更多的带电粒子。带电粒子的高速运动产生能量密度很大的垂直于轴线方向上的环形涡流,释放大量的热量,瞬间将气体加热到进 10^4 K。气体受高温加热,超过电离能后,又促进了气体的电离,从而在反应器内形成持续稳定的高温区域,继而得到所需的等离子体炬。为了防止灯具管受热烧蚀,反应器还需要通入一定流率的载气作为保护气体,保证反应器的连续安全运行。此时,根据所需制备的产品,可以通过加料枪向反应器内通入一定流率的载气,直接作为前驱体或输送固相前驱体进入到高温区中进行反应。高温反应得到的产物经过反应区及冷却区迅速冷却,经旋风分离器、袋滤器等分离装置对产品进行气固分离,最终得到所需产品。其特点有:①射频热等离子体的产生不需要电极放电,不会对电极产生烧蚀,不会对产物造成污染,适用于制备高纯材料;②射频热等离子体炬的气流速度较低,且相对均匀,原料在等离子体炬中的停留时间长,适用于高熔点、高沸点材料的热处理;③射频热等离子的弧体积较大,温度分布宽且相对平坦,梯度较小,处理粉体时,固体颗粒的受热相对均匀;④射频热等离子体有着广泛应用,如利用热等离子体加工各种高熔点物质,制备各种微米级超细粉体。

利用热等离子体处理各种高沸点物质,结合化学气相沉积法制备纳米材料,即等离子体增强化学气相沉淀法;利用热等离子体处理高有机物废气、废液、废渣,降低有机物对环境的危害;以热等离子体为热源加工煤粉颗粒,制备乙炔、富勒烯、碳纳米管和炭黑高附加值产品,等等。

7.3 低温等离子体产生形式

7.3.1 电晕放电

电晕放电是在较高电压(0.1 MPa ~ 1 MPa),非均匀电场中带电体表面附近的局部自持放电现象。当在电极两端加上未超过气体击穿电压的较高电压时,电极表面附近的局部电场会超过气体介质的击穿电压,使气体发生电离,产生电晕放电。电晕放电集中于电极附近,该区域被称为电晕区。电极的几何构型是电晕放电产生的重要因素,电极曲率半径越小,该处局部电场强度越大,更易产生电晕放电。

电晕放电根据等离子体源的形式可分为直流放电、交流电晕放电以及高频电晕放电。直流电晕法形成的电晕区较小,局限在放电极的附近,在高电压和大电流下,直流电晕法易出现火花放电和击穿现象;交流电晕放电即在交变电压作用下,由于电极间电场分布不均匀性而产生电晕的一种放电形式,交流电晕放电结构相对简单,利于实际应用,并可有效避免电晕屏蔽的发生,使电场的利用效率大大提高;高频电晕是利用高频电场使气体放电电离或借高频磁场在放电管内产生感应电场来使气体电离,利用此法可避免因溅射现象造成的污染,可得到均匀和较纯净的等离子体,特别适合于高纯度物质的制备和加工。

7.3.2 滑动弧放电

滑动弧放电是一种能在大气压条件下产生周期性振荡的非平衡等离子体的放电形式。是以高压直流或交流电源作为电源,用电阻限制电流大小。滑动弧等离子体装置一般包括:由两个刀片或者多刀片电极组成的放电极,供气端及高压电源。在两电极间施加由高压电源提供的高压,当电极之间的最短距离处的电场强度大于 3 kV/mm 时,气体被击穿,从而形成电弧。从两电极间下方布置的喷嘴喷出的气体将推动电弧沿着电极表面移动,使电弧增长。当电源所提供的能量不足以维持电弧自身的消耗与热扩散的能量时,电弧会熄灭。随之新的电弧会再次形成,开始新的一轮的放电周期。这就是滑动弧放电产生等离子体的过程。

滑动弧放电的显著特征是它产生的等离子体同时含有热等离子体技术及非热等离子体,具有较高的能量和较大的气体流量。而且大部分能量不是用来加热气体,而是用来激发气体放电产生高能粒子,利于化学反应的发生。

7.3.3　火花放电

火花放电是一种间断的放电形式,在大气压或者高气压下发生。当电极之间的气体被击穿,形成电流在气体间的通道,即明亮的电火花,伴有爆裂声,称为火花放电。火花放电不是在电极的整个区域发生碰撞电离,而是沿着曲折的发光通道进行。由于气体被击穿后,电流增大,电源功率不足以维持,放电熄灭,电压恢复后再次放电,是间断交替进行的。火花放电等离子体具有快速冷却机制,这样就可以避免火花放电向弧放电过渡,同时火花放电等离子体密度较高,放电通道温度高,提高了化学反应速率。而放电时间可以满足反应要求,这样就降低了热损耗。

7.3.4　辉光放电

"辉光"是指放电的等离子与相对的低功率黑暗放电相比是发光的。辉光放电可以在很大的压力范围内操作。大气压辉光放电(APGD)是一种圆弧状放电,是通过在两个电极间施加几百到几千伏的电压得到的,并且利用镇流器避免辉光到圆弧的转换。APGD 的电子温度为 $1 \sim 2$ eV,气体温度为 2 000 K,电子密度为 $10^{18} \sim 10^{19}$ m^{-3}。

7.3.5　介质阻挡放电

介质阻挡放电(简称 DBD)又称为无声放电,它是一种非平衡态的放电形式。它是在放电空间内插入、悬挂或者至少一个电极表面覆盖有绝缘介质(通常为玻璃、陶瓷等)的一种放电形式。介质阻挡放电的电源形式包括交流(AC)和脉冲(Pulsed)两大类,频率范围为 50 Hz ~ 0.5 MHz。当足够高的交流电压施加在放电电极上时,电极之间的气体会被击穿,从而产生介质阻挡放电。从宏观上看,介质阻挡放电均匀稳定,但实际上它是由大量短寿命、均匀分布于放电间隙内的微放电通道组成的,典型的微放电参数如表 7 - 2 所示。介质层在放电过程中起电荷储存的作用,限制了这些微放电通道向火花放电的转化,使得介质阻挡放电可在大气压下注入较高的能量。DBD 的研究已有 150 多年的历史,早期主要用作臭氧的发生装置。目前,介质阻挡放电的研究已较为完善,从放电机理、理论模型到工业化应用都已有大量的实践和积累,已成为等离子体研究的模型工具。典型的 DBD 反应器可分为板式、线筒式和填充式三大类。对于板式和线筒式反应器,介质层可位于电极表面和放电间隙内;也存在高压电极和接地电极均覆盖介质层的双介质阻挡放电反应器,这种反应器中污染气体与电极不直接接触,可有效防止电极腐蚀,延长系统寿命。填充床反应器是在放电区域填充铁电性电介质,利用铁电颗粒在电场内的极化效应产生强烈的放电,常被应用于强化臭氧的生成和空气净化等领域。常用的铁电材料包括 $BaTiO_3$、$SrTiO_3$、$CaTiO_3$ 和 $PbTiO_3$ 等,其介电常数范围可达 $1\ 000 \sim 10\ 000$,铁电材料的几何结构和尺寸对填充床反应器的效果也有较大的影响。此外,填充床的反应器具有气流均布性差,压降大和放电不均匀等缺陷。

表 7 - 2　典型等离子体微放电通道参数

寿命	$1 \sim 20$ ns	丝半径	$50 \sim 100$ μm
峰值电流	0.1 A	电流密度	$0.1 \sim 1$ kA/cm²
电子密度	$10^{14} \sim 10^{15}$ cm⁻³	电子流	$1 \sim 10$ eV
总传输电荷	$0.1 \sim 1$ nC	折合电场	$E/n = (1-2)(E/n)$ Pashen
总耗能	5 μJ	气体温度	接近平均差距,300 K
过热	5 K	—	—

在大气压下,介质阻挡放电表现为丝状放电,其特点为:当击穿电压超过帕邢击穿电压时,在放电间隙就会出现大量的细微快脉冲放电通道,该放电通道又被称为微放电。由于介质阻挡放电的电流主要是在微放电通道形成的,所以微放电是 DBD 的核心。每个电流细丝在一个周期内的变化包括三个阶段:①放电的形成;②气体间隙的电流脉冲(电荷的运输);③微放电中原子、分子的激发和解离,自由基的形成。然而这三个阶段的持续时间相差很大,放电的形成只需要几个纳秒,电荷运输在 $1 \sim 100$ ns 进行,最后一个阶段耗时可能达到微秒甚至秒。

放电的形成和电荷的运输过程形成微放电,在微放电的形成初期,主要是电子在外加电场的作用下与周围的气体分子发生碰撞,使得气体分子电离以生成更多的电子,引发电子雪崩,这样就形成了微放电通道。在微放电的形成后期,开始有部分原子、分子发生激发,产生部分离子、自由基等活性粒子。前期一些高能量电子可通过非弹性碰撞激发电离分子、原子等较大的粒子。经过这样的一个放电过程,等离子体中存在着大量的准分子、自由基、激发态分子、离子等粒子。得益于上述的形成机理,介质阻挡放电有不同于其他放电形式的特点,主要有三个方面:①等离子体操作范围广,可在常压及加压的条件下反应,通常气压在 $10^4 \sim 10^6$ Pa,允许的电子能量范围是 $1 \sim 10$ eV,频率则允许在50 Hz 到 MHz 的数量级;②DBD 呈现微放电形式,放电表现稳定、均匀、存在于两电极间的电介质可防止放电空间形成局部火花或弧光放电,能够保证化学反应的安全进行;③较大体积的等离子体放电区,在反应过程中反应分子可以充分接触,利于反应进行。

7.4 介质阻挡放电技术的应用

目前为止,介质阻挡放电技术已经成功应用在臭氧发生器、材料表面改性、等离子体显示屏、有害废气的处理以及半导体工业等方面。

7.4.1 臭氧发生器

臭氧发生器用于饮用水消毒,是介质阻挡放电最古老的工业应用,已有 100 多年的历史。至今,全世界依然有数千台大型的 DBD 臭氧发生器运行。大型的臭氧发生器通常包括数千个 DBD 单元。单个 DBD 放电单元结构示意图如图 7-1 所示。图中 7-1 代表耐热玻璃管,充当接地极;在金属管道和玻璃管之间有一个放电气隙,反应气体就从该气隙中流过,并带出臭氧。一个大型臭氧发生器的臭氧产额高达 100 kg/h。

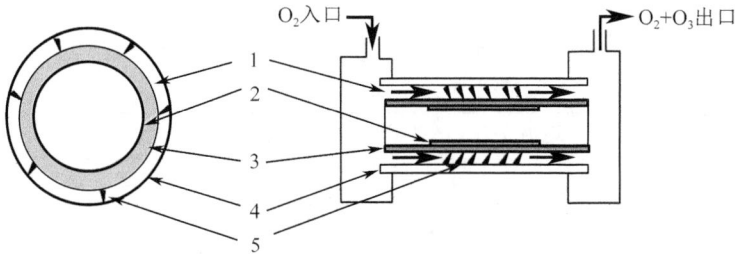

1—氧气输入;2—合金内电极;3—复合介电体;4—外电极;5—放电气隙

图 7-1 臭氧发生器的 DBD 单元结构

7.4.2 等离子体显示器

等离子体显示器(PDP)是 DBD 另一个重要的工业应用,它是一种自发光的显示技术。等离子体显示器的工作原理如下:PDP 是由大量的微型荧光灯构成的矩阵,每个荧光灯都是一个独立的 DBD 单元。介质阻挡放电的气体是含氙气(Xe)的混合气体。等离子体中准分子 Xe_2* 能辐射波长为 172 nm 的紫外谱线,这些紫外谱线照射在荧光层使其发光。为了达到色彩显示的目的,采用红、绿、蓝三基色荧光粉发出不同的可见光,就可以合成一幅彩色图像。

7.4.3 污染气体的处理

介质阻挡放电技术作为一种高效处理污染气体的技术,正受到各国学者越来越多的关注,DBD 等离子体已成为环境污染领域中一个重要且前沿的高新技术。DBD 低温等离子体具有反应条件温和、响应迅速、使用范围广等特点,该技术广泛应用于 VOCs 污染物的控制。从时域上分析,低温等离子体用于气态 VOCs 物质分解的过程如下:首先,在足够强度的外加电场作用下,空气中的少量自由电子获得很高的能量并被加速,形成电子雪崩;这些高能电子一方面可以与 VOCs 污染物本身反应,破坏其分子结构,实现 VOCs 污染物的降解;另一方面,高能电子可以与背景气体分子(N_2、O_2)等通过旋转激发、振动激发、激发、解离和电离等非弹性碰撞过程,将其部分内能传递给背景气体分子,产生具有一定的化学反应活性的自由基,激发态物种、正负离子等活性粒子;这些活性粒子通过与 VOCs 分子间的线性或链式反应,促使 VOCs 污染物的分解和氧化,形成 CO_2、H_2O 和其他气体产物等。表 7-3 列出了等离子体区域中主要的化学反应类型。

表 7-3　等离子区域内的反应类型

反应类型		反应式
激发	碰撞	$A + B \rightarrow A^* + B$
	光子作用	$A + hv \rightarrow A^*$
	电子作用	$A_2 + e \rightarrow A_2^*$
	电荷转移	$A + B^* \rightarrow A^* + B$
脱离		
离解	光子作用	$A_2 + hv \rightarrow A + A$
	电子作用	$A_2 + e \rightarrow A + A + e$
	电荷转移	$A_2 + B + B \rightarrow A_2 + B$
复合	原子之间	$A + B + B \rightarrow A_2 + B$
	基团之间	$R^* + H^* \rightarrow RH$
	离子之间	$A^- + B^+ \rightarrow AB$
	电子和离子之间	$A^+ + e \rightarrow A + hv$
	分子和离子之间	$A^* + B \rightarrow AB^*$

DBD 空气净化器便是该技术应用的实例。DBD 空气净化器主要是由四个模块构成:气体流动模块,介质阻挡放电净化杀菌模块,尾气净化处理模块的控制模块。其中,气体流动模块由风机、风道、进风口、出风口组成,控制模块主要包括机箱和控制电路。

7.4.4　半导体工业

介质阻挡放电已经用于半导体微电子工业中的电路板表面清洁、刻蚀、离子灰化等方面。利用 DBD 产生的电离气体对衬底进行处理，可以解决薄膜制备过程中的膜基结合问题，并且等离子体处理过程可以原位进行，避免了处理后的二次氧化和污染。

7.4.5　制备催化剂材料

低温等离子体是一种效果很好的制备催化剂的方法，经过等离子体改性后的催化剂的性能得到很大提升，例如：比表面积增大、晶格缺陷多、稳定性好、活性组分分布单一等。目前，国内外等离子体催化剂制备方面的研究工作主要有：

（1）接合成超细颗粒催化剂。等离子体制备超细颗粒催化剂的过程中，原料以气随载体进入反应器，等离子体区中电子温度非常高，很快反应生成超细颗粒驱体。由于等离子体区比较窄，它们立刻进入低温段，从而使过饱和度急剧增大，瞬间发生均相成核，形成催化剂超细颗粒，并在收集器中分离出来。超细颗粒催化剂，由于其本身具有特异的表面结构、晶体结构及电子结构，从而显示出与常规催化剂明显不同的催化特性。

（2）催化组分喷射涂层。通过等离子体喷射涂层把催化剂组分沉淀到载体上是等离子体催化剂制备的另一重要应用，它可以增强催化剂的机械性和热稳定性。等离子体喷射制备催化剂有两种方式，一是先对载体进行预喷射，然后再把催化活性成分附加上去；二是将催化剂活性成分直接喷射到载体表面。

（3）等离子体催化剂改性。DBD 放电产生的低温等离子体的粒子组成可以根据放电气体成分进行调节，因而可用来还原贵金属等，制备负载型催化材料。金属粒子和载体之间的附着力和作用力影响催化剂的稳定性、活性和选择性。使用等离子体方法进行表面改性，一般是先利用等体积浸渍法将金属的前驱体负载于载体表面，将负载了金属的催化剂直接放入等离子体中进行改性或焙烧，不仅可以保持催化剂骨架，去除模板剂等有机杂质，防止金属簇烧结变大，还使得催化剂的表面积增大、晶格缺陷变多、性能更加稳定、有利于催化反应的进行，同时还解决了传统方法中使用有机溶剂造成的环境和健康问题，处理时间比常规焙烧缩短了很多，降低操作成本。此外由于其放电过程温度较低，可避免活性组分的聚集，从而制得高分散性的催化材料。

7.5　等离子对材料改性的应用

低温等离子对材料表面改性的机理可以概括为以下三个方面：

①低温等离子体能够刻蚀材料表面。这些刻蚀作用主要来自体系中所产生的正离子、活性自由基和活性原子（能够与材料表面的官能团反应并生成能够挥发的小分子物质）。刻蚀能够使材料表面弱边界除去，还可以使其变得粗糙，呈现出坑洼状的形态特征，使其比表面积变大；

②等离子体使材料表面交联。在放电过程中通入的背景气氛为惰性气体时，其在放电过程中产生的高能活性粒子能够破坏材料表面旧的化学键，从而产生新的自由基。若在反应体系中除基底材料外无其他物质存在，致使新产生的自由基之间会重新键合，在材料表面形成新的网状交联结构。交联反应过程中，体系中材料表面会有双键产生，从而促使材料的力学性质以及表面性能得到明显改善；

③等离子体使得材料表面引入新的官能团。当放电过程中通入的背景气氛可参与反应或者基底材料与有机官能团物质混合时，等离子体活化的材料表面会发生复杂的化学反应。根据所需材料的性能期许，可通过低温等离子体处理方法在其表面引入特点官能团分子，如 – OH，– NH$_2$ 以及 – COOH 等。

Dadashova 等使用 O$_2$ 辉光放电，在低于 300 ℃ 的温度条件下，对费 – 托合成 Fe$_2$O$_3$/TsVM 催化剂进行再生处理，15～20 min 后，得到的催化剂活性高于新鲜催化剂，载体结构未受到破坏，而催化剂的选择性和稳定性还有所提高。XRD、XPS 及磁化率测量结果显示，再生后的 Fe$_2$O$_3$ 催化剂中同时含有 α – Fe$_2$O$_3$ 晶型和无定型 γ – Fe$_2$O$_3$ 两种形式。

Vissokov 等研究了氩气和氮气等离子体对氧化铁/氧化铝氨合成催化剂再生的影响。发现再生处理后的催化剂比失活催化剂的催化反应速率要高出 2～5 倍。而相比新鲜催化剂，等离子体处理过的催化剂对氨合成的催化活性高出了 10%。

当 Ar/H$_2$ 等离子体作用在 SiO$_2$、ZrO$_2$、MoO$_3$ 或 V$_2$O$_5$/SiO$_2$、V$_2$O$_5$/TiO$_2$ 表面改性时，氢等离子体作用 SiO$_2$ 后能在其表面形成顺磁中心，使其对氧气的吸附作用发生变化。Bletcha 等利用低温等离子体处理 WO$_3$/SiO$_2$ 催化剂，发现其表面性质发生改变，在丙烯气化反应中表现出对乙烯生成有更高的催化活性和选择性。

碳管纳米在实际设备中的应用以及表征都受到其不溶不熔的难加工性所阻碍。因此，碳管纳米的表面化学改性逐渐受到研究者的关注，为了在改性过程中大量保持纳米管结构完整性，研究等离子体方法的再生效果。Chen C C 人等创新性地展开一种对定向的碳管纳米管进行表面化学改性的方法，应用射频电晕等离子体进行处理,并对等离子体引入的表面化学基团进行了表征。氨基葡聚糖链通过希夫式碱及氰基硼氢化钠的还原稳定而接在乙醛等离子体处理过的定向纳米碳管表面,高碘酸盐氧化的 dextran – FITC 链通过同样的反应被接枝在乙二胺等离子体处理过的纳米碳管上。得到的产物拥有高亲水性和相对完整的碳纳米管结构。由于等离子体方法及聚合方法的高度通用性,耦合含醛表面和含氨多糖(或相反)之间的希夫式反应,可以将这种方法应用于复合材料等多方面的应用中。

7.6　等离子体在煤热解过程中的应用

7.6.1　等离子体煤气化

煤气化反应是指煤粉在水蒸气、空气、氧气等汽化剂作用下发生一系列复杂的物理化学反应,主要包括煤的热解以及气化反应两部分。煤的热解又称为煤的干馏,指的是煤在加热过程中逐步释放水分、CO_2、CH_4、烃类、焦油以及 H_2 的反应,分为裂解反应、芳构化反应、加氢反应、缩合反应等反应类型,其结果受煤种及加热条件的影响。气化反应主要是煤粉中的固定碳与氧气、水蒸气、氢气的气固反应。

等离子体煤气化过程的研究起步于 20 世纪,主要在苏联以及东欧等国家进行。按照汽化剂的不同可以分为氧等离子体气化,水蒸气等离子体气化以及 CO_2 等离子体气化等几种。Matveev 等人针对不同的汽化剂进行了热等离子煤气化过程的模拟。模型一共考察了空气、CO_2、水蒸气、CO_2 和 H_2O 混合物以及富氧空气等几种汽化剂对于气化过程的影响。结果发现在不同的汽化剂作用下,等离子体煤气化过程均能达到较高的碳转化率。其中,以 CO_2 或者 CO_2 和 H_2O 混合物作为汽化剂的气化过程的气化效率更高。Lelievre,C 等研究了 CO_2 与 O_2 的混合物为汽化剂的热等离子体煤气化过程,考察了煤种、CO_2 与 O_2 的比例以及床层高度对于气化结果的影响。实验结果发现,等离子体可以明显提高合成气的温度及含量。所得的产品气经脱硫之后,可以直接应用于还原工艺当中。热等离子体具有高温、高熵、能量密度高的特点,利用 CO_2 热等离子体进行煤气化技术的研究,可以实现煤炭清洁高效利用,同时也为 CO_2 的捕集与利用提供一种可以借鉴的方法。

除热等离子体用于煤气化强化过程之外,以微波等离子体为代表的冷等离子体也可以用于煤气化过程。Dong 等利用水蒸气微波等离子体炬进行煤粉的气化研究,气化过程为在常压下进行微波频率为 2.45 GHz,空气作为载气携带煤粉进入气化室,在微波等离子体作用下进行气化,对气化过程有明显的促进作用。

7.6.2 煤热解制备乙炔

电弧热等离子体可达到(10^4 K、10^5 K)的高温,可作为高熵热源,其中气态等离子体作为活性极高的反应物,为煤转化提供有力工具。富氢热等离子体温度高、导热系数大、加热速度快、运行连续、易于控制、能量利用率高、过程设备简单、流程短等优点,使得电弧热等离子体可作为煤制乙炔的理想热源。英国煤炭利用研究会所的 Bond 等从 1963 年就开始研究在高温电弧等离子体中裂解煤制备乙炔。Bond 等发现在氩和氢的等离子体中,主要的气态热解产物为氢气、一氧化碳和乙炔,乙炔占所有产品气体中烃类化合物总量的 95% 以上,其他为少量的甲烷、乙烯和其他低分子量的饱和烃,Bond 等认为乙炔主要来源于煤热解析出的挥发性物质。

印度对煤在等离子体中热解直接制备乙炔的方法极为关注,研究工作主要由中央燃料研究所(CFRI)完成,他们研究数种印度煤在氩等离子体中和氢等离子体中热解制备的乙炔的可能性,发现在惰性气氛等离子体中,只有脂肪碳和脂环碳发生反应,而当氩等离子体发生器中引入氢气时,全部的碳都参加了反应(包括芳香碳),认为,当引入氢气时,由于氢气的热导系数很高,使得体系成为高能高熵体系,使得包括芳香碳在内的全部碳都发生气化并参加反应。

俄罗斯也一直致力于用等离子体为手段将天然气、煤、煤焦油和石油渣有效地转化为乙炔等重要的化工原料,在理论和工艺上做了许多探索,并处于国际上领先地位,已建成生产乙炔、碳黑和乙烯和半工业装置。

美国十分重视煤在氢等离子体中热解直接生产乙炔的新方法的开发,Cannon 采用了功率为 30 kW 的、由钨阴极和水冷铜阳极组成的等离子体发生器,用匹兹堡烟煤,供粉速率 125 ~ 550 g/min,最高乙炔收率为 18%,此后又开发了磁力旋转直流等离子体反应器。由于外部磁场的作用,电弧在反应器内高速旋转并径向辐射,细煤粉通过电弧区被活化,并在 8 000 ~ 15 000 K 温度下与氢等离子体进行反应。

波兰的 Kulczycka 用 31# – 35# 的煤镜质体(氢体积含量 33%,等离子体发生器功率为 6.25 ~ 14.4 kW)进行了研究,供粉速度为 0.1 ~ 1.3 g/min,结果表明 35# 的煤镜质体中有 45.5% 的碳转化为乙炔,而对 32# 煤的镜质体,其转化率为 52.8%,通过对反应残渣的研究发现它可以用作吸附剂。

德国从上世纪 80 年代开始,研究等离子体热解煤直接制取乙炔。实验室研究采用最大功率为 30 kW 的弧光等离子体两段反应器,煤粉有氢气携带分四路沿与反应器中心成 35 度角进入等离子体气流中,目的在于使热解产生的挥发分尽可能多地与高活性等离子体物种相接触,从而提高乙炔的产率。

我国对于等离子体裂解煤制取乙炔的研究起步相对较晚,清华大学戴波、李明东博士等对煤裂解过程的热力学问题以及淬冷过程动力学进行了研究,指出最佳 H/C 比,提出来自由基复合机理,为实验条件的优化奠定了基础。田亚峻博士考察了进料速率对过程煤转化率和乙炔收率的影响,考察了乙炔的生成机理和结焦机理。

7.6.3　等离子体重整甲烷二氧化碳联合煤热解

火花放电等离子体具有密度高、放电通道温度较高、反应物转化率高、反应过程能耗低,而且具有能量效率高于电晕放电和介质阻挡放电等优点,相较于大气压辉光放电装置简单,是活化 $CH_4 - CO_2$ 重整制取合成气的有效手段。火花放电实现低温条件下对甲烷分子的活化,能够解决甲烷活化温度与煤热解温度不匹配的问题,利用火花放电过程产生的大量自由基好活性粒子来稳定煤热解产生的自由基,达到提高焦油收率的目的。

第8章 煤催化热解制备可燃性气体的研究

8.1 热解焦对热解产物催化裂解制备可燃性气体的影响

煤热解技术是低阶煤分级高效利用的重要途径,通过热解产生的三相产物热解气、热解油和热解焦都是重要的化工原料,越来越受到人们的重视。在煤热解过程不同的温度段三相产物的分布和产量也不尽相同。一般情况下,温度越高,热解气的产量越高。煤热解产生的热解气体主要有 H_2、CH_4、CO、CO_2 以及烃类气体,其中含量比重较多的为可燃性气体 H_2、CH_4 和 CO。但是氢气和甲烷的产率并不理想,所以有必要采取各种措施开发先进的热解技术来提高煤热解产生的油气品质,降低焦油中重质组分的含量,同时进行气体成分的调控,提高气体中可燃性气体的产率。煤热解是煤炭转化的关键步骤,是提高煤炭利用效率的有效途径,特别是针对煤变程度较低的低阶煤种。

加氢热解和催化热解这两种方式都可以提升热解产物的品质,但是加氢热解的过程中会耗费大量的氢气和能量,因此多采用催化热解的方式。目前广泛使用的催化热解方式有两种:一种是催化剂和煤样混合在一起然后热解,这种方式存在混合不均匀,催化剂不能完全发挥效用,会造成催化剂大量浪费的现象;另一种是首先煤样在一段反应器内发生初次热解产生热解产物,产生的一次热解产物通过二段裂解炉,再经过催化剂的催化作用进行二段裂解,这样热解产物和催化剂能够充分反应,从而产生更多的可燃性气体。

8.1.1 实验部分

1. 实验原料

实验所用原料为伊敏褐煤,其水分为 15.23%,灰分为 16.58%,挥发分为 36.56%。C、H、N 元素的含量分别为 58.93%、4.093%、1.136%。

2. 实验设计

研究不同条件下制备的热解焦对热解产物的影响,在一段热解炉中放入 20 g 煤样,温度设置为 500 ℃,在二段炉内放入 4 g 不同终温(450 ℃、550 ℃、650 ℃、750 ℃)、不同升温速率(10 ℃/min、15 ℃/min、20 ℃/min)下制得的热解焦,温度设置为 400 ℃,通过对所得产物中可燃性气体所占含量与空白组(二段炉不放热解焦)进行比较,筛选出效果最好的热解焦进行后续实验。

3. 煤热解及催化裂解装置

将不同条件下制备的热解焦放入褐煤热解集成装置中进行热解实验,一段热解炉的温度设置为 500 ℃,二段裂解炉的温度设置为 400 ℃,用装有丙酮的锥形瓶收集焦油,用集气袋收集产生的气体,实验完成后用旋转蒸发仪分离丙酮和焦油,然后称量产生的焦油的质量,收集的气体用气相色谱仪分析其中 H_2、CO、CH_4 所占的比例,并进一步计算出 H_2、CO、CH_4 的体积。煤热解及催化裂解装置如图 8-1 所示。

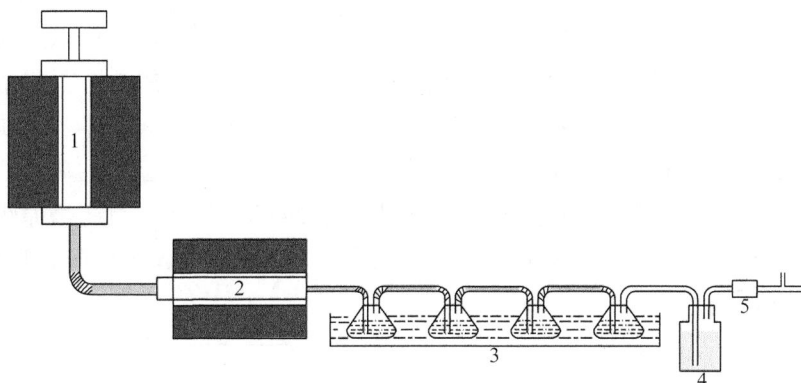

1—固定床热解炉;2—高温燃烧管式炉;3—焦油收集装置;
4—气体干燥瓶子;5—质量流量计。

图 8-1　煤热解及催化裂解装置

4. 分析与表征

(1)煤样元素分析

元素分析仪可同时对有机的固体、高挥发性和敏感性物质中 C、H、N、S 元素含量进行定量分析测定,该方法在研究有机材料的元素组成等方面具有重要的研究价值。采用 Vario EL Ⅲ 型元素分析仪(德国 Elementar 公司生产)对热解焦进行有机元素检测分析。其中,测试条件为:煤样称样量为 20 mg,氧化炉温度设置为 1 150 ℃,还原炉温度设置为 850 ℃,通氧时间设置为 90 s,CO_2 柱热脱附温度设置为 100 ℃,每个样品测试时间为 10 min。

（2）煤样比表面积分析

比表面积分析方法主要研究催化剂的细度及其孔径分布,使用 N_2 吸附等温线在 $-196\ ℃$ 的条件下由 JW – BK122 W 系统分析,比表面积由 BET 方程计算。

8.1.2　不同终温下制备的热解焦对热解气产量的影响

结合图 8 – 2 至图 8 – 5,我们不难看出,温度为 200～400 ℃ 时,煤热解产生的气体总量没有明显的提升,当温度达到 500 ℃ 时,产生的气体总量大幅提升,H_2、CH_4、CO 所占的比例也有了明显的提升。在二段炉内放入热解焦催化剂时,煤热解产生的气体的总体积均有所提升,相较于不放热解焦,气体的总回收率提升了 52.6%,可燃性气体所占的比例均有所提高,其中终温为 750 ℃ 的热解焦的效果最好。这是因为随着温度的增加,热解焦的活性也在增加,将一部分吸附在其表面的重质焦油裂解为轻质组分和气体,致使气体总量增加,焦油的产量降低。从表 8 – 1 可以看出,随着温度的升高,热解焦的比表面积也随之增大,煤焦的孔道结构中含有较多金属矿物质,热解焦中的孔道可以延长焦油的滞留时间,促进其与热解焦催化剂活性位点充分结合,使焦油进一步催化裂解。煤焦中金属矿物质主要有碱金属和碱土金属,这些金属离子本身就是良好的焦油裂解催化剂。制备温度较高的热解焦在成焦时,其上富集的矿物质发生熔融,更有利于轻质焦油与之结合,裂解出更多的气体分子。因此当原煤热解产物通过煤焦层时可以使焦油中的重质组分发生裂解,生成更多的轻质组分,轻质组分又分解为 H_2、CH_4、CO 等气体。

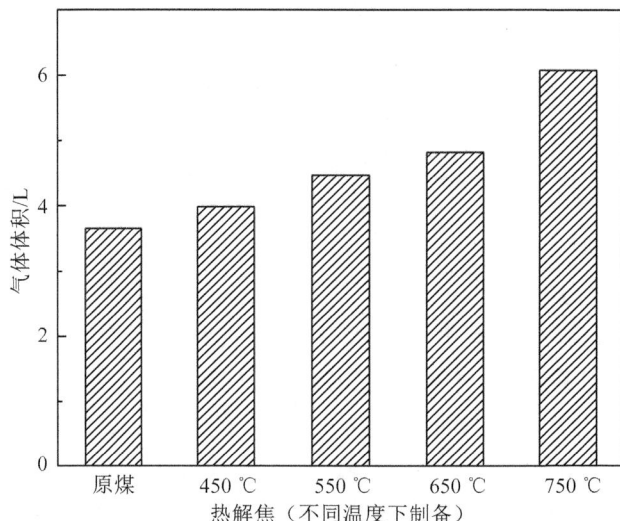

图 8 – 2　不同终温下制备的热解焦对热解气产量的影响

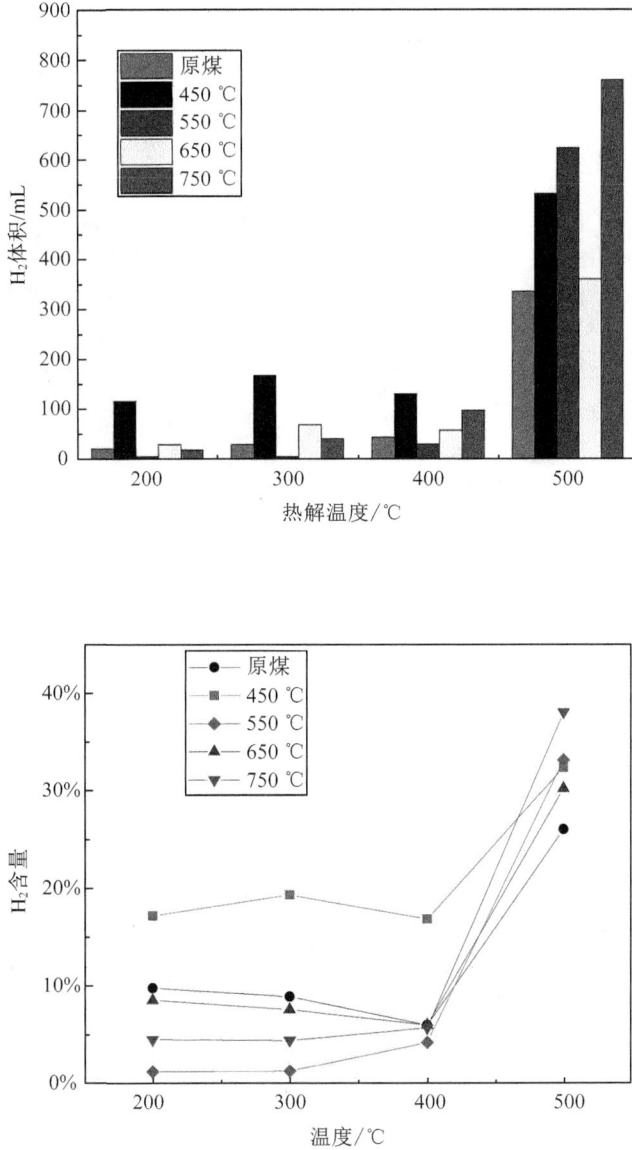

图 8-3 不同终温下制备的热解焦对 H_2 产率的影响

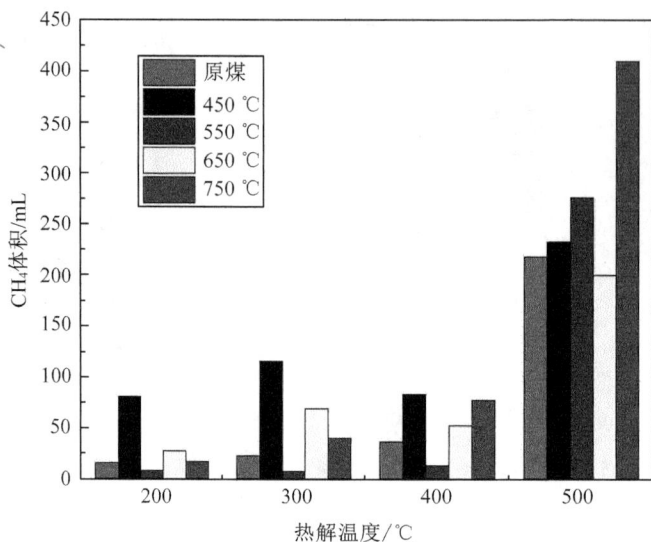

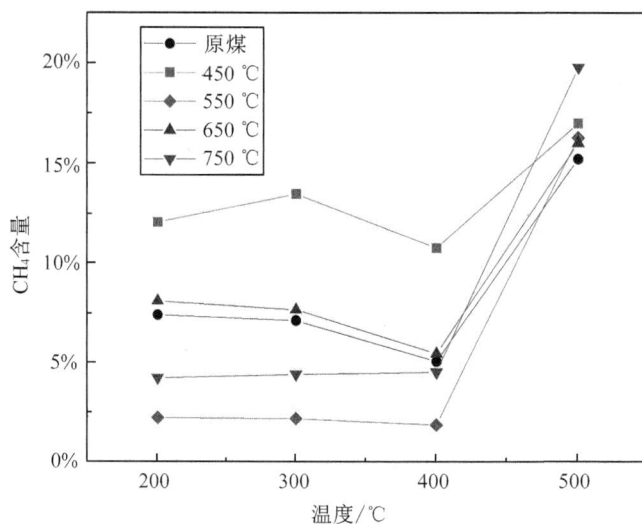

图 8-4 不同终温下制备的热解焦对 CH₄ 产率的影响

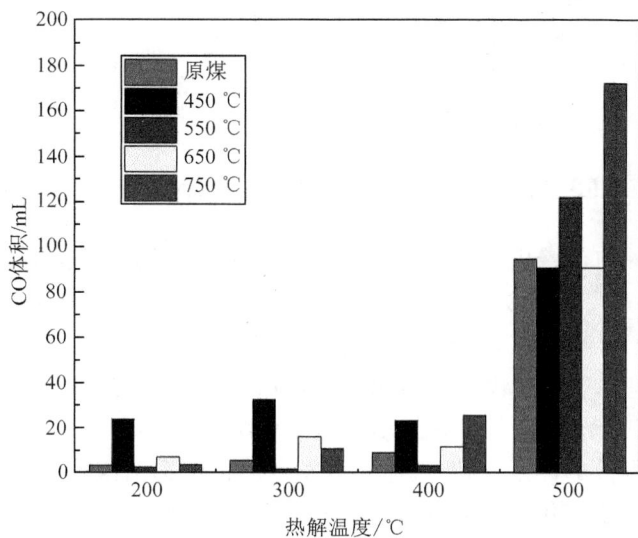

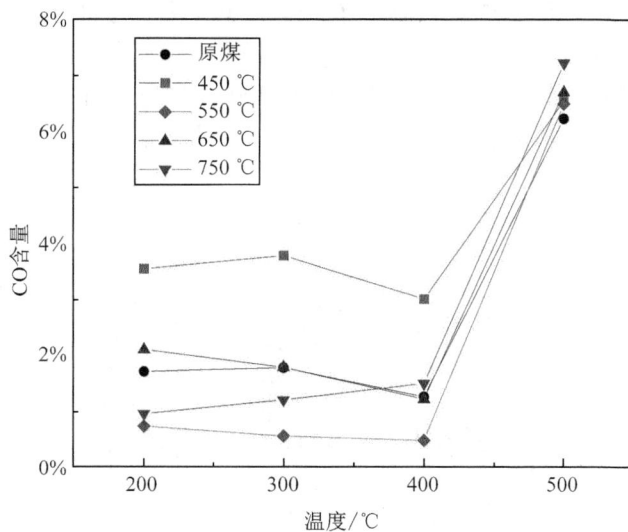

图 8-5　不同终温下制备的热解焦对 CO 产率的影响

表 8-1　不同终温下制备的热解焦的比表面积

热解终温/℃	比表面积/(m²·g⁻¹)
450	6.85
550	15.47
650	59.54
750	88.71

8.1.3　不同升温速率下制备的热解焦对热解产物的影响

从图 8-6 可以看出，升温速率为 20 ℃/min 时气体产量达到 5.4 L，相比空白组提升了 16%，从图 8-7 至图 8-9 可以看出，不同升温速率下制得的热解焦对煤热解气的产量有一定的提升作用，可燃性气体所占的比例及产率在 200~400 ℃时趋于平缓状态，当温度达到 500 ℃时大幅提升，这是因为快速热解可以提高煤热解过程中煤的流动性，从而增加了热解气和挥发分的逸出速度，减少了挥发分的停留时间，气体和挥发分的快速逸出使热解焦的孔隙增多，孔壁变薄，有利于气化反应的进行，从表 8-2 可以看出，随着升温速率的增大，热解焦的比表面积反而变小了，但是气体总产量却随升温速率的升高而增大，我们猜想这可能是因为升温速率过大时，煤燃烧的不够充分，所以其比表面积相对较小，产生的焦油不能很好地附着在热解焦表面，进而与热解焦表面的碱金属发生反应，所以可燃性气体所占的比例变化不明显。而将不同升温速率的热解焦放入二段炉后，热解焦中未能充分热解的部分在二段炉内继续热解，从而使气体产量得到小幅提升，所以我们认为升温速率不是煤热解的产气量的主要影响因素。

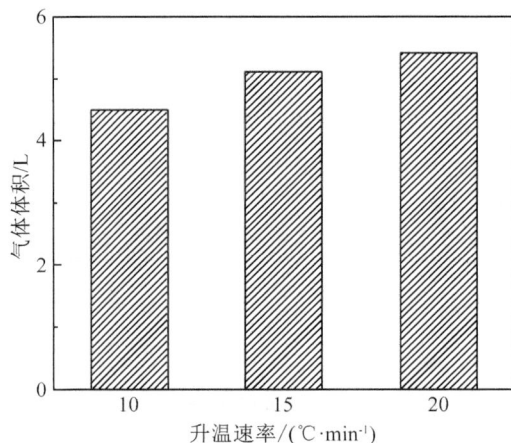

图 8-6　不同升温速率下制备的热解焦对热解气产量的影响

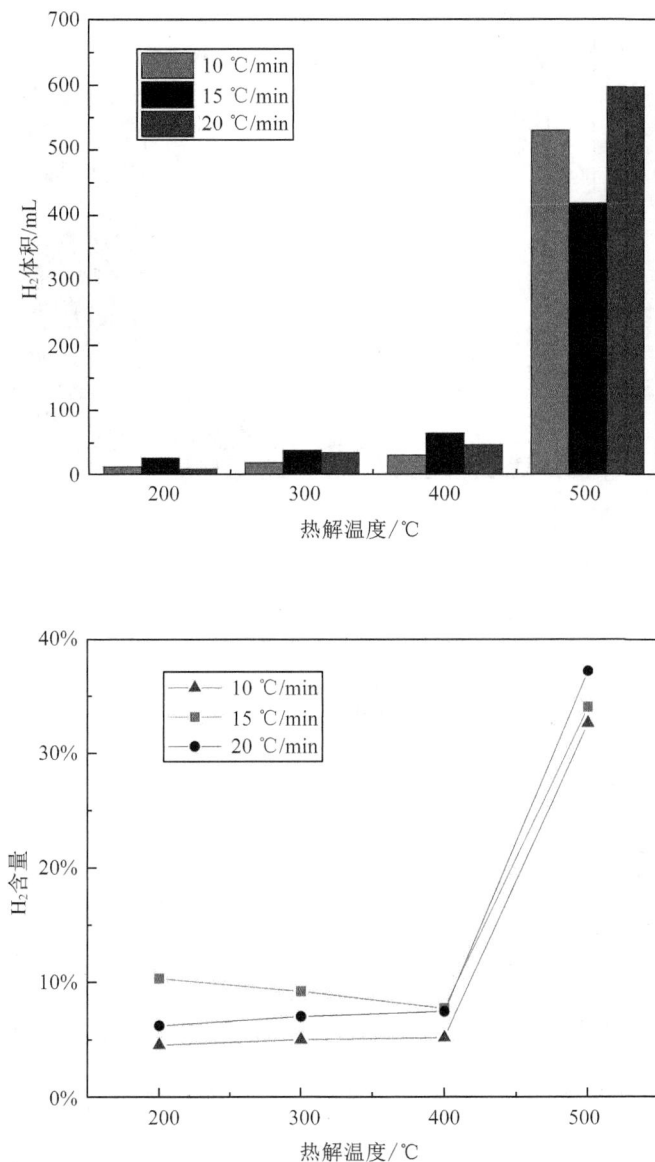

图 8-7　不同升温速率下制备的热解焦对 H₂产率的影响

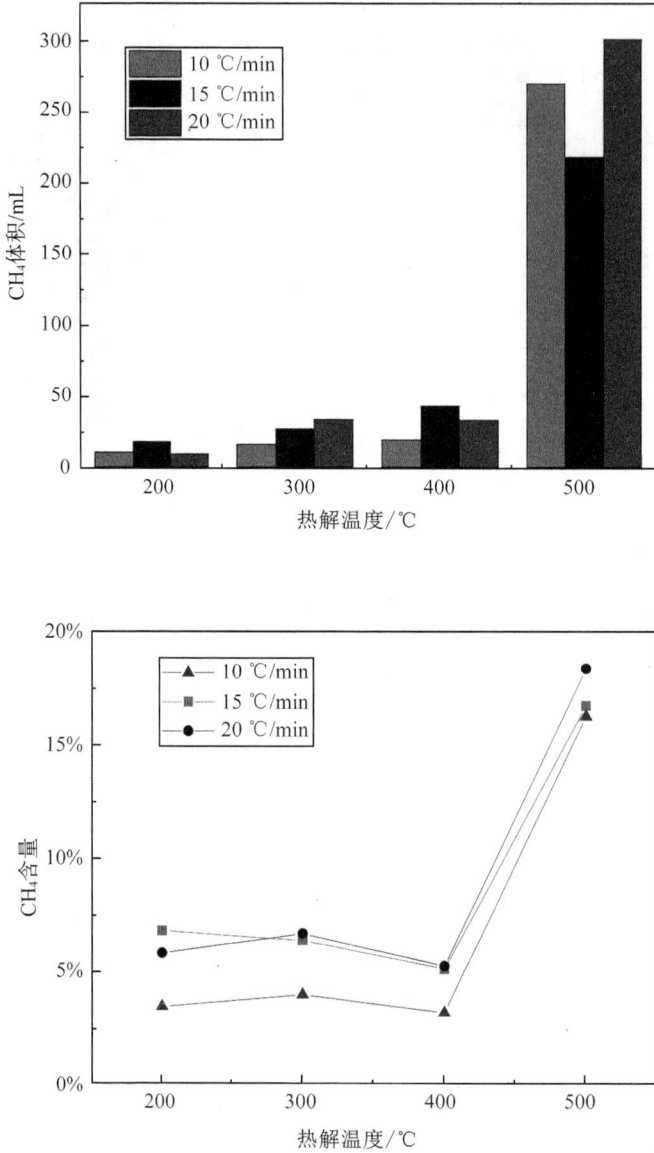

图 8 - 8　不同升温速率下制备的热解焦对 CH₄ 产率的影响

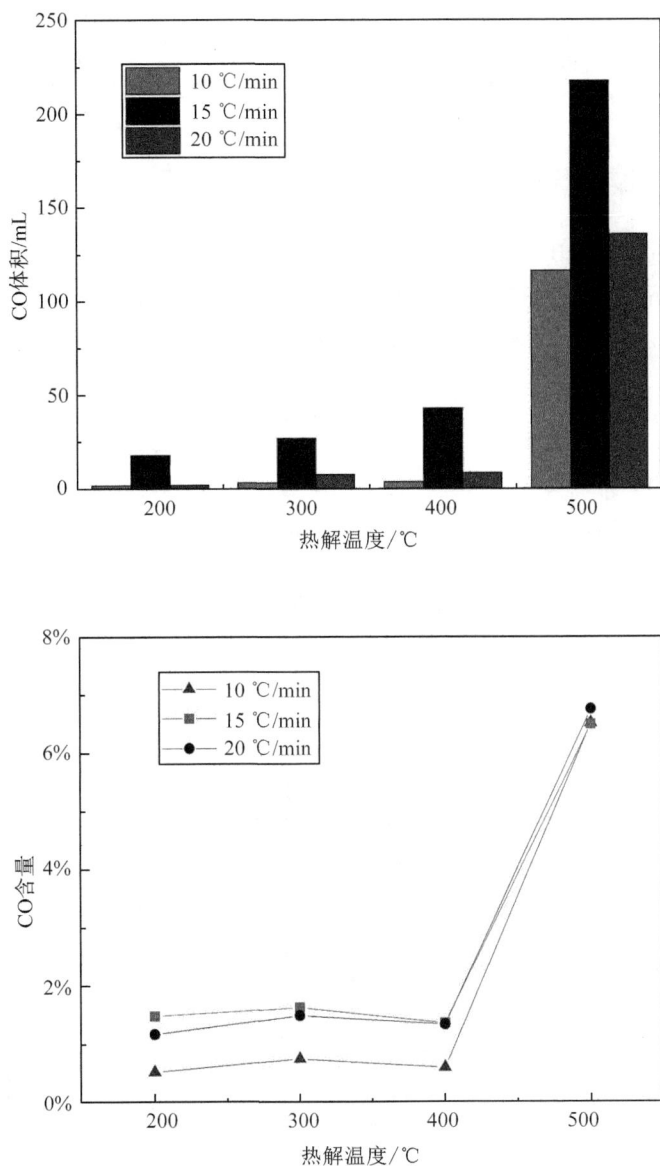

图 8 - 9　不同升温速率下制备的热解焦对 CO 产率的影响

表8-2 不同升温速率热解焦的比表面积

升温速率/（℃·min^{-1}）	比表面积/（m^2·g^{-1}）
10	11.13
15	4.30
20	3.99

8.1.4 煤粉热解过程中的质量守恒

实验通过热解20 g伊敏褐煤，所以将其作为平衡计算的进料来构建质量平衡。煤样的元素分析和工业分析如表8-3和表8-4所示。产生的热解焦的元素分析和工业分析见表8-5和表8-6。

表8-3 煤样元素分析

元素	C	H	N
所占比例	58.93%	4.093%	1.136%

表8-4 煤样工业分析

煤样	水分	灰分	挥发分
	15.23%	16.58%	36.56%

表8-5 热解焦元素分析

元素	C	H	N
所占比例	63.83%	0.924%	0.758%

表8-6 热解焦工业分析

热解焦	水分	灰分	挥发分
	2.4%	20.52%	1.58%

1. 热解过程说明

煤的热解过程很复杂，在进行热解衡算时，做出如下的假设：

煤热解产生的气体有 H_2、CO、CH_4、CO_2；

煤热解产生的液体中热解油占80%，热解油中C:H=1:1.5；

质量平衡是后续实验顺利进行的保障，但是实验装置在实验过程中存在一些难以测算的质量损失,产生误差的原因可能是由于少量焦油冷凝附着在管道内壁,热解气体成分分析的结果也不能完全代表实验产物。所以在进行平衡计算的时候将误差平均分配到三相产物中。

2. 热解过程质量平衡计算

假设生成 a mol H_2,b mol CO,c mol CH_4,d mol CO_2。

氢平衡:

通过煤样的元素分析得知,褐煤的氢元素含量为4.093%,因此,

氢气的产量为 a mol,所以,

甲烷的产量为 c mol,所以,

煤热解产生的液体总量为 2.05 g,其中热解水的产量为 2.05 × (1 − 80%) = 0.41 g,所以,热解油的产量为 2.05 × 80% = 1.64 g,假设热解油中的碳氢比为 1∶1.5,那么热解油的分子式可以写成 $CH_{1.5}$,由此可得 $n_{Oil} = 1.64/(12 + 1.5) = 0.121$ mol,那么,

$M_{tar}(H)$ 可以通过热解焦的元素分析得到,热解焦中氢元素的含量为 0.924%,因此 $M_{tar}(H) = 13.8 × 0.924\% = 0.128$ g。

由上可知,氢元素平衡的方程式为

$$0.818 = 2a + 4c + 0.046 + 0.182 + 0.128$$

将其进行简化可得:

$$2a + 4c = 0.462 \qquad (8-1)$$

碳平衡

$$M(C) = M_{CH_4}(C) + M_{CO}(C) + M_{tar}(C) + M_{Oil}(C);$$

通过煤样的元素分析得知,煤样中碳元素的含量为58.93%,因此

$M_C = 20 × 58.93\% = 11.786$ g。

甲烷的产量为 c mol,所以 $M_{CH_4}(C) = 12c$ g,

同理可求得 $M_{CO}(C) = 12b$ g

$$M_{CO_2}(C) = 12d \text{ g};$$

通过热解焦的元素分析可知,热解焦中碳元素的含量为63.83%,所以

$M_{tar}(C) = 13.8 × 63.83\% = 8.81$ g。

由之前计算可知,煤热解产生的热解油的量为

1.64 g,$n_{Oil} = 1.64/(12 + 1.5) = 0.121$ mol,所以

$M_{Oil}(C) = 0.121 × 12 = 1.452$ g。

由上可知,碳元素的平衡方程式为

$$11.786 = 12c + 12b + 12d + 8.81 + 1.452$$

简化可得

$$12c + 12b + 12d = 1.524 \qquad (8-2)$$

总物料平衡

$$M_{煤样} = M_{H_2} + M_{CH_4} + M_{CO_2} + M_{CO} + M_{tar} + M_{oil};$$

其中 M_{tar} 表示热解焦，M_{Oil} 表示热解焦油和热解水的总和。

系统投入的总物料为 20 g 煤样。

已知氢气的产量为 a mol，所以；一氧化碳的产量为 b mol，所以

$M_{CO} = 28\ bg$；

甲烷的产量为 c mol，所以，二氧化碳的产量为 d mol，所以，

M_{tar} 和 M_{Oil} 分别为 13.8 g 和 2.05 g，因此，系统的物料衡算关系可以表示为

$$20 = 2a + 28b + 16c + 44d + 13.8 + 2.05$$

简化后可得

$$2a + 28b + 16c + 44d = 4.15 \qquad (8-3)$$

3. 热解过程能量衡算

根据能量守恒定律，输入系统的总能量等于系统输出的总能量。所以把整个热解过程作为评价体系，对热解过程进行能量平衡分析。煤样带入的能量是化学能，可以用煤的低位发热值表示；热解产物中的能量包含热解气体、热解焦油和热解焦的热值，实验过程中的热损失包括各种损失能量的总和。以 20 g 褐煤为原料进行能量衡算，因为电—热的转换效率不能达到 100%，所以通过实验所得的数据进行逆向平衡推算，可以估测出热解炉的吸收热。表 8 - 7 为各种物质的摩尔热值，表 8 - 8 和表 8 - 9 是各种物质的比热容。

表 8 - 7　各种物质的摩尔热值

名称	褐煤	焦油	热解焦
热值($J \cdot g^{-1}$)	26 250	36 784	30 000
分子式	H_2	CO	CH_4
摩尔热值($J \cdot mol^{-1}$)	211 997	285 624	882 577

表 8 - 8　各种物质的比热容

分子式	H_2	CO	CH_4	CO_2
比热容($J/mol \cdot ℃$)	28.82	29.12	35.31	37.1

表 8 - 9　热解焦和焦油的比热容

名称	热解焦	焦油
比热容[$kJ/(kg \cdot ℃)$]	1.38	2.09

能量衡算的计算过程如下：

（1）系统输入的总热值 Q_{in}：

①煤的总热值为 Q_1，它等于褐煤的热值与实验用煤的质量的乘积：

$$Q_1 = Q_{gr} G_1$$

式中 Q_{gr} 代表煤的热值（J/g）；G_1 代表实验用煤的质量（g）。

② 电阻炉消耗的电能为 Q_2；

所以 $Q_{in} = Q_1 + Q_2 = Q_{gr} G_1 + Q_2$；

（2）系统输出的总热值 Q_{out} 包括：

① 生成的热解气的总热值为 Q_3。它等于热解气中各组分的摩尔热值与摩尔体积的乘积。

$$Q_3 = \sum H_i V_j$$

式中 H_i 代表热解气中各组分的摩尔热值（J/mol）；V_j 代表各组分的摩尔体积（mol）。

② 生成的热解气体的显热为 Q_4，它取决于产气出口温度 T_4。

$$Q_4 = \sum C_4 V_j T_4$$

式中 C_4 代表热解气中各组分的摩尔热容（J/mol·℃）；V_j 代表各组分的摩尔体积（mol）。

③ 反应产生的热解焦的化学热为 Q_5。它等于生成的热解焦的质量与热值的乘积。

$$Q_5 = H_t G_2$$

式中 H_t 代表热解焦的热值（J/g）；G_2 代表热解焦的质量（g）。

④ 热解焦的显热为 Q_6，它取决于热解炉的温度 T_6。

$$Q_6 = C_6 T_6 G_2$$

式中 C_6 代表热解焦的质量比热容［kJ/（kg·℃）］；G_2 代表热解焦的质量（g）。

⑤ 焦油所含的化学热为 Q_7。它等于焦油的热值与焦油的质量的乘积。

$$Q_7 = H_k G_3$$

式中 H_k 代表焦油的热值（J/g）；G_3 代表产生的焦油的质量（g）。

⑥ 焦油的显热为 Q_8。

$$Q_8 = C_8 T_8 G_3$$

式中 C_8 代表焦油的比热容［kJ/（kg·℃）］；G_3 代表焦油的质量（g）。

所以煤热解的能量衡算为

$$Q_1 + Q_2 = Q_3 + Q_4 + Q_5 + Q_6 + Q_7 + Q_8 \tag{8-4}$$

将实验数据代入可得：

煤的总热值 $Q_1 = 26\ 250 \times 20/1\ 000 = 525\ kJ$

生成的气体的总热值：

$Q_3 = \sum H_i V_j = H_2$ 的热值 (Q_{31}) + CO 的热值 (Q_{32}) + CH_4 的热值 (Q_{33})

$Q_{31} = 211\ 997\ J/mol \times 0.076 = 16.112\ kJ$

$Q_{32} = 285\ 624\ J/mol \times 0.022 = 6.284\ kJ$

$Q_{33} = 882\ 577\ J/mol \times 0.052 = 45.894\ kJ$

所以 $Q_3 = 68.29\ kJ$

生成气体的显热：

$Q_4 = \sum C_4 V_j T_4 = $ CO 的显热 (Q_{41}) + H_2 的显热 (Q_{42}) + CH_4 的显热 (Q_{43}) + CO_2 的显热 (Q_{44})

$Q_4 = 0.32\ kJ + 1.095\ kJ + 0.918\ kJ + 0.26\ kJ = 2.59\ kJ$

$Q_5 = 36\ 784.18 \times 13.8/1\ 000 = 507.62\ kJ$

$Q_6 = 1.38 \times 13.8/1\ 000 \times 500 = 9.522\ kJ$

$Q_7 = 1.64 \times 30\ 000/1\ 000 = 49.2\ kJ$

$Q_8 = 1.64 \times 2.09 \times 500 = 1.713\ kJ$

将上述求得的数据代入式（8-4）中可以求出 Q_2 的值为 113.94 kJ。

假设生成的 $H_2 = a$ mol；CO $= b$ mol；$CH_4 = c$ mol；$CO_2 = d$ mol。根据以上假设可以建立能量平衡方程：

$$226.407a + 300.184b + 900.232c + 18.55d = 70.88 \qquad (8-5)$$

联立方程（8-1,8-2,8-3,8-5）并求解。

$$\begin{cases} 2a + 4c = 0.462 \\ 12c + 12b + 12d = 1.524 \\ 2a + 28b + 16c + 44d = 4.15 \\ 226.407a + 300.184b + 900.232c + 18.55d = 70.88 \end{cases}$$

解得 $a = 0.140$ mol；$b = 0.027$ mol；$c = 0.045$ mol；$d = 0.054$ mol。所以理论产生的气体质量为：$H_2 = 0.28$ g；CO $= 0.756$ g；$CH_4 = 0.72$ g；$CO_2 = 2.376$ g。

表8-10 理论产气值与实际产气值对比

产气质量/g	H_2	CH_4	CO	CO_2
理论值	0.28	0.72	0.756	2.376
实验值	0.262	0.743	0.741	2.233
误差	0.069	0.031	0.02	0.064

从表 8 – 10 中可以看出实验过程中产生的气量与理论值之间存在一定误差,这可能是由实验过程中产生的,但误差值都很小,这说明进行物料衡算和能量衡算的方法是正确的。

8.2　等离子体改性热解焦对热解产物的影响

主要研究等离子体改性 – 焙烧后的热解焦对煤热解产物的影响,用终温为 750 ℃,升温速率为 20 ℃/min 时制得的热解焦制备镍负载量为 5% 的负载型热解焦催化剂。通过计算求得所需的 Ni(NO$_3$)$_2$·6H$_2$O 2.523 g,加热溶解。然后称取 4 g 热解焦,搅拌均匀,静置 24 h,放在烘箱中烘干。然后用等离子体对其进行改性 – 焙烧,研究不同改性气体(O$_2$、N$_2$、Ar,气体流量为 40 mL/min),焙烧功率(30 W、40 W、50 W),焙烧时间(1 min、3 min、5 min)对煤热解产物的影响,从而筛选出最优的改性 – 焙烧条件。

8.2.1　不同改性气体对热解产物的影响

用等离子体对镍负载量为 5% 的热解焦进行改性,通入 O$_2$、N$_2$、Ar,气体流量为 40 mL/min,等离子体功率设置为 40 W,改性时间设为 3 min,然后通入氧气进行焙烧,焙烧功率为 40 W,焙烧时间为 3 min,研究不同气体对热解产物的影响。

从图 8 – 10 至图 8 – 13 中可以看出,通入不同气体,用等离子体对热解焦进行改性之后再进行焙烧,煤热解产生的气体总量在 200 ~ 400 ℃时变化不大,在 500 ℃时大幅度增加,其中用氧气进行改性的效果最好,产生的气体相较于空白组增加了 56.2% 。这是因为在不同气氛下改性热解焦使热解焦的比表面积和平均孔径小幅度增加,有利于焦油附着在热解焦表面并发生裂解作用,从而产生更多的气体;热解焦在氧气气氛中用等离子体处理可以增加热解焦表面的含氧官能团,这些含氧官能团有助于焦油中重质组分的裂解,将热解焦表面的镍硝酸盐氧化,生成 NiO,同时热解焦表面的活性位增加,降低了焦油大分子的反应活化能,这也有利于热解焦对焦油的吸附,更好地促进焦油的裂解。

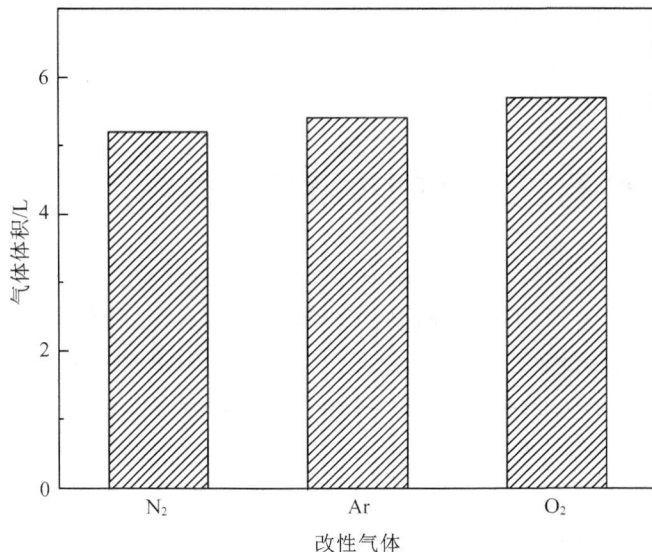

图 8-10 不同改性气体制备的热解焦对热解气产量的影响

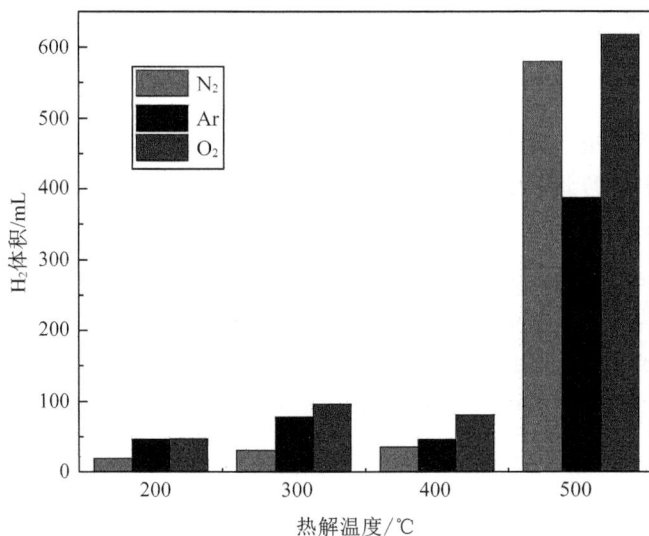

图 8-11 不同改性气体制备的热解焦对 H_2 产量的影响

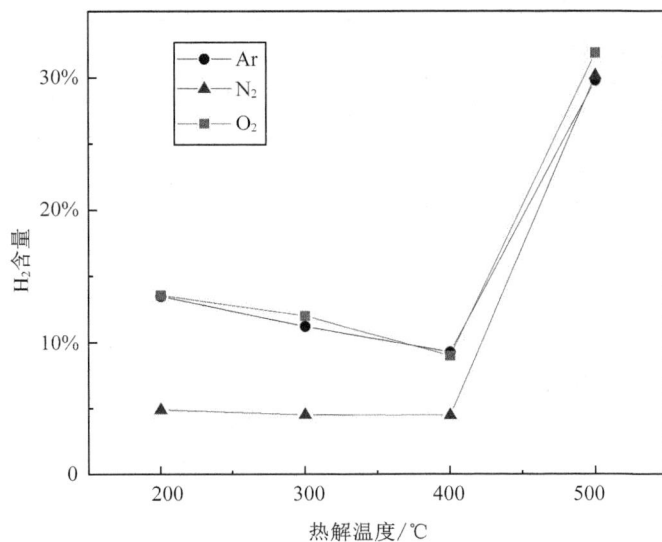

图 8 - 11（续）

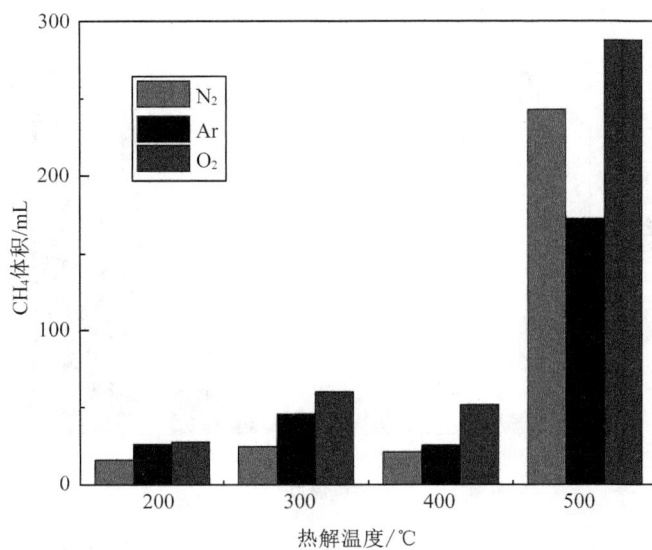

图 8 - 12　不同改性气体制备的热解焦对 CH₄ 产量的影响

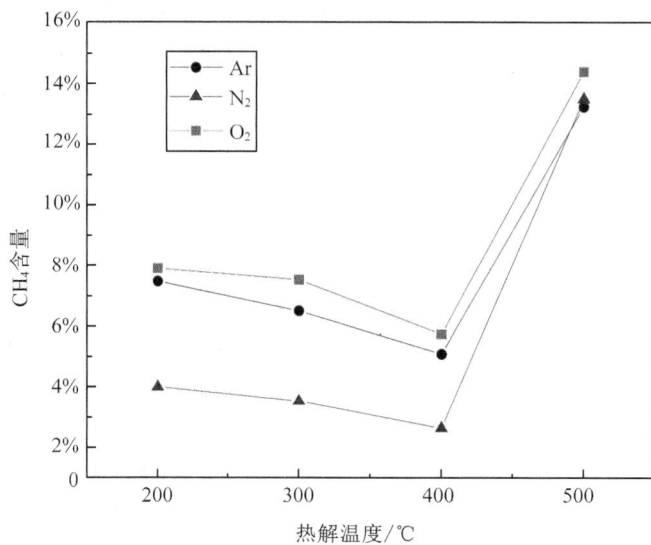

图 8 – 12（续）

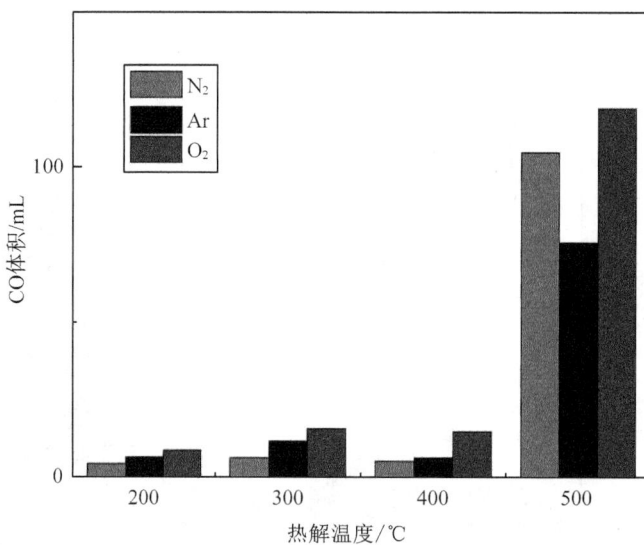

图 8 – 13　不同改性气体制备的热解焦对 CO 产量的影响

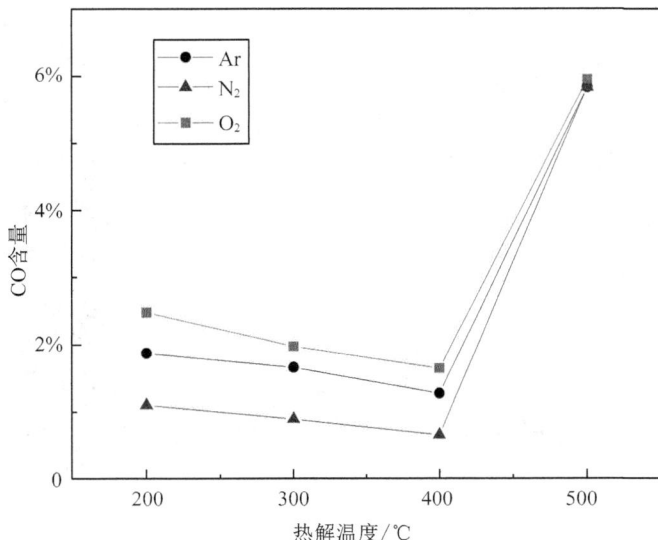

图 8 - 13(续)

　　由图 8 - 14 至图 8 - 16 可知,用不同等离子体功率对热解焦进行处理后,煤热解产生的气体总量都多于空白组的产气量,气体的生成规律跟之前的大致相同。随着等离子体功率的增大,气体产物的总量先上升后下降。当改性功率为 30 W 时,等离子体放电强度不足,体系中存在的高能含氧粒子较少,对催化剂表面的刻蚀作用不明显,改性效果较差;当改性功率为 50 W 时,等离子体放电剧烈,改性过程中,等离子体反应釜中能明显观察到蓝紫色火焰,此时高能含氧电子流不断地撞击催化剂表面,破坏了原本形成的官能团结构和孔结构,活性位点失活,致使气体产量降低;当改性功率为 40 W 时,气体总产量最高,并且可燃性气体所占的比例均高于其他功率,这是由于热解焦表面的镍硝酸盐被完全焙烧成镍的氧化物并均匀分布在催化剂表面,活性位点增多,对焦油的裂解效果最好。因此,确定热解焦的最佳改性功率为 40 W。

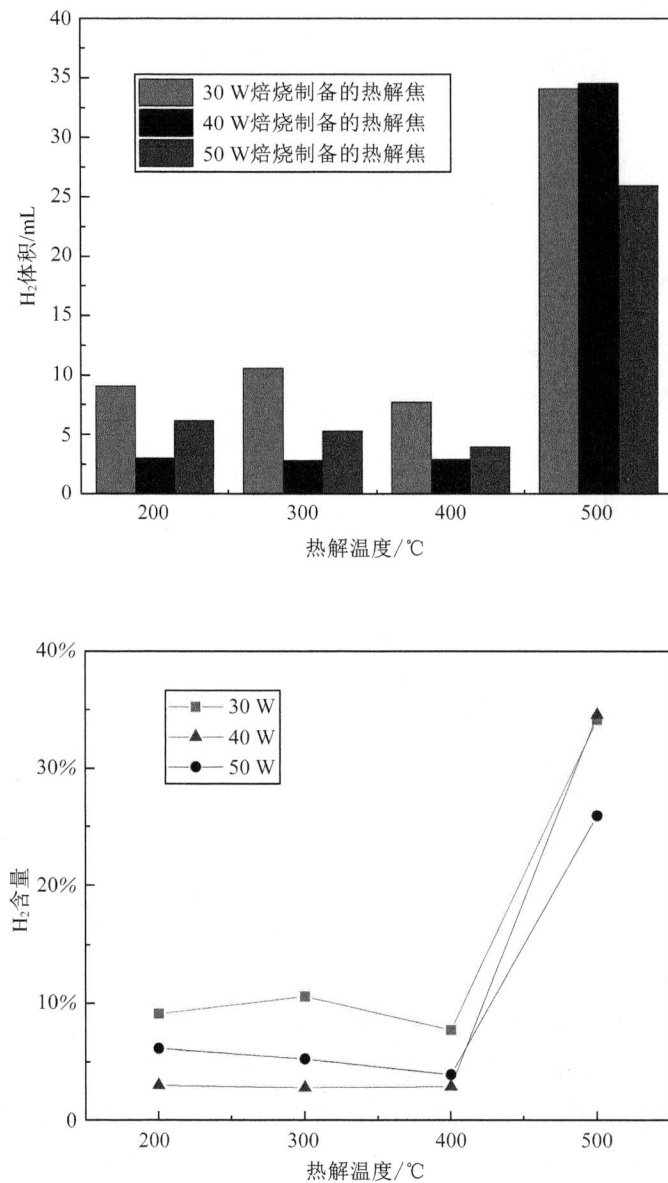

图 8 - 14　不同焙烧功率制备的热解焦对 H_2 产量的影响

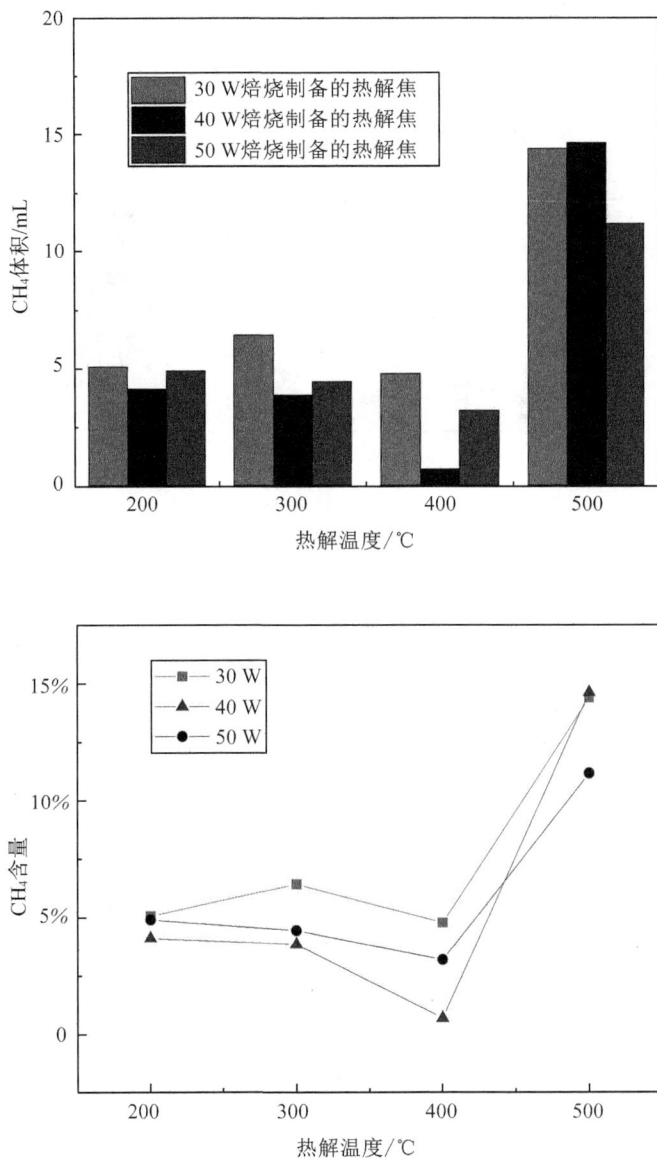

图 8-15　不同焙烧功率制备的热解焦对 CH₄ 产量的影响

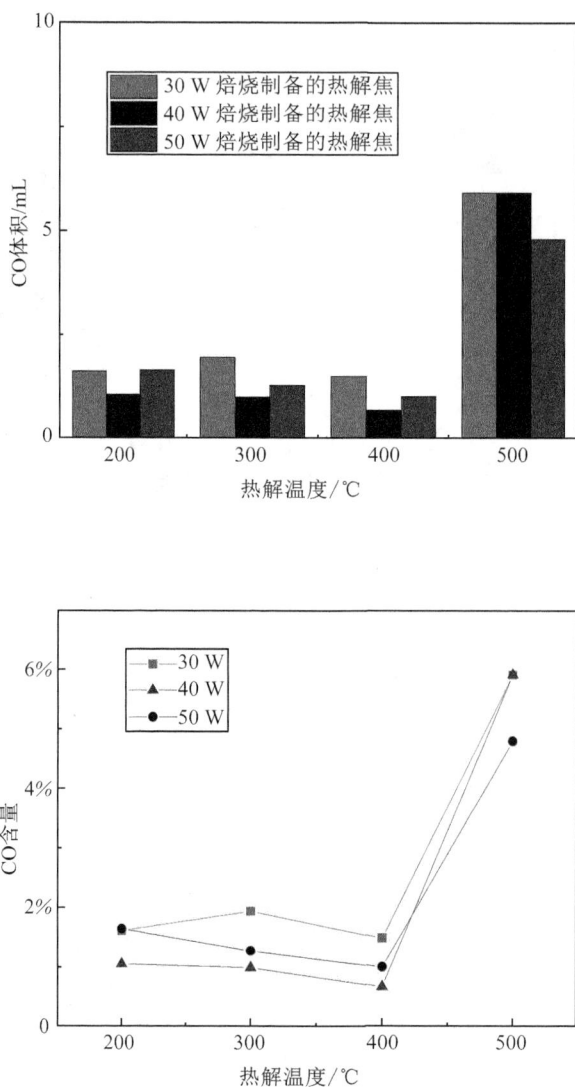

图 8–16　不同焙烧功率制备的热解焦对 CO 产量的影响

8.2.2　不同改性时间对热解产物的影响

设置氧气流量为 40 mL/min，改性功率为 40 W，改性时间分别为 1 min、3 min、5 min，研究不同改性时间对热解产物的影响。

从图 8 - 17 至图 8 - 19 中可以看出，当改性时间较短时，等离子体的有效放电时间短，导致生成的活性粒子较少，热解焦表面负载的镍硝酸盐不能被等离子体充分氧化，并且产生的活性位点也少，因此气体产量较低。随着改性时间的增加，体系中电离出的高能含氧粒子数增多，注入体系中的能量增大，对催化剂表面的有机物质刻蚀强度增大，催化剂表面负载的金属盐离子有足够的时间进行氧化反应，生成有助于焦油裂解的氧化物，催化剂表面的活性位点也逐渐增多，明显改善催化剂表面的化学性质。但改性时间不能过长，这样大量的高能粒子会破坏催化剂的孔结构，改变原有的有效活性位点的位置，使催化剂的效果降低。因此，确定最优改性时间为 5 min。

8.3　单金属负载型热解焦对热解产物的影响

8.3.1　等离子体法制备负载型热解焦催化剂

选用纯度为 98% 的硝酸镍制备浸渍液，采用等体积浸渍法制备负载量为 5%、8%、10% 的热解焦催化剂，通过计算求得所需的硝酸镍的质量依次为 2.52 g、4.16 g、5.33 g，加热溶解。然后称取热解焦，搅拌均匀，静置 24 h，放在烘箱中烘干。烘干后用最优等离子体改性 – 焙烧条件对其进行处理，筛选出最优镍负载量。

8.3.2　不同焙烧功率对热解产物的影响

设置氧气流量为 40 mL/min，焙烧时间为 3 min，焙烧功率分别为 30 W、40 W、50 W，研究不同改性功率对热解产物的影响。

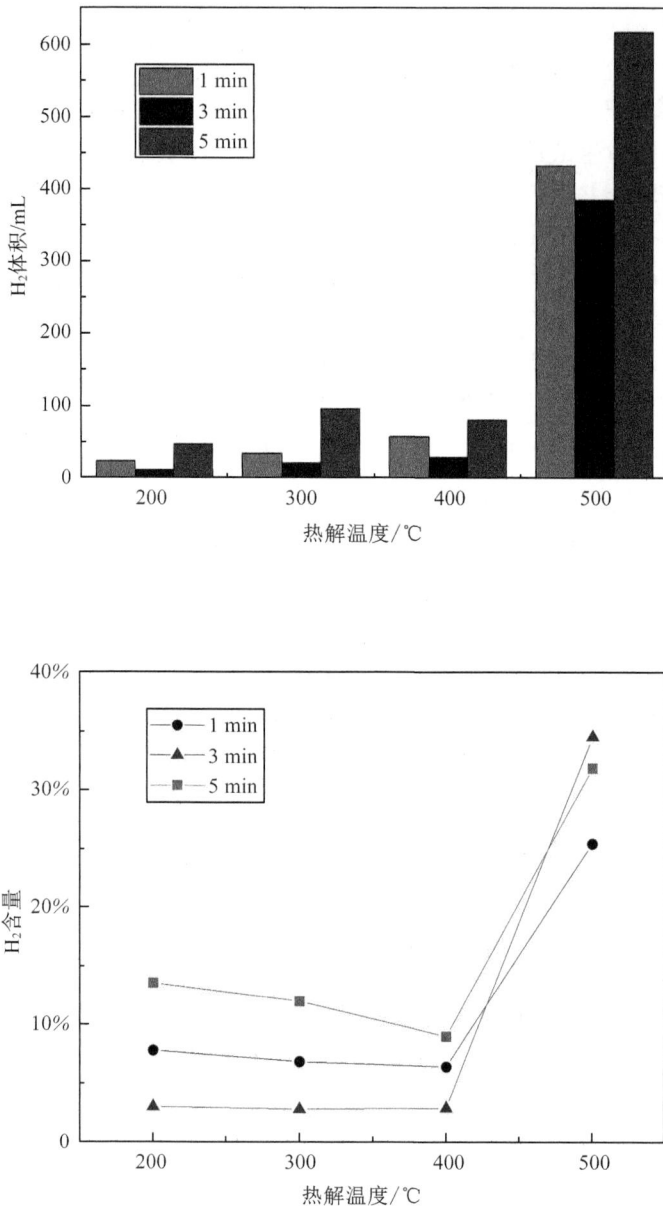

图 8 - 17　不同改性时间制备的热解焦对 H_2 产量的影响

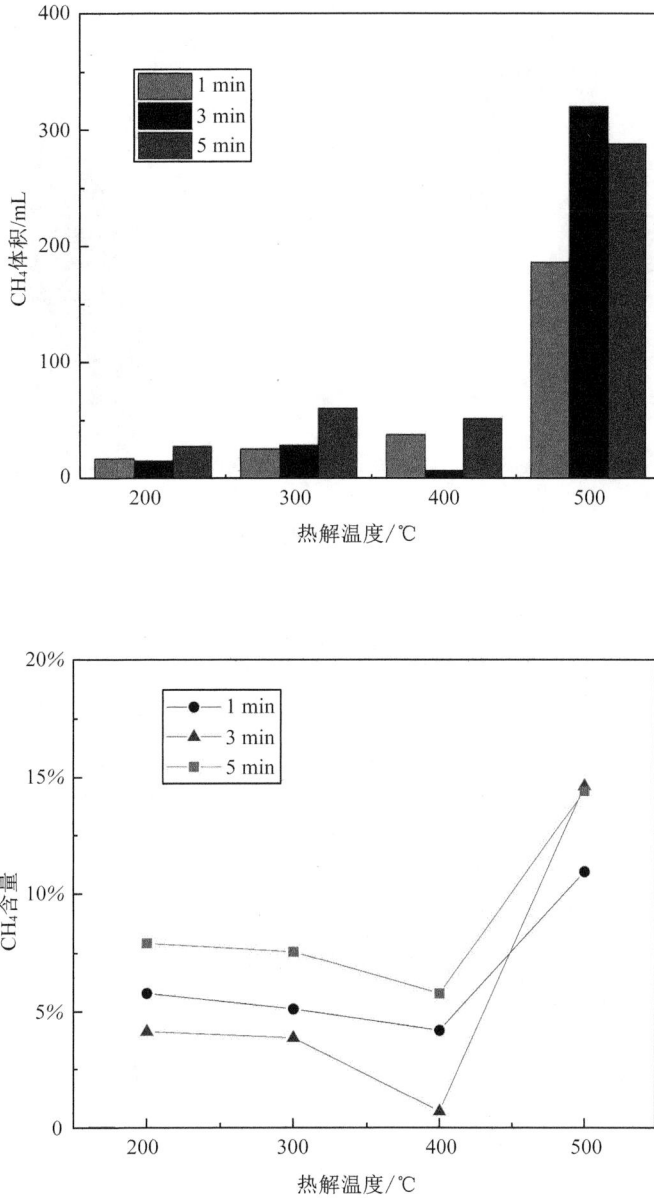

图 8 - 18　不同改性时间制备的热解焦对 CH_4 产量的影响

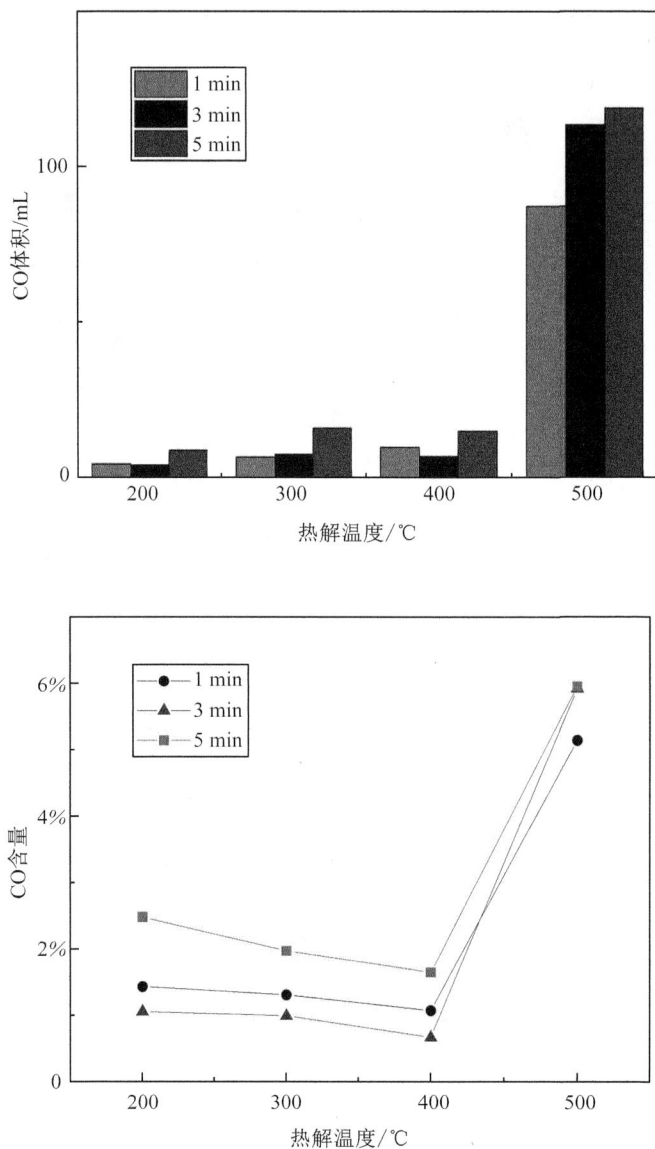

图 8 – 19   不同改性时间制备的热解焦对 CO 产量的影响

8.3.3　热解焦催化剂的表征

1. 负载型热解焦催化剂的 XRD 表征

XRD(X 射线衍射分析),其工作原理是:利用 X 射线衍射分析物质内部空间分布状况。即:当一定波长的 X 射线照射到结晶物质时,规则排列的原子(或离子)使 X 射线发生散射,使某些相位得到加强,发生特有的衍射现象。本书中样品通过 XD-3 型 X 射线衍射分析仪(北京普析通用仪器有限责任公司生产)测试得出 XRD 图谱。样品的测试条件为:Cu,Kα 射线,管电压 36 kV,管电流 25 mA,2 θ 为 10°~80°,扫描速度为 4°/min。

2. 负载型热解焦催化剂的 XPS 表征

XPS 是分析元素的表面结构和成分的重要工具。其原理是:样品被 X 射线辐射后,激发出的原子(或分子)中的芯电子(或价电子)。光子能够激发出光电子(能量可测),并通过光电子能谱图获得待测物组成(即:横坐标为光子的动能,纵坐标为相对强度(脉冲/s))。本文中采用的 X 射线光电子能谱仪型号为:ESCALAB250(美国 Thermo Fisher Scientific 公司生产)。该仪器的能量分辨率为 0.45 eV(Ag),灵敏度为 180 KCPS,图像分辨率为 3 μm。分析结果均用C1s校正。

3. 催化剂的 SEM 表征

扫描电子显微镜(SEM),其工作原理是:利用二次电子信号成像来捕捉样品表面的特征,也就是将样品用特备狭窄的电子束扫描,使二者相互作用,产生效应。二次电子能够使样品表面的形貌放大,该形貌像是扫描样品时按时间顺序建立的(即使用逐点成像的方法获得)。本文中 SEM 型号为 JSM-6 460 LV(日本电子束式会社生产)其中工作电压 20 kV,放大倍数为 10 000 倍。

8.3.4　单金属负载型热解焦对热解产物的影响

1. 单金属负载型热解焦对热解产物的影响

结合图 8-20 至图 8-23 可知,在热解焦上的负载金属镍用等离子体进行改性后,产生的热解气体的总量有很大提升,在温度为 500 ℃时,热解气中的可燃性气体组分所占的比例均明显增加,当负载量为 5% 时,产生的热解气总量最多,相比不使用热解焦催化剂时增加了 92%,同时,产生的热解气中可燃性气体所占的比例也是最高的,分析其原因可能是由于负载量为 5% 时,附着在热解焦表面的镍硝酸盐被充分氧化,生成的氧化镍可以将气态烃氧化从而生成氢气,当负载量为 8% 和 10% 时,由于等离子体处理的时间相对较短,负载在催化剂表面的镍硝酸盐不能被完全氧化,所以催化效果相对较差,因此可以确定最佳镍负载量为 5%。

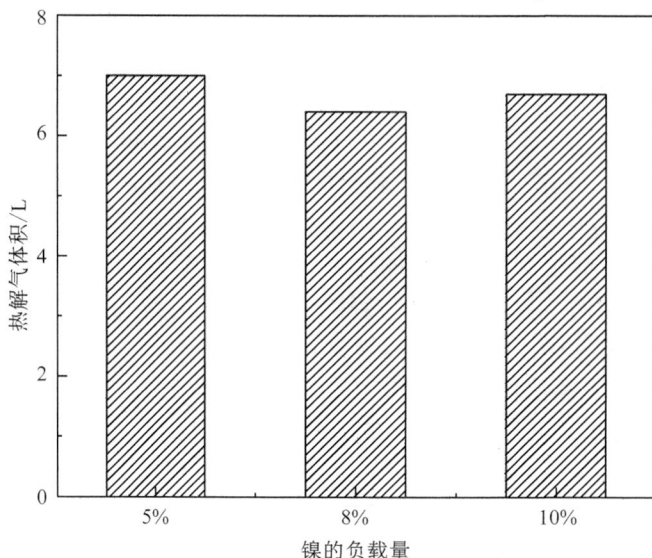

图 8 - 20　不同镍负载量制备的热解焦对气体产量的影响

2. 单金属催化剂的表征

（1）单金属催化剂的 XRD 表征

为探究负载量对催化剂活性的影响，对不同负载量的催化剂进行了 XRD 表征，结果见图 8 - 24。

由图 8 - 24 可以看出，对于负载量为 8%、10% 的 NiO/热解焦催化剂，对应于 NiO 相的衍射峰几乎观察不到，这表明 NiO/热解焦催化剂上的金属氧化物 NiO 呈微晶的形态高度分散在催化剂表面。相比之下，负载量为 5% 的 NiO/热解焦催化剂在 2θ = 37.325,43.516,61.234 处分别出现了微弱的衍射峰，这 3 个峰是金属氧化物 NiO 的特征峰。这三个峰的峰形不尖锐，这意味着氧化镍在载体表面的分散程度比较均匀。在整个热解制氢的过程中，NiO 起主要作用，它是 P 型半导体，有相当的非化学计量氧存在。由于煤在 400 ~ 500 ℃ 热解阶段主要产生了气态烃，而氢气的形成主要是因为气态烃的氧化脱氢，所以气态烃在 NiO 上的氧化脱氢机理可推断为：首先气态烃与 NiO 中的非化学计量氧 [O] 作用脱出一个 -H 生成烃基自由基，然后进一步脱 -H 生成低阶烃类。此过程的反应机理为：

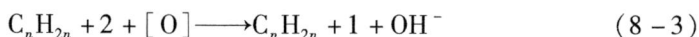

$$C_nH_{2n} + 2 + [O] \longrightarrow C_nH_{2n} + 1 + OH^- \qquad (8-3)$$

$$C_nH_{2n} + 1 + [O] \longrightarrow C_nH_{2n} + OH^- \qquad (8-4)$$

$$OH^- + OH^- \longrightarrow H_2 + 2[O] \qquad (8-5)$$

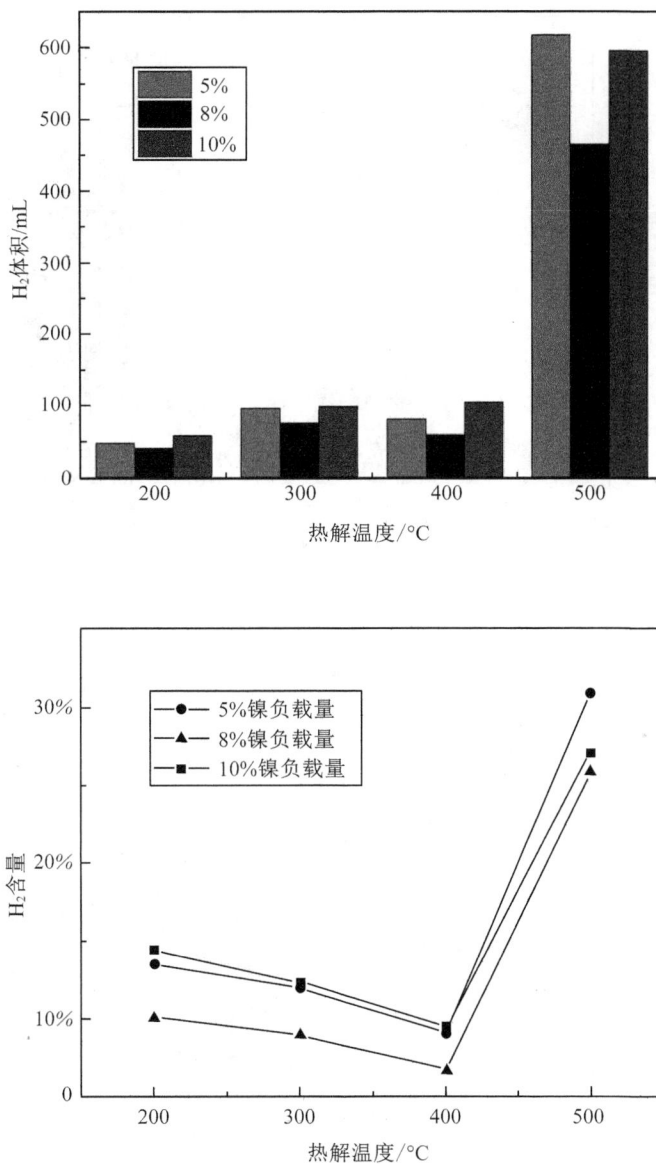

图 8 – 21　不同镍负载量制备的热解焦对 H_2 产量的影响

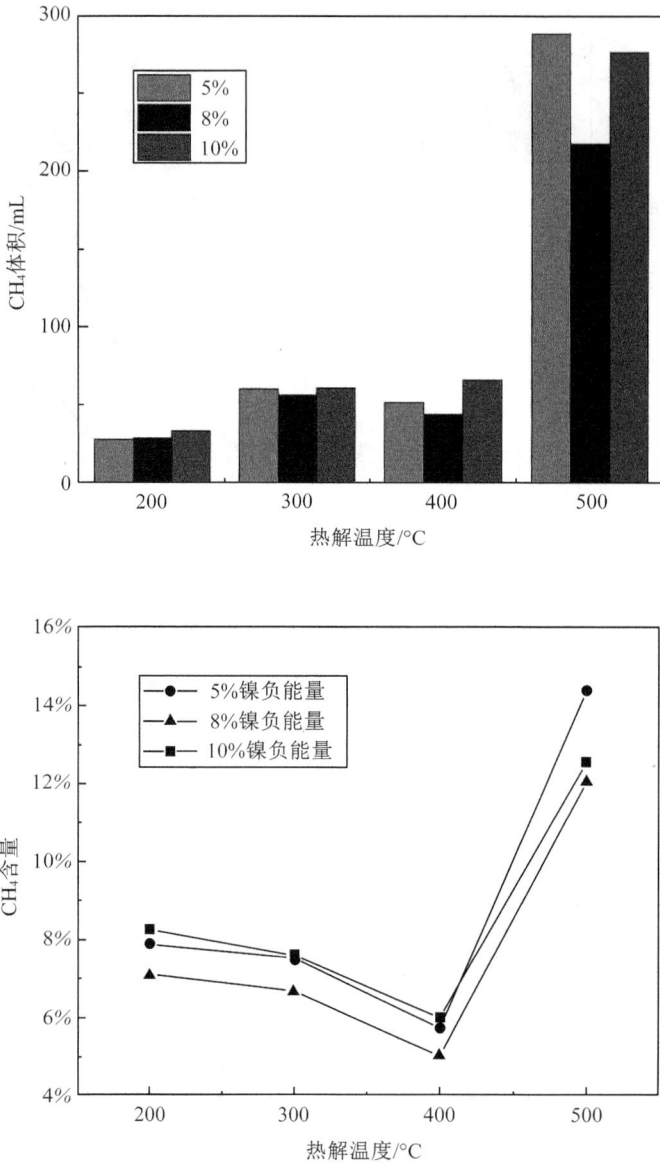

图 8 - 22　不同镍负载量制备的热解焦对 CH_4 产量的影响

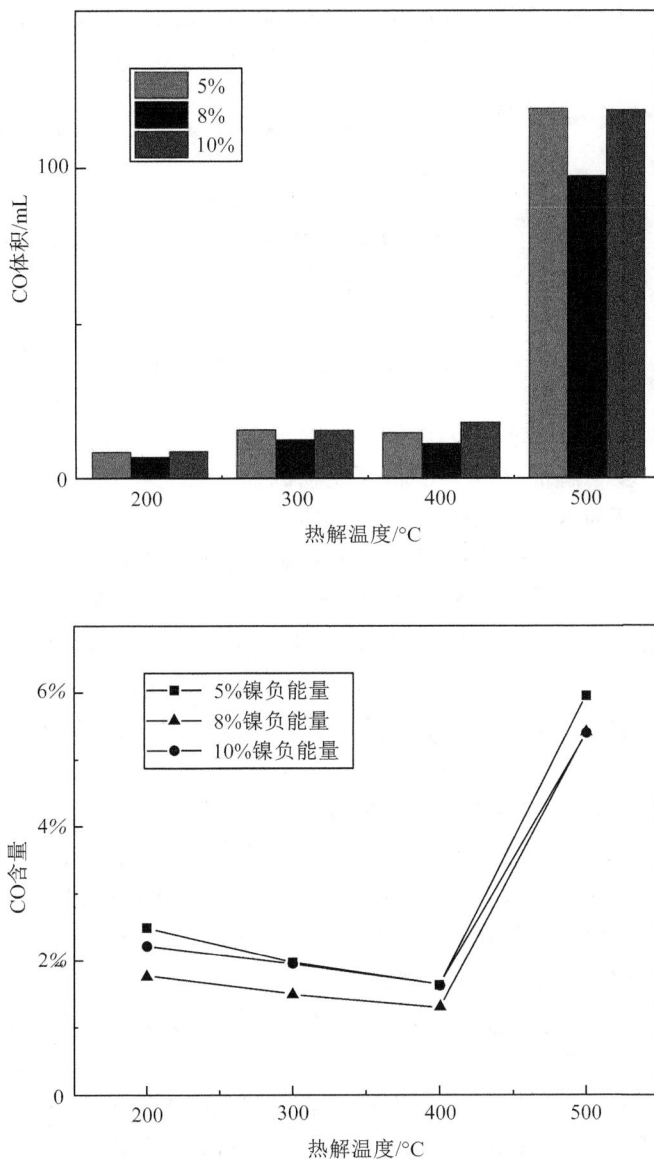

图 8-23　不同镍负载量制备的热解焦对 CO 产量的影响

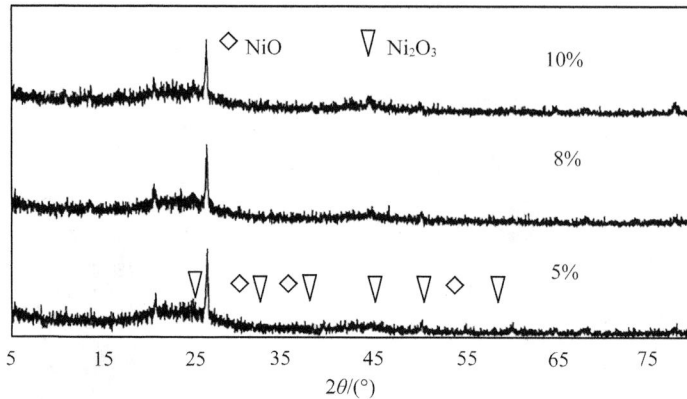

图 8 - 24   不同镍负载量的 XRD 图

（2）单金属催化剂的 XPS 谱图

为了进一步了解催化剂中金属氧化物的能量，对其进行了 XPS 表征，单金属负载型催化剂的 XPS 谱图如图 8 - 25 所示。

由图 8 - 25 中（c）图可知，从氧的分峰可以看出，催化剂中存在两种形式的氧，即为 527 eV 的晶格氧和 529 eV 的化学吸附氧，且晶格氧的强度明显高于化学吸附氧的强度。而图（d）中晶格氧的强度却低于化学吸附氧的强度，这说明在反应过程中晶格氧参与了反应，将催化剂表面的镍氧化为镍的氧化物。从图（e）和（f）可以看出，催化剂表面金属镍的峰有两个，说明催化剂中存在两种不同价态的镍的氧化物。其中，852 eV 为 Ni^{3+}，870 eV 为 Ni^{2+}。对比（e）和（f），发现反应后 Ni^{2+} 和 Ni^{3+} 的强度都有所降低，这说明 NiO 在反应中起到了主要作用。由 XRD 谱图可知，催化剂中含有较多的三价镍及少量的二价镍，结合 XPS 可以更好地验证这个结果。这说明等离子体焙烧催化剂的过程中更容易在其表面生成高活性的金属氧化物，有利于促进催化剂对烃类物质的裂解。

（3）单金属催化剂的 SEM 表征

图 8 - 26 中（a）为单金属负载型催化剂反应前的形貌，（b）为单金属负载型催化剂反应后的形貌。

从图（a）中可以看出，镍负载型热解焦经过等离子体改性 - 焙烧后，表面分布均匀，结合单金属催化剂的 XRD 谱图可以推断这些晶体是镍的氧化物，而图（b）中晶体数量明显减少，并且晶体焦灼团簇在一起，分布不均匀，这可能是因为焦油附着在催化剂表面发生了反应，使催化剂表面的孔数量也相对减少。

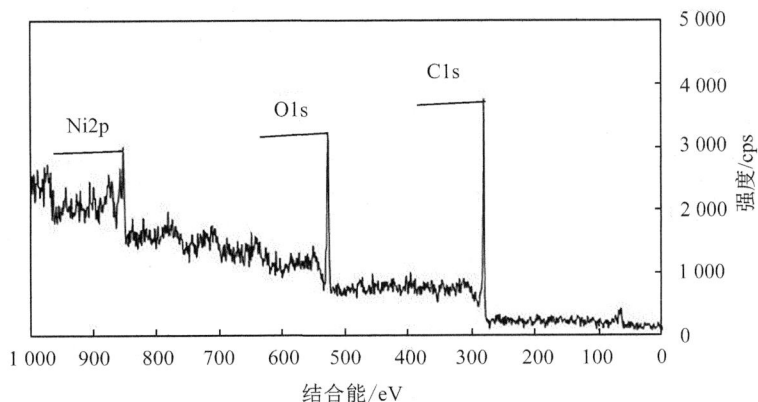

(a)反应前XPS全谱图

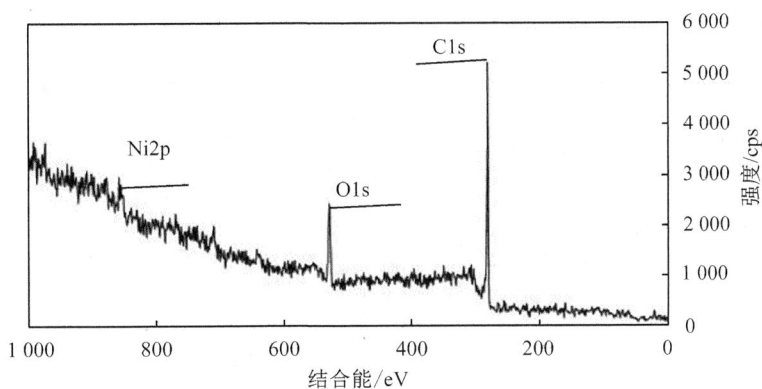

(b)反应后XPS全谱图

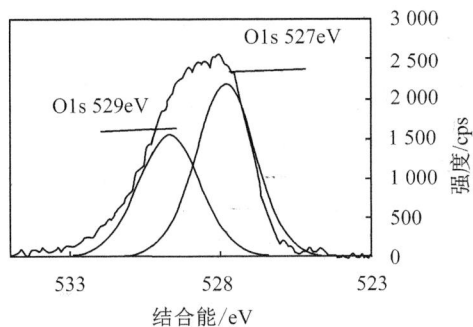

(c)反应前O分峰图

图 8－25　镍负载量为 5% 的热解焦反应前后的 XPS 谱图

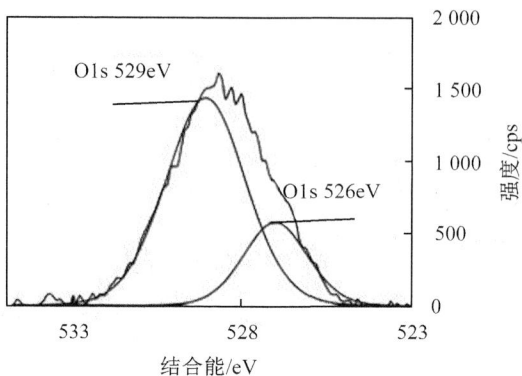

(d)反应后O分峰图

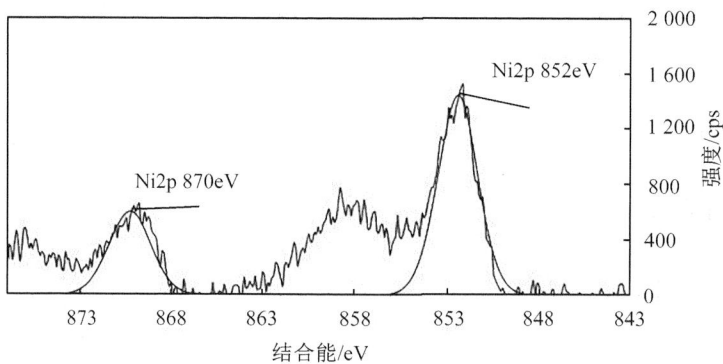

(e)反应前Ni分峰图

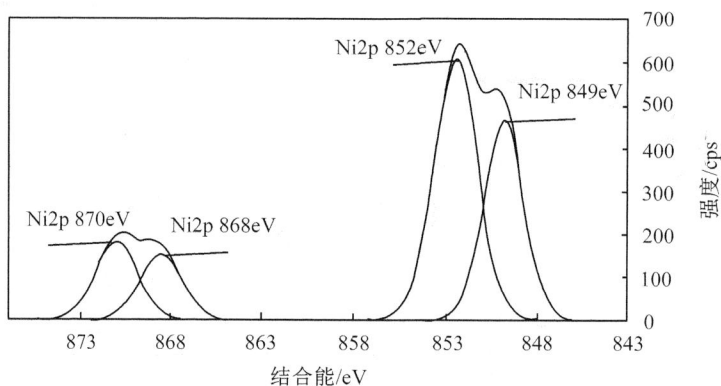

(f)反应后Ni分峰图

图 8 − 25(续)

(a)反应前的形貌　　　　　　(b)反应后的形貌

图 8 - 26　单金属催化剂反应前后的 SEM 谱图

8.4　双金属负载型热解焦对热解产物的影响

8.4.1　双金属催化剂的制备

选用纯度≥99%的硝酸钴作为浸渍液,采用等体积浸渍法制备双金属催化剂,制备负载量为 3%、5%、8% 的热解焦催化剂,通过计算求得所需的硝酸钴的质量依次为 1.34 g、2.52 g、4.16 g 加热溶解。然后称取热解焦,搅拌均匀,静置 24 h,放在烘箱中烘干。烘干后用等离子体对其进行改性 - 焙烧,改性气体为氧气,焙烧功率为 40 W,焙烧时间 5 min。

8.4.2　负载型热解焦对热解产物的影响

结合图 8 - 27 至图 8 - 30 可知,在镍负载量为 5% 的热解焦上负载金属钴

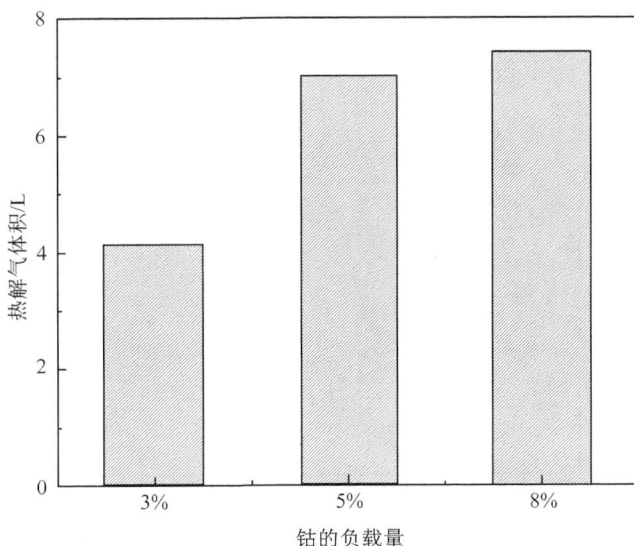

图 8 - 27　不同钴负载量制备的热解焦对气体产量的影响

并用等离子体进行改性后,产生的热解气体的含量随着负载浓度的增大有很大提升,当负载量为8%时,产生的热解气总量最多,相比不使用热解焦催化剂时增加了103%,同时,产生的热解气中可燃性气体所占的比例也是最高的,因此可以确定最佳钴负载量为8%,这是因为Co与热解焦所含的催化成分形成正交互作用,使煤热解所产生的H自由基有效进入焦油中,减少了重油的生成,从而使轻油收率增多。

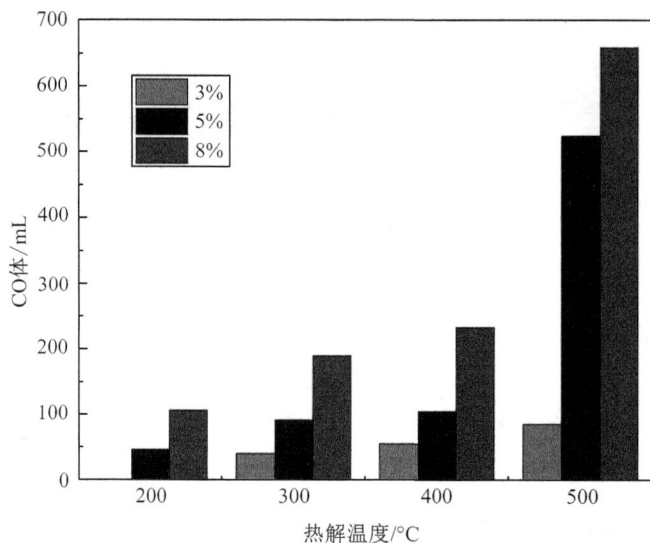

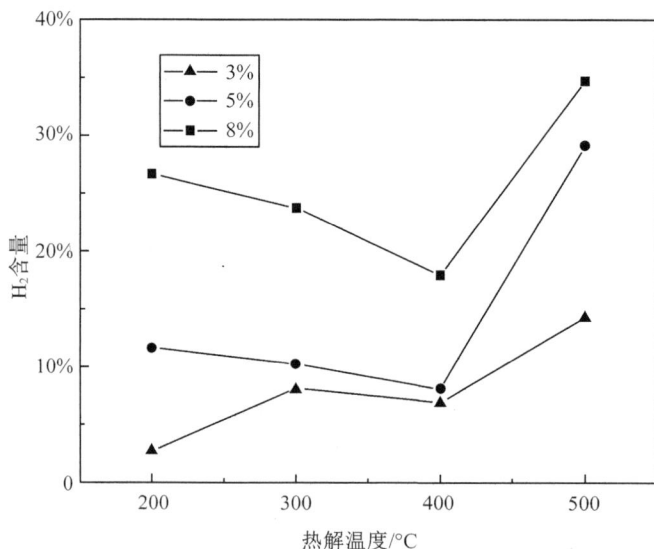

图8-28 不同钴负载量制备的热解焦对H_2产量的影响

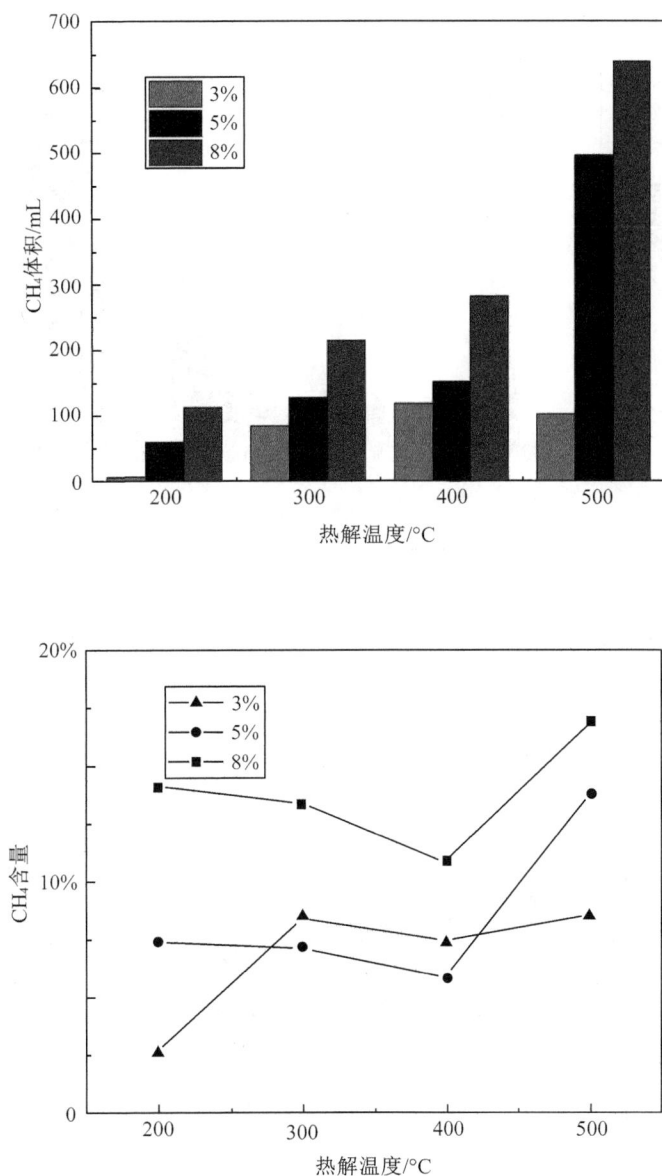

图 8-29　不同钴负载量制备的热解焦对 CH₄产量的影响

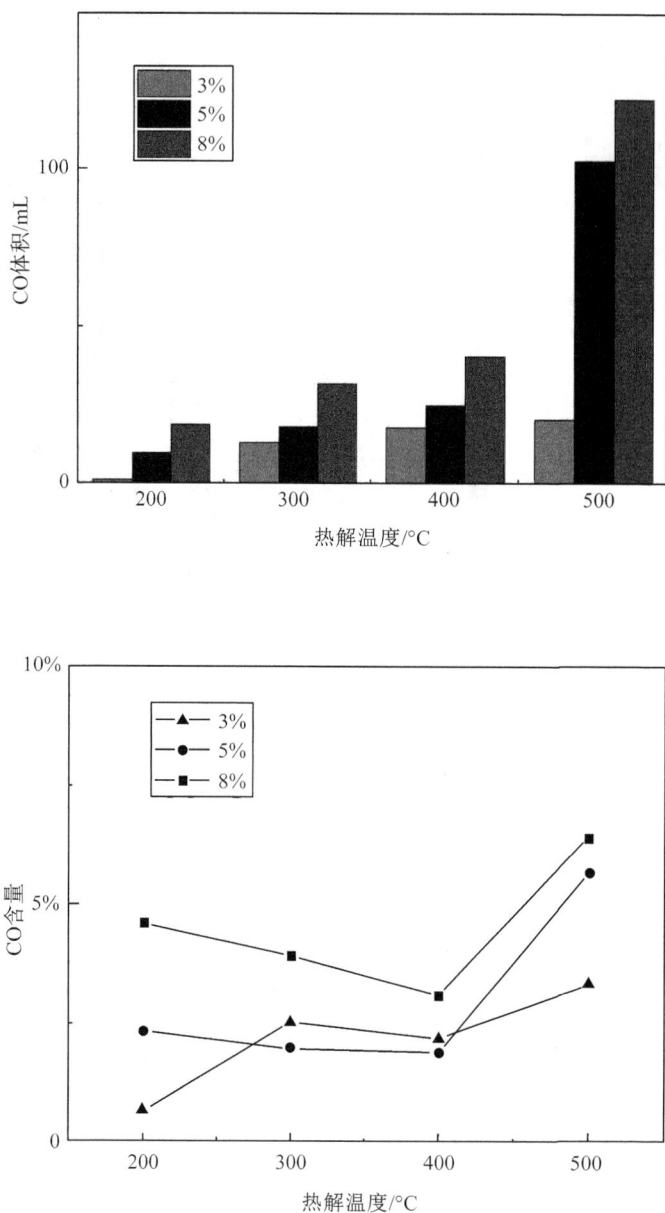

图 8-30　不同钴负载量制备的热解焦对 CO 产量的影响

8.4.3　双金属催化剂的表征

1. 双金属负载型催化剂的 XRD 表征

由图 8 - 31 可以看出,双金属负载型催化剂的催化活性优于单金属负载型催化剂,原因在于 Co_3O_4 为 P 型半导体,由空穴导电。在 NiO 上负载了 Co_3O_4 后,增加了 Co_3O_4 的空穴,增加了 P 型半导体的导电率。当烷烃在催化剂上吸附变成正离子,把电子给了 P 型半导体,减少了其导电中的空穴数,空穴数减少不利于接受丙烷的电子,如果加入受主物质镍,会增加空穴数,使导电率升高,利于表面吸附的进行,相应降低了烷烃二次裂解产氢的活化能。

2. 双金属催化剂的 XPS 表征

为表征双金属(Ni - Co)负载型催化剂中的金属氧化形态,对其进行了 XPS 表征。双金属负载型催化剂反应前后的 XPS 谱图如图 8 - 32 所示。

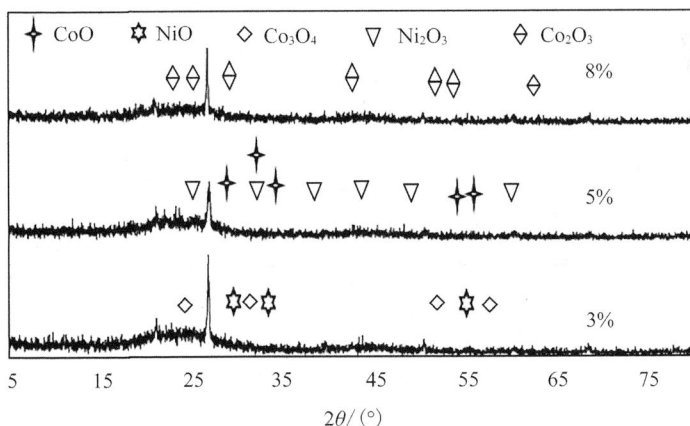

图 8 - 31　不同钴负载量的 XRD 图

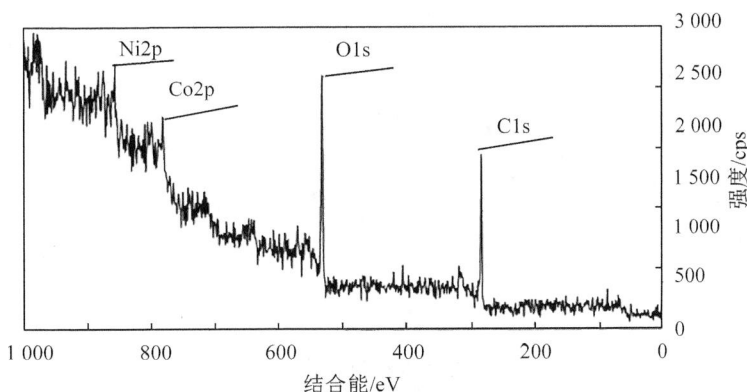

(a)双金属热解焦反应前全谱图

图 8 - 32　双金属负载型热解焦反应前后的 XPS 谱图

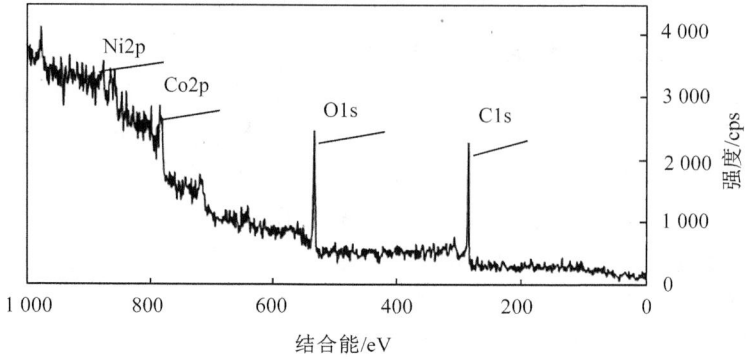

(b)双金属热解焦反应后全谱图

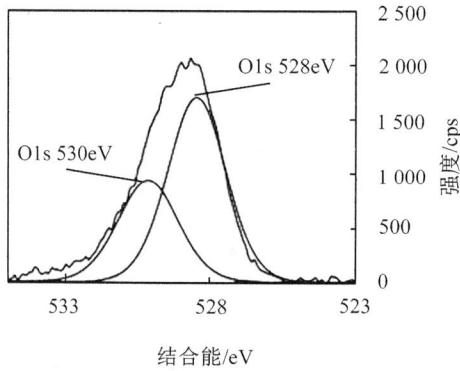

(c)双金属热解焦反应前O分峰图

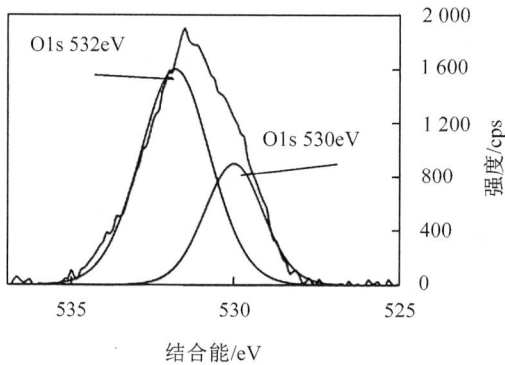

(d)双金属热解焦反应后O分峰图

图 8-32(续)

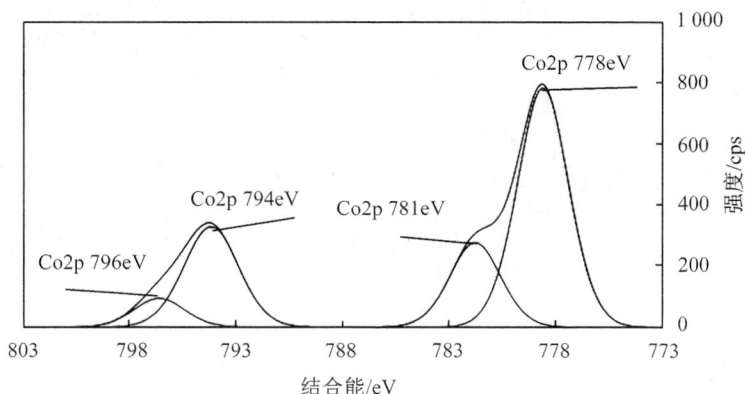

(e)双金属热解焦反应前Co分峰图

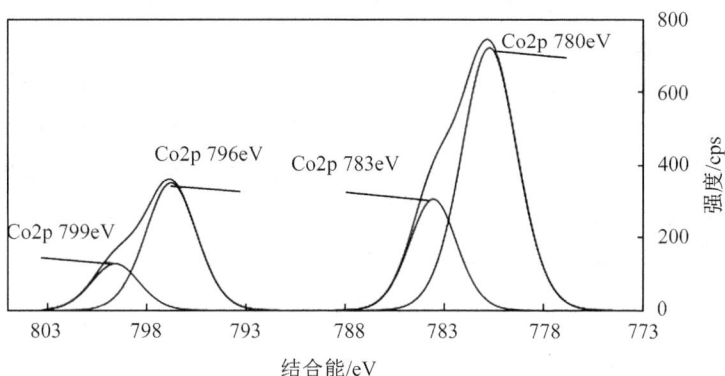

(f)双金属热解焦反应后Co分峰图

图 8 - 32(续)

　　从图 8 - 32(c)和(d)可以看出,双金属负载型催化剂经过反应后,晶格氧的强度低于化学吸附氧的强度,从图(e)和图(f)可以看出,催化剂表面有两个金属钴的峰,即存在两种价态不同的氧化物,在镍基催化剂的基础上负载金属钴,能够改善催化剂中金属镍的氧化物和氧的状态。同时,催化剂中吸附氧的数量明显低于晶格氧变成高于晶格氧的数量。添加了金属钴之后催化剂的活性有明显提升,原因在于钴的加入明显提升了催化剂中吸附氧的量,化学吸附态的氧能够增加 P 型半导体的空穴数量,降低了催化反应过程的反应能,对低温反应活性起到良好的促进效果。结合双金属负载型催化剂对热解产物的影响图可知,在催化过程中,催化剂中吸附态的氧气并不是直接参与反应,而是通过改变了反应过程中的反应能来促进热解反应的进行,化学吸附态氧可能更加有利于催化剂的低温催化活性。

3. 双金属负载型催化剂的 SEM 表征

(a)双金属负载型催化剂的反应前SEM谱图　　(b)双金属负载型催化剂的反应后SEM谱图

图 8 – 33　双金属负载型催化剂反应前后的 SEM 谱图

图 8 – 33 为双金属负载型催化剂的 SEM 谱图,图(a)和图(b)分别是催化剂反应前后的表面形貌图。

从图(a)可以看出,双金属催化剂经过等离子体改性 – 焙烧后,相比单金属负载型催化剂,催化剂的表面出现了大量的晶体,孔径的量也有所增多,反应后催化剂的表面出现了新的颗粒,结合 XRD 谱图推断这些晶体可能包含镍的氧化物和钴的氧化物,图(b)中晶体的数量明显减少,这说明部分镍的氧化物和钴的氧化物参与了焦油的裂解过程。

第9章 煤催化热解制备轻质焦油的研究

9.1 褐煤热解焦催化裂解焦油的机理分析

煤焦油是炼焦工业煤热解生成的粗煤气中的产物之一,其产量约占装炉煤的3%~4%,其组成极为复杂,多数情况下是由煤焦油工业专门进行分离、提纯后加以利用。根据干馏温度的不同,煤焦油可分为低温煤焦油(干馏温度在450~600 ℃)、中温煤焦油(干馏温度在700~900 ℃)和高温煤焦油(温度在1 000 ℃左右)。由于高温煤焦油和中低温煤焦油组成和性质差异很大,利用途径也完全不同。很多研究学者将煤焦油分成不同的沸点的馏分:沸点<170 ℃为轻油,沸点在170~210 ℃的为酚油,沸点在210~230 ℃的为萘油,沸点在230~300 ℃的为洗油,沸点在300~360 ℃为蒽油,沸点>360 ℃的为沥青。按照沸点将焦油分成不同的馏分,通过不同馏分的变化能够更好地分析焦油品质。不同的馏分中的物质组分相差很大:轻油的主要组分为苯、甲苯、二甲苯,还有少量的古马隆和茚等不饱和化合物;酚油的主要组分为酚、甲酚以及少量的萘和吡啶碱等;萘油的主要组分为萘、甲酚、二甲酚、重吡啶碱等,洗油含有甲酚、二甲酚以及沸点的酚类,重吡啶碱,少量的甲基萘、苊、芴、氧芴等;蒽油的主要组分为蒽、萘、高沸点酚类、中吡啶碱类等;沥青则为焦油蒸馏残余物。同时煤焦油是一种芳香族化合物为主要组成复杂混合物,组分总数估计1万种左右,含量1%左右的化合物都很少,约占焦油含量的30%,已经分离认定的单种化合物有500多种,约占焦油含量的55%,规模化生产的产品品种大约有70多种。相比石油化工产品,煤焦油化工产品有着不可替代的作用,如90%以上的蒽、苊、芘等物质需从煤焦油中提炼;几乎100%咔唑、喹啉、噻吩等仍来自煤焦油产品;80%的萘来自煤焦油。这些产品是制备塑料、合成纤维、染料、合成橡胶、农药、医药、耐高温材料以及国防用品的宝贵原料,有着很高的经济价值,煤焦油的市场前景极为广阔。

9.1.1 实验部分

1. 实验原料

实验使用的褐煤产自鄂尔多斯。将褐煤破碎,筛选粒径为 3～5 mm 的颗粒,将筛选的褐煤颗粒放入 60 ℃烘干箱中烘干,放入干燥器中备用。实验利用 3～5 mm 的褐煤颗粒制备不同种类的热解焦(PC)催化剂。

2. 催化剂的制备

(1)褐煤热解焦(PC)的制备

① 称取 100 g 的褐煤颗粒置于热解炉中;

② 设置热解炉的热解恒温时间为 2 h,热解终温为 450 ℃、550 ℃、650 ℃和 750 ℃,确定最终温度,不同温度条件下制备的热解焦分别命名为:PC－450 ℃、PC－550 ℃、PC－650 ℃和 PC－750 ℃;

③ 以②中最优的热解温度作为反应终温,设置热解时间为 1 h、1.5 h、2 h 和 2.5 h,确定反应时间,不同热解温度下制备的热解焦分别命名为:PC－1 h、PC－1.5 h、PC－2 h 和 PC－2.5 h;

④ 通过热解焦对气相焦油的催化裂解,筛选出制备热解焦的最优热解终温和最优热解恒温时间,以最优热解焦作为后续改性的载体。

(2)气体改性热解焦的制备

①以最优热解焦催化剂为载体,置于管式炉内,通入气体 CO_2、H_2O 和 NH_3 进行改性,设定恒定流量为 150 mL/min、温度为 350 ℃,时间为 30 min,制备的热解焦催化剂分别命名为:CPC、HPC 和 NPC;

②筛选出①中最优的气体作为改性气体,设置管式炉的温度为 350 ℃,改性时间为 30 min,改性流量为 150 mL/min、300 mL/min、450 mL/min 和 750 mL/min,制备出不同气体流量改性热解焦催化剂;

③通入最优改性气体,筛选出②中最优的流量作为改性流量,设置管式炉的改性时间为 30 min,改性温度为 350 ℃、450 ℃、550 ℃、650 ℃和 750 ℃,制备出不同温度改性热解焦催化剂;

④通入最优改性气体,设置管式炉的最优改性流量,筛选出(3)中最优的温度作为改性温度,设置管式炉的改性时间 30 min、45 min、60 min 和 90 min,制备出不同时间改性热解焦催化剂;

⑤筛选出最优改性气体、最优改性流量、最优改性温度和最优改性时间,作为后续改性最优热解焦的最优改性条件。

(3)等离子体焙烧 ZnO 负载型热解焦催化剂的制备

①制备负载量为 5% 的 ZnO 负载型热解焦所需六水合硝酸锌的质量为 0.551 g,称取 0.551 g 六水合硝酸锌置于蒸馏水中配成的硝酸锌溶液,再称取

3 g 的最优改性热解焦置于硝酸锌溶液中,采用等体积浸渍法浸渍 24 h,将浸渍后的热解焦催化剂在 110 ℃ 的条件下,烘干 1 h,所需硝酸锌的计算公式为

$$m_{Zn(NO_2)_2 \cdot 6H_2O} = \frac{m_{coke} \times 5\%}{M_{ZnO}} \times M_{Zn(NO_3)_2 \cdot 6H_2O} \qquad (9-1)$$

②将①中浸渍的热解焦置于等离子体中,以氧气为焙烧氛围,设置流量为 60 mL/min,焙烧功率为 45 W,焙烧时间为 1 min、3 min、5 min 和 8 min,制备出等离子体不同焙烧时间 ZnO 负载型热解焦催化剂,分别命名为:ZPC - 1 min,ZPC - 3 min,ZPC - 5 min 和 ZPC - 8 min;

③以②中离子体最优时间作为最优焙烧时间,将浸渍的热解焦置于等离子体中,以氧气为焙烧氛围,设置流量为 60 mL/min,焙烧功率为 45 W、60 W 和 75 W,制备出等离子体不同焙烧功率 ZnO 负载型热解焦催化剂,分别命名为:ZPC - 45 W,ZPC - 60 W 和 ZPC - 75 W;

④利用等体积浸渍法制备 ZnO 负载量分别为 5% ,10% 和 15% 的浸渍热解焦,将浸渍的热解焦置于等离子体中,以氧气为焙烧氛围,设置流量为 60 mL/min,设置最优焙烧时间,以③中最优功率作为最优焙烧功率,制备出等离子体焙烧不同负载量 ZnO 负载型热解焦催化剂,分别命名为:ZPC - 5% ,ZPC - 10% 和 ZPC - 15% 。

3. 煤热解及催化裂解装置

如图 9 - 1 所示,称量褐煤煤样 20 g(误差 ±0.001 g),放置于炉 1 石英管中;称量 3 g(误差 ±0.001 g)已制备完成的热解焦,放置于炉 2 石英管中。连接炉 1 和炉 2,利用真空泵抽真空检查装置气密性。将丙酮依次倒入三个焦油收集锥形瓶中,液体量约三分之一,插入连接管,组成焦油收集装置 3。连接气体干燥瓶 4,组装好质量流量计 5,连接装置 1 到 5,对有气体和焦油经过的暴露在装置外的管路进行缠绕保温袋处理,检查整体装置的安全,气密性,均没有问题后开始进行升温加热。首先设置炉 2 温度为 400 ℃,加热至设置温度时,再设置炉 1 温度为 450 ℃,加热至设置温度,使煤进行充分的热解反应。反应产生的焦油气体由炉 1 进入炉 2,在炉 2 中热解焦催化剂的作用下进行二次催化裂解,裂解后的物质进入装置 3,经瓶内的丙酮充分吸收焦油后,剩余气体通过气体干燥瓶 4,质量流量计 5,记录气体瞬时流量及总流量,在质量流量计尾部用气体收集袋收集气体。将在焦油收集装置 3 中收集的焦油及丙酮倒入旋转蒸发仪中分离,得到焦油液体,烘干称重。将收集的气体进行气相分析检测。

4. 煤焦油裂解产物的检测

(1)气体检测

焦油气经过催化裂解产生的气体通过集气袋收集,通过 Agilent - 7 820 A 气相色谱分析气体成分。气相色谱工作条件如表 9 - 1 所示。

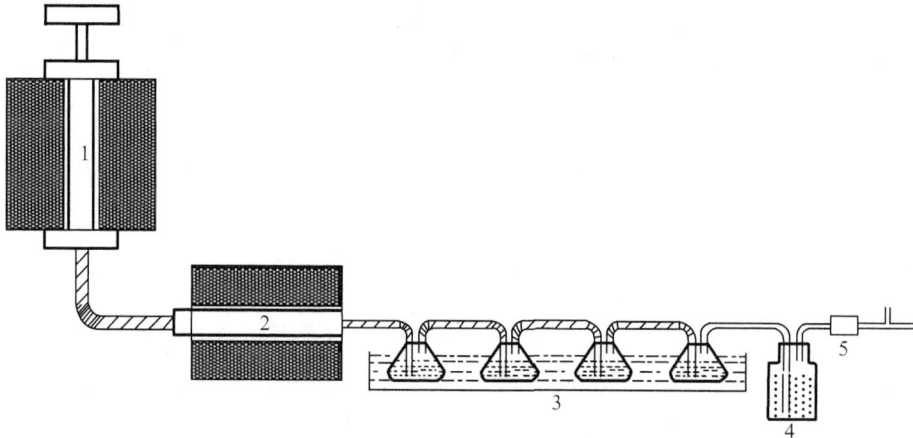

1—固定床热解炉;2—高温燃烧管式炉;3—焦油收集装置;
4—气体干燥瓶子;5—质量流量计。

图 9 - 1　煤焦油催化裂解工艺流程图

表 9 - 1　气相色谱工作条件

检测器	TCD	FID
色谱柱/m	不锈钢柱(3 m)	不锈钢柱(3 m)
气化室温度/℃	360	360
柱箱温度/℃	80	80
检测器温度/℃	100	150
测定气体	H_2、CO、CO_2、CH_4	/

（2）焦油的检测

焦油气经过催化裂解,利用丙酮将其收集,通过旋转蒸发仪收集焦油。利用气相色谱分析焦油成分。煤焦油的检测主要采用模拟蒸馏方法分析焦油中各馏分分布,在模拟蒸馏色谱上进行,该方法的原理是具有一定分离程度的非极性色谱柱,在线性程序升温条件下测试已知混合物组分的保留时间。然后在相同的色谱条件下,将试样按组分沸点依次分离,同时进行切片积分,获得对应的累积面积,以及相应的保留时间。经过温度、时间的内插校正,得到对应于百分收率的温度,即馏程,其中,累加面积百分数即收率。表 9 - 2 为模拟蒸馏气相色谱加测煤焦油的馏分与对应沸点。

表 9 - 2　煤焦油馏分与沸点对应关系

煤焦油馏分	轻油 light oil	酚油 phenolic oil	萘油 naphthalene oil	洗油 washing oil	蒽油 anthracene oil	沥青 asphalt
沸点/℃	<170	170~210	210~230	230~300	300~360	>360

5. 催化剂的表征

(1) 煤样的热重分析

样品采用瑞士 Mettler - Toledo TGA/SDTA851e 型热重分析仪,载气选用高纯度 N_2,气流量为 60 mL/min,温度区间为 24~500 ℃,升温速率为 15 ℃/min。

(2) 热解焦的元素分析

元素分析仪可同时对有机的固体、高挥发性和敏感性物质中 C、H、N、S 元素含量进行定量分析测定,该方法在研究有机材料的元素组成等方面具有重要的研究价值。采用 Vario EL Ⅲ 型元素分析仪(德国 Elementar 公司生产)对热解焦进行有机元素检测分析。其中,测试条件为:煤样称样量为 20 mg,氧化炉温度设置为 1 150 ℃,还原炉温度设置为 850 ℃,通氧时间设置为 90 s,CO_2 柱热脱附温度设置为 100 ℃,每个样品测试时间为 10 min。

(3) 煤样比表面积分析(BET)

比表面积分析方法主要研究催化剂的细度及其孔径分布,用 N_2 吸附等温线在 -196 ℃ 下由 JW - BK 122 W 系统分析,比表面积由 BET 方程计算。

(4) 催化剂的扫描电镜表征(SEM)

扫描电子显微镜的其工作原理是:利用二次电子信号成像来捕捉样品表面的特征,也就是将样品用特备狭窄的电子束扫描,使二者相互作用,产生效应。二次电子能够使样品表面的形貌放大,该形貌像是扫描样品时按时间顺序建立的(即使用逐点成像的方法获得)。SEM 型号为 JSM - 6460 LV(日本电子束式会社生产)其中工作电压 20 kV,放大倍数为 10 000 倍。

(5) 负载型催化剂的 X 射线光电子能谱表征(XPS)

XPS 是分析元素的表面结构和成分的重要工具。其原理是:样品被 X 射线辐射后,激发出的原子(或分子)中的内层电子(或价电子)。光子能够激发出光电子(能量可测),并通过光电子能谱图获得待测物组成(即:横坐标为光子的动能,纵坐标为相对强度(脉冲/s)。 X 射线光电子能谱仪型号为:ESCALAB250(美国 Thermo Fisher Scientific 公司生产)。该仪器的能量分分辨率为 0.45 eV(Ag),灵敏度为 180 KCPS,图像分辨率为 3 μm。分析结果均用 C1s 校正。

(6) 负载型催化剂的 X 射线衍射表征(XRD)

X 射线衍射的工作原理是:利用 X 射线衍射分析物质内部空间分布状况。

即:当一定波长的 X 射线照射到结晶物质时,规则排列的原子(或离子)使 X 射线发生散射,使某些相位得到加强,发生特有的衍射现象。样品通过 XD-3 型 X 射线衍射分析仪(北京普析通用仪器有限责任公司生产)测试得出 XRD 图谱。样品的测试条件为:Cu,Kα 射线,管电压 36 kV,管电流 25 mA,2θ 为 10°~80°,扫描速度为 4(°)/min。

(7)热解焦的红外光谱表征(FT-IR)

红外分析主要是利用样品的不同分子结构或官能团吸收红外辐射频率的不同,得到分子振动能级和转动能级变化产生的红外光谱,进而分析样品的分子结构、化学键或官能团。红外分析具有样品用量少、分析速度快、不破坏样品等优点,在化学、化工、环境科学等研究领域有着重要作用。实验所用傅里叶红外光谱仪为 Bruker 公司生产,型号为 VERTEX70。测试前,经过干燥处理的固体焦样和溴化钾按 1:160 进行混合研磨,用磨具压成透明薄片。红外光谱仪的扫描 400~4 000 cm^{-1},扫描次数为 28,分辨率为 4 cm^{-1}范围。

9.1.2 煤样的分析

表 9-3 为煤样的工业分析和元素分析。

表 9-3 煤样的工业分析和元素分析(%)

煤样	工业分析				元素分析		
	M_{ad}	A_{ad}	V_{ad}	FC	C	H	N
	15.23	16.58	36.56	31.63	58.93	4.093	1.136

褐煤在 N_2 气氛下,15 ℃/min 升温速率条件下的失重曲线(TG)和失重速率曲线(DTG)如图 9-2 所示。

从图 9-2 中可以看出,褐煤的失重分为三个阶段:第一阶段为 20~150 ℃,该阶段为干燥阶段,主要是水分及吸附气体的析出;第二阶段为 150~300 ℃,该阶段为预热阶段,未发生明显的热解现象,TG 和 DTG 曲线无明显的变化;第三阶段为 300~500 ℃,该阶段为煤的热解阶段,伴随着分子结构中的热稳定性较差的酚羧基等官能团的分解,以及大分子网络结构中芳香环间的桥键和脂肪侧链的断裂,释放出大量的气态烃和焦油蒸汽,煤样迅速失重并达到最大失重速率。煤样的 DT 曲线在 400 ℃后陡然下降,DTG 曲线也出现了失重最高峰,其热解峰值温度为 450 ℃,即最大失重温度对应的温度,最大失重温度反映了煤大分子结构的平稳程度,峰值温度越低,煤中的网络结构越容易破坏,煤的反应活性越高热解过程中结构越不稳定。

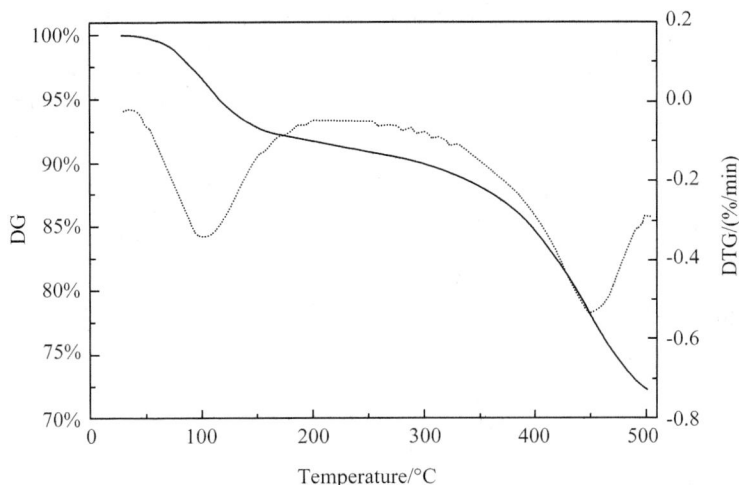

图 9 - 2　褐煤热解的热重和失重速率曲/线

9.1.3　热解焦对焦油气催化裂解的影响

1. 不同热解终温下制备的热解焦对焦油气催化裂解的影响

制备恒温时间为 2 h、热解终温为 450 ℃、550 ℃、650 ℃和 750 ℃的热解焦,分别命名为 PC - 450 ℃、PC - 550 ℃、PC - 650 ℃和 PC - 750 ℃。称取 3 g 热解焦置于二段炉中,催化裂解 20 g 原煤热解产生的焦油,探究终温热解焦对焦油的裂解影响。

(1)气体总体积和焦油质量变化

不同终温热解焦对气体总体积和焦油质量的影响,如图 9 - 3 所示。

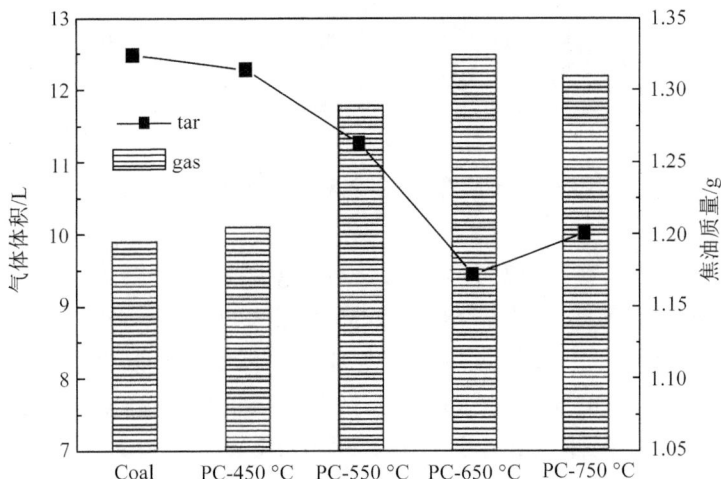

图 9 - 3　不同终温热解焦对气体总体积和焦油重量的影响

从图9-3中可以看出,随着热解焦制备终温的提高,热解气体的总体积呈现先增加后减小的趋势,而焦油重量则是先降低再升高。原煤热解产生焦油重量为1.324 g,加入热解焦作为催化剂后,焦油重量都有不同程度的减少,其中PC-650 ℃热解焦催化裂解产生的焦油最少为1.172 g,催化裂解焦油的重量为0.152 g,因此焦油裂解效率提高了11.5%。原煤热解产生气体总体积为9.9 L,加入热解焦作为催化剂后,气体总体积都有不同程度的增加,其中PC-650 ℃催化裂解产生的气体量最多,总气体量达到12.5 L,气体总体积提高了26.3%。分析原因在于,热解焦中含有多种元素化合物,其中包括金属氧化物(主要是碱土金属和碱金属),对焦油具有一定的催化裂解能力;同时热解焦又是一种多孔结构的材料,能够延长焦油在其上的停留时间,进一步催化裂解焦油。制备终温对热解焦的孔结构影响较大,合适的孔结构有利于焦油的裂解。从图9-3中还可以看出,PC-750 ℃对焦油的裂解效果也非常好,仅次于PC-650 ℃,并且通过表9-3可以得出PC-750 ℃更适合气相焦油的裂解。

(2)气体组分的变化

不同终温热解焦对各组分气体的影响,如图9-4所示。

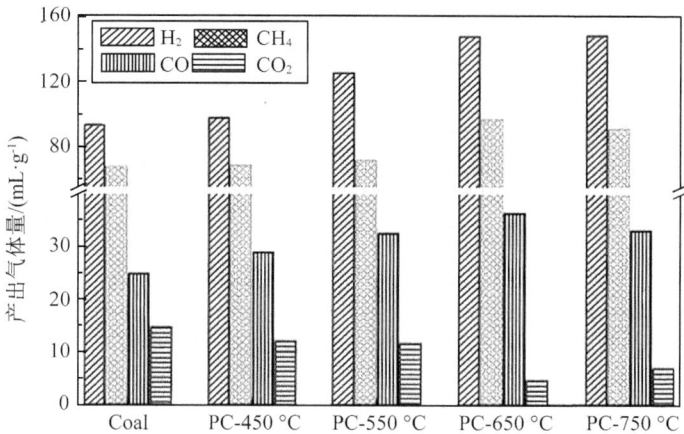

图9-4　不同终温热解焦对各组分气体的影响

从图9-4可以看出,热解焦催化裂解1 g煤生成的焦油,产生H_2、CO和CH_4的气体量随着制备热解焦终温的升高先增大再减小,产生气体量的顺序:$H_2 > CO > CH_4 > CO_2$。1 g原煤热解产生H_2、CO、CH_4和CO_2的体积量分别为94 mL/g、66 mL/g、25 mL/g和15 mL/g,经过PC-650 ℃热解焦催化裂解后产生H_2、CO、CH_4和CO_2的体积量分别为148 mL/g、97 mL/g、36 mL/g和4 mL/g,对比催化前后气体的产量,H_2、CO和CH_4气体总量分别增加了57%、47%和44%,CO_2减少了73%。PC-750 ℃催化剂裂解焦油产生H_2、CH_4、CO和CO_2的体积分别是 149 mL/g、92 mL/g、33 mL/g 和 7 mL/g，H_2 的体积比 PC－650 ℃ 的稍高，其他气体相差不多。由于热解焦催化裂解气相焦油产生的 H_2、CO 和 CH_4 越多越好，CO_2 的越少越好，因此，PC－650 ℃ 和 PC－750 ℃ 对气相焦油裂解的效果都比较好。煤热解产生很多大分子物质，这些大分子物质含有很多官能团，例如：羧基、羟基、甲基、亚甲基、醚基、羰基等，又由于热解焦中含有很多的元素化合物以及活性位点，这些大分子物质以及官能团与热解焦接触会发生裂解脱落分解转化小分子气体。推测裂解过程如图 9－5 所示。热解产生的水蒸气也会与热解焦发生反应：

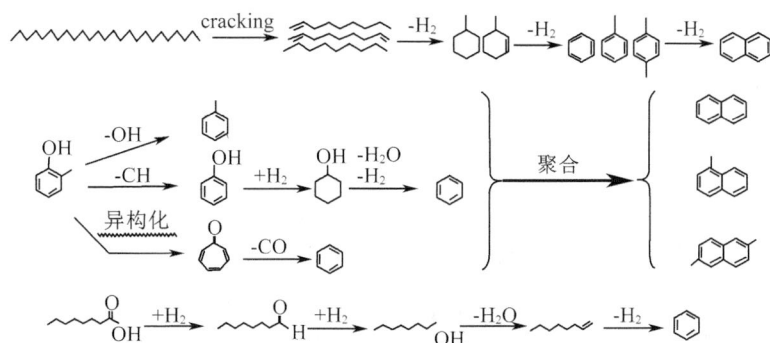

$$C + H_2O \longrightarrow CO + H_2 \tag{9-2}$$

$$CO + H_2O \longrightarrow CO_2 + H_2 \tag{9-3}$$

图 9－5　裂解机理推测

（3）焦油成分的变化

不同制备终温热解焦对焦油成分的影响，如图 9－6 所示。

在焦油的分组中，轻质油、苯酚油、萘油和洗涤油的含量越高，沥青和蒽油的含量越少，则焦油的品质越好。图 9－6 中可以看出，轻质油、苯酚油、萘油和洗涤油的含量随着制备热解焦温度的升高而升高；虽然蒽油的含量随着温度升高而升高，沥青的含量随温度而下降，但是蒽油和沥青的总含量是一种下降趋势，因此可以得出随着制备热解焦终温的升高焦油的品质逐渐变好。从图 9－6 中还可以看出，PC－750 ℃、PC－650 ℃ 和 PC－550 ℃ 对焦油裂解明显，使得沥青含量大量减少，说明沥青发生了大量的裂解反应；虽然 PC－750 ℃ 裂解焦油产生轻油、酚油、萘油和洗油的含量都是最高的，但是总体增加并不多。总体而言，从焦油成分变化上看，PC－750 ℃ 对焦油的裂解效果最好。煤焦油含有大量的链烃、环烃、芳香烃以及含氧、氮和硫等杂环化合物，所含化合物种类多，成分复杂，很多物质在经过不同的热解焦时会发生裂解，一些不同温度的桥键如：—CH_2—、—O—、—S— 等会发生断裂，大分子变成小分子和气体，例如：

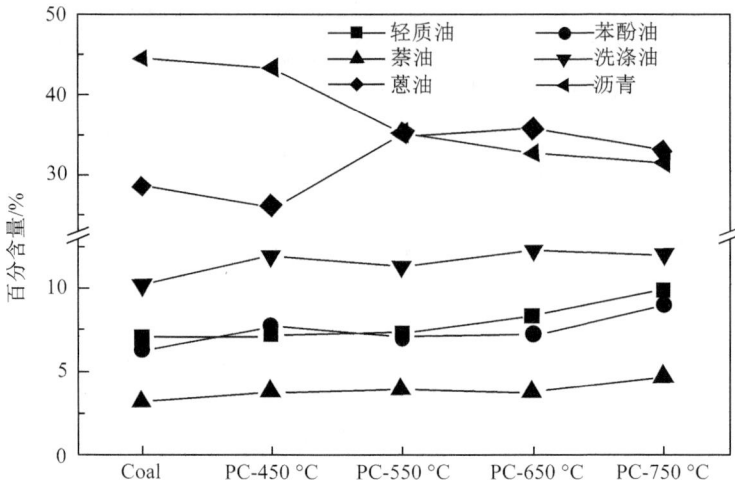

图 9 - 6　不同终温热解焦对焦油成分的影响

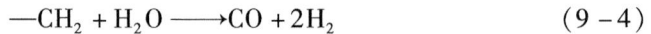

$$—CH_2 + H_2O \longrightarrow CO + 2H_2 \qquad\qquad (9-4)$$

$$—CH_2 + —O— \longrightarrow CO + H_2 \qquad\qquad (9-5)$$

表 9 - 4 是终温热解焦催化裂解气相焦油后轻质组分和重质组分的变化, 轻质组分是轻油、酚油、萘油和洗油质量, 重质组分是蒽油和沥青的总质量。从表 9 - 4 也可以看出, PC - 750 ℃产生的轻质组分的质量最多为 0.439 g, 相对于原煤热解产生的轻质组分提高了 8.39%, 因此, PC - 750 ℃提高焦油中的轻质组分的效果最佳。

表 9 - 4　终温热解焦裂解焦油后轻质组分和重质组分的变化

终温热解焦	Coal	PC - 450 ℃	PC - 550 ℃	PC - 650 ℃	PC - 750 ℃
轻质组分/g	0.355 1	0.402 3	0.374 8	0.369 8	0.439 0
重质组分/g	0.968 9	0.911 7	0.888 2	0.802 2	0.762 0

2. 不同终温停留时间下制备的热解焦对焦油气催化裂解的影响

制备热解终温为 750 ℃, 热解恒温时间为 1 h、1.5 h、2 h 和 2.5 h 的热解焦, 分别命名为 PC - 1 h、PC - 1.5 h、PC - 2 h 和 PC - 2.5 h。称取 3 g 热解焦置于二段炉中, 催化裂解 20 g 煤样热解产生的焦油, 探究不同恒温时间热解焦对焦油的裂解影响。

(1)气体总体积和焦油质量变化

图 9 - 7 是不同恒温时间热解焦对气体总体积和焦油质量的影响。在图中

可以看出,随着制焦终温的升高产生气体的总体积先增加再减小,而焦油质量则是先降低再升高。PC – 2 h 对焦油裂解后气体体积增加和焦油质量减少的最多,裂解效果最好,并且 PC – 2 h 和 PC – 750 ℃同一条件下制备的热解焦。经过不同时间热解的热解焦都对焦油起到了裂解作用,由于制备热解焦的热解时间越长,热解焦剩余的挥发分越少,但是挥发分对焦油裂解会起到很大的作用,因此当制备热解焦的时间超过 2 h,热解焦催化裂解焦油的效果反而会下降。

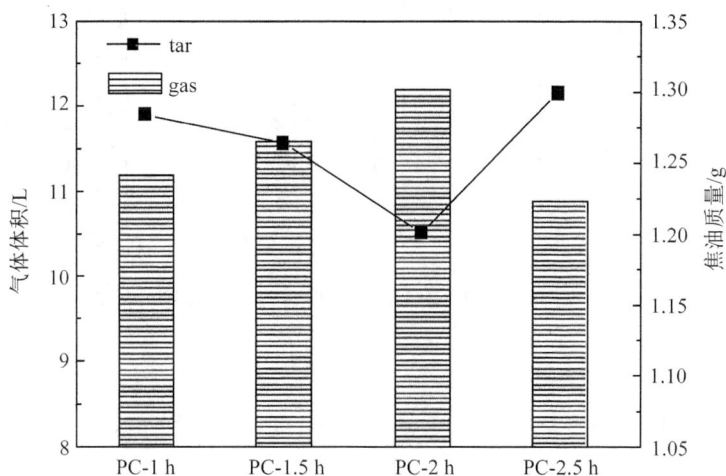

图 9 – 7　不同恒温时间热解焦对气体总体积和焦油质量的影响

(2)气体组分的变化

不同恒温时间热解焦对各组分气体的影响,如图 9 – 8 所示。

从图 9 – 8 可以看出,热解焦催化裂解焦油产生 H_2、CO 和 CH_4 的气体量随着制备热解焦温度的升高先增大再减小,CO_2 的单位气体量随着制备热解焦温度的升高先减小再增大,同时产生的单位气体量的顺序:$H_2 > CH_4 > CO > CO_2$,说明不同制备时间热解焦能够裂解焦油增加可燃性气体的量,减少 CO_2 生成量。虽然 1 h 制备的热解焦的效果最差,H_2、CH_4、CO 和 CO_2 的体积分别是111 mL/g、74 mL/g、31 mL/g 和 25 mL/g,但是相对于原煤热解,H_2、CH_4、CO 和 CO_2 的含量均提高了,但是 CO_2 含量越高对气体产物的品质越不好。CO 和 CO_2 主要源于煤中羧基、酚羟基、羰基和醚键等含氧官能团的裂解。CO 主要来源于酚羟基热解与醚键、醚氧键等含氧杂环断裂。羰基裂解、氧杂环断开也能释放出 CO,酚羟基本身的稳定性较强,键能更高,催化剂存在的条件下酚羟基之间的缩合也产生 CO。在热解焦存在的条件下 CO 的生成还可能与 CO_2 与半焦的二次反应有关。

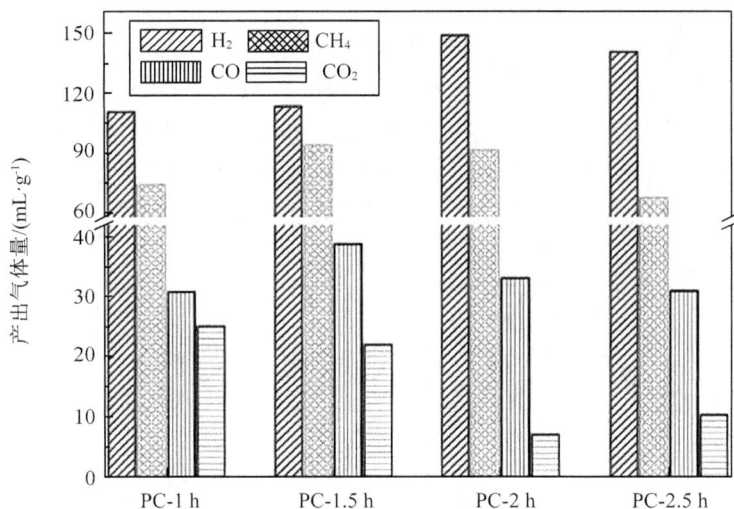

图 9 – 8　不同恒温时间热解焦对热解焦对气体组分的影响

（3）焦油成分的变化

不同恒温时间热解焦对焦油成分的影响，如图 9 – 9 所示。

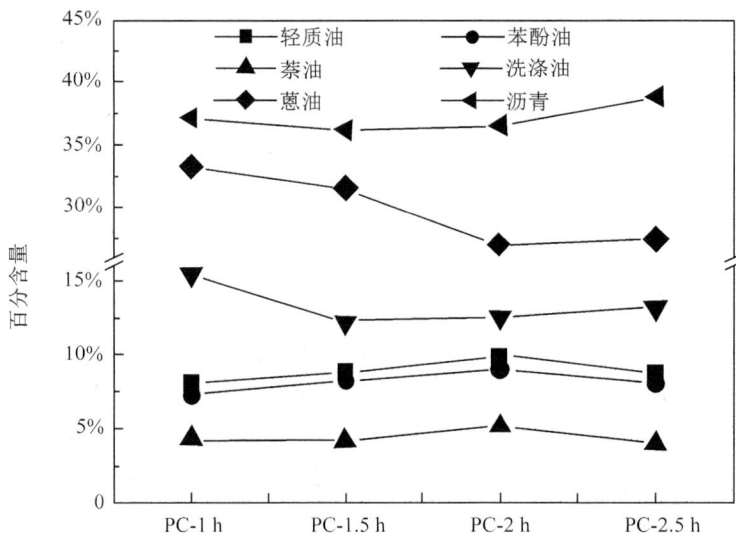

图 9 – 9　不同热解时间热解焦对焦油成分的影响

从图 9 – 9 中可以看出，轻油、酚油和萘油的含量随着制备热解焦的时间先上升再下降，其 2 h 制备的热解焦轻油产量最高；沥青和洗油的含量则是先下降再上升,但是沥青的变化量非常小,因此制备时间对沥青的裂解作用不大;蒽油的含量则是先下降再趋于平滑,说明制备时间到达一个值后对蒽油的裂解效果不再变化。从整体的增加量来看,PC-2 h 制备的热解焦裂解焦油产生的轻质油含量最高,因此 PC-2 h 最有利于焦油裂解。表 9-5 是不同时间热解焦催化裂解气相焦油后轻质组分和重质组分的变化,从表中看出 PC-2 h 轻质组分的质量最多为 0.439 g。从图 9-10 中经过催化裂解的焦油颜色确实有略微的变浅,并且 2 h、750 ℃制备的热解焦裂解焦油后的颜色最浅,因此效果最好。

表 9-5　恒温时间热解焦裂解焦油后轻质组分和重质组分的变化

恒温时间热解焦	PC-1 h	PC-1.5 h	PC-2 h	PC-2.5 h
轻质组分/g	0.449 9	0.421 4	0.439 0	0.440 3
重油质量/g	0.904 7	0.842 6	0.762 0	0.860 0

图 9-10　不同热解焦催化裂解后的焦油图

9.1.4　热解焦的表征

1. 热解焦的工业分析

将热解终温(450 ℃、550 ℃、650 ℃和 750 ℃)以及恒温时间(1 h、1.5 h、2 h 和 2.5 h)制备的热解焦进行工业分析,结果见表 9-6 和表 9-7。

表 9-6　不同终温热解焦工业分析(ad)(W/%)

热解焦	M_{ad}	A_{ad}	V_{ad}	FC
PC-450 ℃	0.6	20.0	20.5	58.9
PC-550 ℃	1.0	19.3	14.5	65.2

热解焦	M_{ad}	A_{ad}	V_{ad}	FC
PC - 650 ℃	0.6	19.9	10.3	69.2
PC - 750 ℃	0.2	22.5	4.3	73.0

从表9-6中可以看出,不同热解终温制备的热解焦挥发分相差较大,随着热解温度的升高热解焦的挥发分降低,450 ℃的热解焦的挥发分最高为20.5%,750 ℃的热解焦的挥发分最低为4.3%。由于挥发分高热解焦易燃烧,不论是工业应用还是实验操作使用的热解焦都力求性质稳定,因此,在后续热解焦改性负载过程中以750 ℃制备的热解焦为载体。

表9-7　恒温时间热解焦工业分析(ad)(W/%)

热解焦	M_{ad}	A_{ad}	V_{ad}	FC
PC - 1 h	0.9	20.8	8.2	70.1
PC - 1.5 h	0.8	21.0	7.0	71.2
PC - 2 h	0.2	22.5	4.3	73.0
PC - 2.5 h	0.2	22.9	4.7	72.2

从表9-7中可以看出,不同热解时间制备的热解焦挥发分有一定的差异,随着热解时间的增加挥发分先上升再趋于平稳。热解1 h制备的热解焦挥发分最高为8.2%,2 h和2.5 h制备的热解焦挥发分相差不多,分别为4.3%和4.7%。由于2 h和2.5 h制备的热解焦挥发分相差不多,并且热解时间越长耗能越多,因此,在后续的研究中选择2 h来制备热解焦。通过表9-6和表9-7可以发现热解时间2 h,热解终温750 ℃制备的热解焦效果最好。

2.热解焦的比表面积测定

将热解终温(450 ℃、550 ℃、650 ℃和750 ℃)以及恒温时间(1 h、1.5 h、2 h和2.5 h)制备的热解焦进行比表面积测试,结果见表9-8和表9-9。

表9-8　不同终温热解焦的比表面积

热解焦	PC - 450 ℃	PC - 550 ℃	PC - 650 ℃	PC - 750 ℃
比表面积/(m² · g⁻¹)	21.748 39	65.133 57	94.968 6	63.158 57

表9-9　不同恒温时间的热解焦的比表面积

热解焦	PC - 1 h	PC - 1.5 h	PC - 2 h	PC - 2.5 h
比表面积/(m² · g⁻¹)	78.397 28	68.133 57	63.158 57	63.078 35

煤成焦的过程可分为煤的干燥预热阶段（＜350 ℃）、胶质体形成阶段（350～650 ℃）、半焦形成阶段（480～650 ℃）和焦炭形成阶段（650～950 ℃）。煤的基本结构单元是不同缩合程度的芳香核，其核周围带有侧链，结构单元之间以交联链接。煤在进行热解时，会同时发生热解和缩聚重排反应。煤在热解时，随着温度的升高，煤中的水分失去，此时的热解焦比表面积较小；随着温度的继续升高，煤中的一些侧链和交联键断裂，发生缩聚和重排，但此时热解反应分解为主，因此，生成的热解焦的比表面积是在增加；继续升高温度，半焦内的不稳定有机物继续进行热分解和缩聚，此时的缩聚反应却比热分解反应剧烈，因此，热解焦的比表面积反而减小。

从表 9－8 中可以看出比表面积随着热解温度的增加先增大再减小。温度上升的最初阶段，煤颗粒发生解聚反应析出气体和焦油，因此比表面积增大；随着温度的继续上升，当温度高于 650 ℃之后，煤颗粒随着温度的上升不但发生解聚反应还会发生缩聚反应，并且在这个阶段以缩聚反应为主，因此，在 750 ℃制备的热解焦的比表面积减小为 63.158 57 m^2/g。从表 9－9 中可以看出随着热解时间的增加比表面积减小，最终趋于稳定，PC－2 h 和 PC－2.5 h 的比表面相差不多，热解 2 h 之后缩聚反应和解聚反应变慢甚至停止，从节约能量的角度考虑，热解恒温时间 2 h 制备的热解焦最佳。

3. 热解焦的红外分析

焦油裂解前后热解焦的红外光谱如图 9－11 所示。

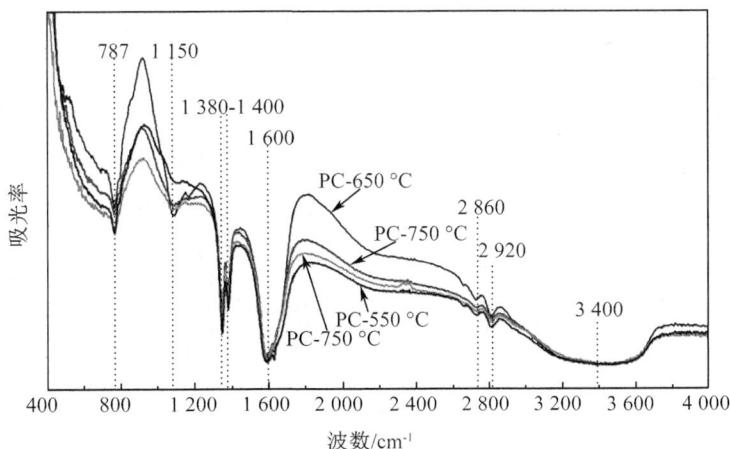

图 9－11　焦油裂解前后热解焦的红外光谱

从图 9－11 中可以看出反应前后热解焦的官能团组成没有较大差异。在 3 400 cm^{-1} 左右是醇、酚、羧基等的［—OH］振动形成的吸收峰，但是反应前的

[—OH]振动峰更加强烈,反应后的[—OH]强度变弱,主要原因是在反应过程中消耗—OH。在 2 800 cm^{-1} 左右的位置存在脂肪族的[CH$_2$—]对称伸缩振动和[CH$_2$—]不对称伸缩振动,反应前的脂肪族—CH$_2$ 振动更强烈。在 1 600 cm^{-1} 的位置存芳香烃[—C = C—]伸缩振动且振动强烈,并且随着反应温度的上升振动强度减小,反应后的[—C = C—]的强度进一步减少。在 1 460 cm^{-1} ~ 1 380 cm^{-1} 存在烷基链上的[CH$_2$—]和[CH$_3$—]变形振动且振动强烈,同样随着温度的上升强度变小,且反应后的强度进一步减小。在 1 150 cm^{-1} 处出现[SiO—]、[= C = O]和[—O—]官能团的伸缩振动,振动不明显,但是同样随着温度的上升强度变小,且反应后的强度进一步减小。在 787 cm^{-1} 出现[—H]的振动峰,同样随着温度的上升强度变小,且反应后的强度进一步减小。热解焦上的官能团大都是随着热解温度的上升官能团的强度在减小,并且反应后进一步较少,因此可以推断,焦油裂解过程消耗了热解焦的官能团。

褐煤热解制备热解焦后表面形成很多官能团,通过 FT - IR 分析热解焦表面的官能团,其分布如表 9 - 10 所示。

表 9 - 10　热解焦的红外光谱主要吸收峰

峰/cm^{-1}		官能团归属
波数	范围	
3 300	3 600 - 3 000	—OH 和—NH 伸缩振动
3 030	3 100 - 3 000	芳烃—CH 伸缩振动
2 940	2 950 - 2 930	脂肪烃(CH$_3$)和环烷烃(—CH$_2$)不对称伸缩振动
2 920	2 930 - 2 915	—CH$_2$ 不对称伸缩振动
2 860	2 961 - 2 850	—CH$_2$ 对称伸缩振动
2 515	2 520 - 2 510	—SH 伸缩振动
2 190	2 100 - 2 260	不饱和烃—CfalseC—
1 735	1 740 - 1 730	芳香族 C = O 伸缩振动
1 705	1 710 - 1 700	醇、酚和羧酸中芳香烃 C = O 伸缩振动
1 600	1 610 - 1 590	芳香烃—C = C—伸缩振动
1 430	1 460 - 1 380	烷基链上的—CH$_2$ 和—CH$_3$ 变形振动
1 150	1 200 - 800	SiO—, = C = O 和—O—伸缩振动
870	900 - 860	1 H
857	896 - 818	1 H

峰/cm^{-1}		官能团归属
波数	范围	
810	855 – 770	2 H
787	849 – 725	3 H
747	777 – 717	4 H
715	735 – 695	5 H
680	690 – 670	苯 C$_6$H$_6$

4. 热解焦的扫描电镜

图 9 – 12 分别是 PC – 450 ℃、PC – 750 ℃和 PC – 1 h 的 SEM 图谱。

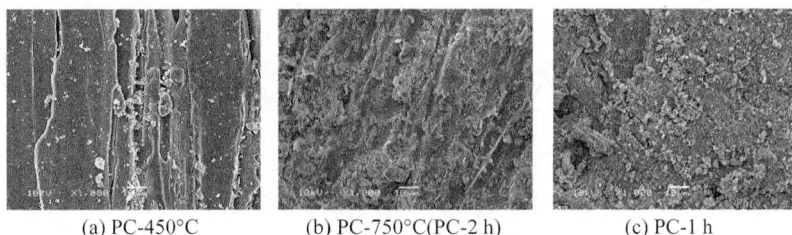

(a) PC-450°C   (b) PC-750°C(PC-2 h)   (c) PC-1 h

图 9 – 12　不同热解焦的 SEM 图谱

从图 9 – 12 中发现,图(a)和图(b)比较发现,PC – 450 ℃表面比较平整,没有较大的裂纹;而 PC – 750 ℃表面的裂纹较多,同时表面还形成很多的颗粒物;说明较高的温度能够引起热解焦表面发生剧烈的变化,促进热解焦表面形成较多的孔结构,同时也会在表明形成较多的活性颗粒物,因此,可以证明热解焦的表面形成较多的孔结构和活性颗粒物有利于焦油的裂解。从表 9 – 6 也可以证明随着温度的升高热解焦的比表面积增加。图(b)和图(c)比较发现,PC – 1 h 表面形成较多的小颗粒物质,推测可能是在热解过程形成的焦油小分子物质;PC – 2 h 表面的也有一些较大的颗粒物,但是没有 PC – 1 h 表面的量多,这是因为随着恒温时间的增加,较小的颗粒物之间发生聚合反应,形成较多的大颗粒物,同时颗粒物的总量也减少,并且较大的活性颗粒物质有利于焦油大分子的裂解。

9.1.5　小结

本节以褐煤为原料制备热解焦,制备不同终温和不同恒温时间的热解焦,研究热解终温和热解恒温时间热解焦对气相焦油催化裂解的影响,筛选最优的

热解焦的制备条件,研究结果表明:

(1)通过对比考察了褐煤直接热解、热解焦催化裂解气相焦油对热解产物影响,结果表明,热解焦催化裂解焦油是一种有效改善热解焦油品质的有效方法,提高焦油轻质程度并增多的气体产量。

(2)不同终温和不同恒温时间的热解焦都能促进焦油轻质化,通过筛选温度和制备时间得出,750 ℃、2 h 制备的热解焦对焦油的裂解效果最好,最优热解焦催化裂解焦油,相比原煤热解,产气量提高了 23.23%;焦油裂解率提高了9.29%,H_2、CO 和 CH_4 均有不同程度的提高。

(3)煤热解产生由轻油、酚油、萘油和洗油组成的轻质组分质量为0.355 g,由蒽油和沥青组成的重质组分质量为 0.968 g;以最优热解焦催化裂解焦油,通过对气相焦油的裂解,轻质组分质量为 0.439 g,提高了 23.7%;重质组分质量为 0.762 g,降低了 21.4%。

9.2 气体改性热解焦催化裂解焦油的机理分析

本节以最优热解焦为催化剂,通过探讨改性气体、改性时间、改性气体流量以及改性温度改性的热解焦对焦油裂解,研究改性热解焦裂解热解产物过程生成的煤焦油组成、焦油产量的影响。

9.2.1 气体改性热解焦对焦油气催化裂解的影响

将 2 h、750 ℃ 制备的热解焦催化剂放入管式炉内,分别通入 CO_2、H_2O 和 NH_3 气体对热解焦进行改性,设定流量为 150 mL/min、改性温度为 350 ℃,改性时间为 30 min,制备的热解焦催化剂分别命名为 CPC,HPC 和 NPC;称取 3 g 改性催化剂置于二段炉中,催化裂解一段炉热解产生的气相焦油,探究气体改性热解焦对气相焦油的裂解效果。

(1)气体总体积和焦油质量变化

气体改性热解焦对气体总体积和焦油质量的影响,如图 9-13 所示。

图 9-13 是不同气体改性热解焦对气体体积和焦油产量的影响,PC-2 h、H_2O、NH_3 和 CO_2 改性热解焦后裂解焦油产生的气体体积分别是12.2 L、13.2 L、12.8 L 和 11.2 L,焦油质量分别是 1.201 g、1.126 g、1.21 g 和 1.231 g,可以看出,气体体积越多,焦油质量越少。H_2O 活化热解焦裂解焦油产生的体积最多,焦油最少,裂解效果最好;相对于 PC-2 h,焦油质量下降了 6.2%,气体体积增加了 8.2%。气体改性热解焦的裂解效果的顺序为:$H_2O > NH_3 > CO_2$。

(2)气体组分的变化

气体改性热解焦对各组分气体的影响,如图 9-14 所示。

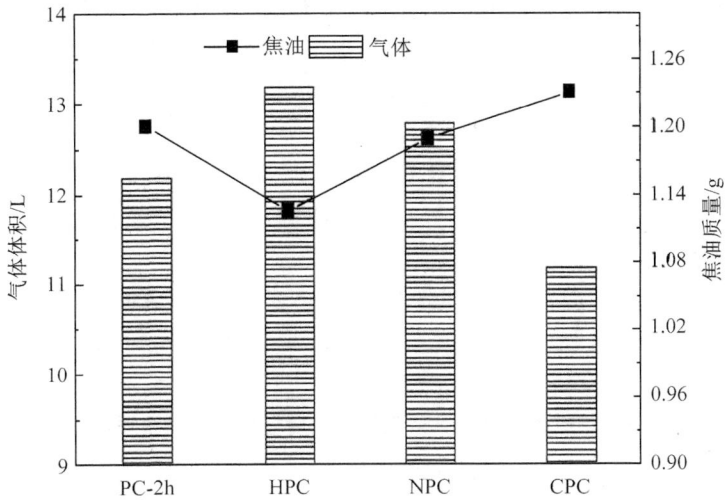

图 9 - 13　不同气体改性热解焦对气体总体积和焦油质量的影响

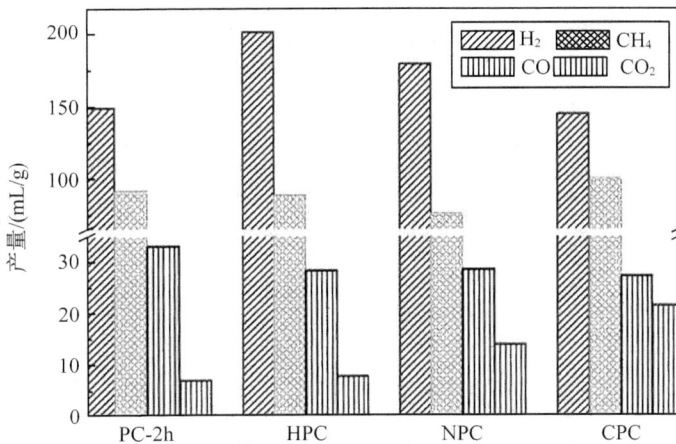

图 9 - 14　不同气体改性热解焦对各组分气体的影响

从图 9 - 14 中可以看出,加入不同气体改性的热解焦后,裂解焦油产生的 H_2、CO_2、CH_4 和 CO 的体积量均有变化,说明不同气体改性热解焦的效果不同。HPC 裂解焦油产生 H_2、CO_2、CH_4 和 CO 的体积分别是 202 mL/g、89 mL/g、28 mL/g 和 8 mL/g,裂解效果最好。NPC 和 CPC 相比于 PC - 2 h 并没有很大的改善,而且裂解效果反而下降。因此,HPC 对焦油裂解产生可燃性气体的效果都比较好。同时以 3 g 水蒸气改性的热解焦进行热解实验,产生的热解气 0.05 L,其 H_2、CO_2、CO 和 CH_4 的含量也微乎其微,因此不考虑热解焦产生气体的影响。从图9-14中可以看出,H_2的含量有提高较多,相比于PC-2 h的H_2含量提高了35.4%。氢气主要的来源是以下5种基元反应方式:①氢化芳香结构的脱氢;②有机质缩合;③脂肪链烷烃类的环化;④芳香烃的缩聚反应脱氢;⑤热解焦与热解水的反应:

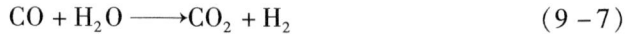

$$C + H_2O \longrightarrow CO + H_2 \tag{9-6}$$

$$CO + H_2O \longrightarrow CO_2 + H_2 \tag{9-7}$$

(3)焦油成分的变化

不同气体改性终温热解焦裂解焦油后轻质组分和重质组分的变化,如表9-11所示。

表9-11 不同气体改性热解焦裂解焦油后轻质组分和重质组分的变化

气体改性热解焦	HPC	NPC	CPC
轻质组分/g	0.492 9	0.497 2	0.476 3
重质组分/g	0.633 1	0.712 8	0.754 7

不同改性气体热解焦对焦油成分的影响,如图9-15所示。

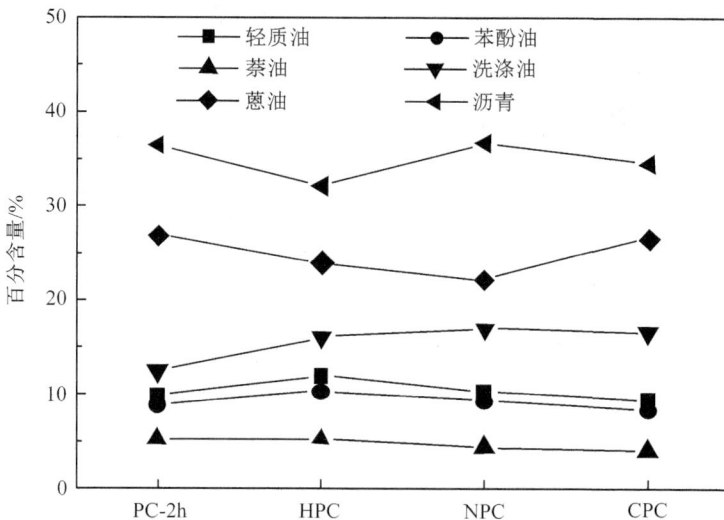

图9-15 不同气体改性热解焦对焦油成分的影响

从图9-15中可以看出,不同气体改性热解焦对焦油进行催化剂裂解,不同油品含量的变化大致相同,萘油含量<酚油含量<轻油含量<洗油含量<蒽油含量<沥青含量。由于焦油中轻油、酚油、萘油和洗油的含量越高,沥青和蒽油的含量越低,焦油的品质越好,因此通过加入气体改性热解焦来提高对焦油

的催化裂解,从而改善焦油的品质。从表 9 - 11 中可以看出,HPC 裂解焦油产生的轻质组分的比例最多,效果最好。从图 9 - 15 可以看出,当加入不同终温的热解焦,不同沸点的焦油均发生了裂解使得百分含量发生变化。HPC 对焦油裂解明显,使得沥青和蒽油含量大量减少;明显增加了轻油、酚油、萘油和洗油的含量。因此,从焦油成分变化上看,HPC 对焦油的裂解效果最好。

9.2.2　水蒸气不同条件改性热解焦对焦油裂解分析

1. 水蒸气不同流量改性热解焦对焦油裂解的影响

将 2 h、750 ℃ 制备的热解焦催化剂放入管式炉内,利用水蒸气改性热解焦,设定改性温度为 350 ℃,时间为 30 min,恒定流量为 150 mL/min、300 mL/min、450 mL/min 和 750 mL/min,制备的热解焦催化剂分别命名为 HPC - 150 mL/min、HPC - 300 mL/min、HPC - 450 mL/min 和 HPC - 750 mL/min;称取改性热解焦 3 g 置于二段炉中,催化裂解煤样热解产生的气相焦油,探究不同制备温度热解焦对气相焦油的裂解效果。

(1)气体体积和焦油质量的变化

图 9 - 16 是不同水蒸气流量改性热解焦对气体总体积和焦油质量的影响。从图 9 - 16 可以看出,当水蒸气流量为 150 mL/min 时,气体体积最少和焦油质量最多,分别为 10.2 L 和 1.12 g;当气体流量分别为 450 mL/min 和 750 mL/min 时,两者产生的气体体积和焦油质量相差不多,HPC - 450 mL/min 气体体积和焦油质量为 13.6 L 和 1.06 g;HPC - 750 mL/min 的气体体积和焦油质量为 13.7 L 和 1.06 g。在水蒸气流量为 450 mL/min 时,对于热解焦改性已经达到了饱和状态,当再增加水蒸气流量时也不会改变气体和焦油的量,因此 HPC - 450 mL/min 的催化裂解效果较好。

(2)气体组分的变化

水蒸气体不同流量改性热解焦对各组分气体的影响,如图 9 - 17 所示。

从 9 - 17 图中可以看出,HPC - 150 mL/min,HPC - 300 mL/min,HPC - 450 mL/min 和 HPC - 750 mL/min 的 H_2、CO_2、CH_4 的总量分别是 242 mL/g,319 mL/g,354 mL/g 和 353 mL/g,从数据中可以看出 HPC - 450 mL/min 和 HPC - 750 mL/min 产生的可燃性气体较多,催化效果较好;这两者产生的可燃性气体量相差不多,但是水蒸气流量超过 450 mL/min 之后,可燃性气体的产量增加非常少,HPC - 750 mL/min 的可燃性气体产量比 HPC - 450 mL/min 的可燃性气体产量只少 1 mL/g,因此,HPC - 450 mL/min 的催化裂解效果最好。

(3)焦油成分的变化

表 9 - 12 是水蒸气流量改性热解焦裂解焦油后轻质组分和重质组分的变化。

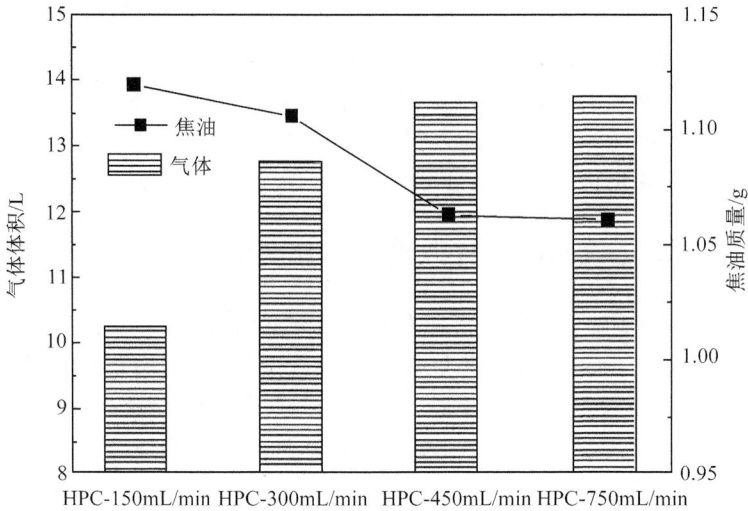

图 9 – 16　不同水蒸气体流量改性热解焦对气体总体积和焦油质量的影响

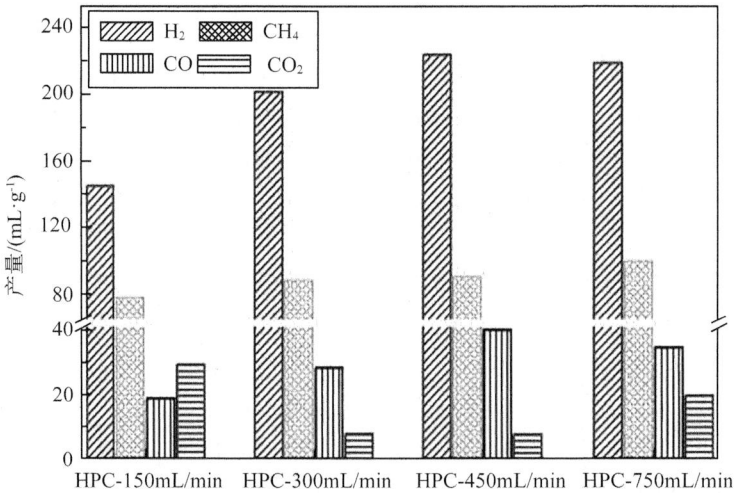

图 9 – 17　水蒸气不同流量改性热解焦对各组分气体的影响

表 9 – 12　水蒸气流量改性热解焦裂解焦油后轻质组分和重质组分的变化

水蒸气流量改性热解焦	HPC – 150 mL/min	HPC – 300 mL/min	HPC – 450 mL/min	HPC – 750 mL/min
轻质组分/g	0.472 8	0.473 1	0.457 0	0.433 5
重质组分/g	0.646 5	0.632 9	0.606 0	0.627 3

水蒸气不同流量改性热解焦对焦油成分的影响,如图9-18所示。

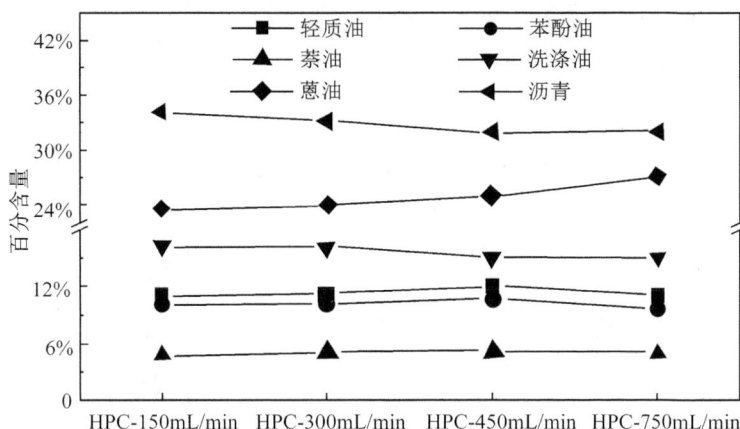

图 9-18　水蒸气不同流量改性热解焦对焦油成分的影响

从图9-18可以看出,当加入水蒸气流量的热解焦,不同沸点的焦油均发生了的裂解使得百分含量发生变化。HPC-450 mL/min对焦油裂解明显,使得沥青含量大量减少,蒽油含量增加;明显增加了轻油和酚油的含量;对焦油裂解产生的萘油含量和洗油含量有少量的减少。从表9-12中也可以看出,HPC-450 mL/min焦油质量最少,其轻质组分含量最高,因此,从焦油成分变化上看,HPC-450 mL/min对焦油的裂解效果最好。

2. 水蒸气不同温度改性热解焦对焦油裂解的影响

将2 h、750 ℃制备的热解焦催化剂放入管式炉内,利用水蒸气改性热解焦,设定温度为350 ℃、450 ℃、550 ℃、650 ℃和750 ℃,时间为30 min,恒定流量为450 mL/min,制备的热解焦催化剂分别命名为HPC-350 ℃、HPC-450 ℃、HPC-550 ℃、HPC-650 ℃和HPC-750 ℃;称取3 g置于二段炉中,催化裂解煤样热解产生的气相焦油,探究不同制备温度热解焦对气相焦油的裂解效果。

(1)气体积和焦油质量的变化

水蒸气不同温度改性热解焦对气体总体积和焦油质量的影响,如图9-19所示。

从图9-19可以看出气体产量越高则焦油质量越少,说明焦油裂解的越多。在图中可以看出水蒸气改性温度对热解焦的影响不同,当水蒸气改性温度为350 ℃时,气体体积最少和焦油质量最多,分别为11.4 L和1.11 g;当水蒸气改性温度为650 ℃时,气体体积最多和焦油质量最少,分别为13.8 L和1.00 g。从图9-19中可以看出,水蒸气改性温度为650 ℃是气体体积和焦油质量均达到最佳值;当温度为 750 ℃是焦油质量增加,气体产量减少,催化裂解的效果降低。因此,最佳的水蒸气改性温度为 650 ℃。

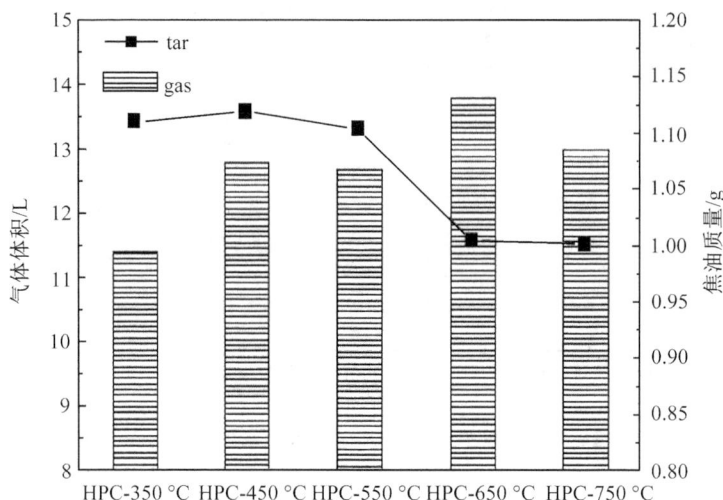

图 9 - 19　水蒸气不同温度改性热解焦对气体体积和焦油质量的影响

(2)气体组分的变化

图 9 - 20 是水蒸气不同温度改性热解焦对各组分气体的影响。从图 9 - 20 中可以看出,加入水蒸气温度改性热解焦,裂解焦油产生的 H_2、CO_2、CH_4 和 CO 的体积量均有变化,说明水蒸气流量改性热解焦有不同的效果。HPC - 350 ℃、HPC - 450 ℃、HPC - 550 ℃、HPC - 650 ℃ 和 HPC - 750 ℃ 的 H_2、CO_2、CH_4 的总量分别是 333 mL/g、354 mL/g、362 mL/g、370 mL/g 和 357 mL/g,从数据中可以看出 HPC - 650 ℃产生的可燃性气体较多,催化效果较好;当超过这个温气体产量就下降。因此,HPC - 650 ℃的催化裂解效果最好。

(3)焦油成分的变化

水蒸气不同温度改性热解焦对焦油成分的影响,如图 9 - 21 所示。

从图 9 - 21 可以看出,当加入水蒸气流量的热解焦,不同沸点的焦油均发生了的裂解使得百分含量发生变化。从表 9 - 13 中可以看出,HPC - 650 ℃的焦油质量最少,其轻质组分含量最高。HPC - 650 ℃对焦油裂解明显,使得沥青含量大量减少,蒽油含量增加;明显增加了轻油和酚油的含量;对焦油裂解产生的萘油的含量和洗油的含量少量的减少。因此,从焦油成分变化上看,HPC - 650 ℃对焦油的裂解效果最好。

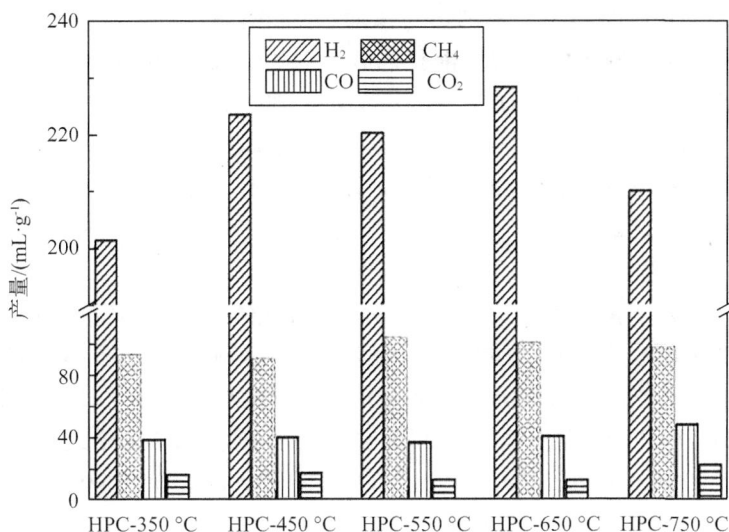

图 9 − 20　水蒸气不同温度改性热解焦对各组分气体的影响

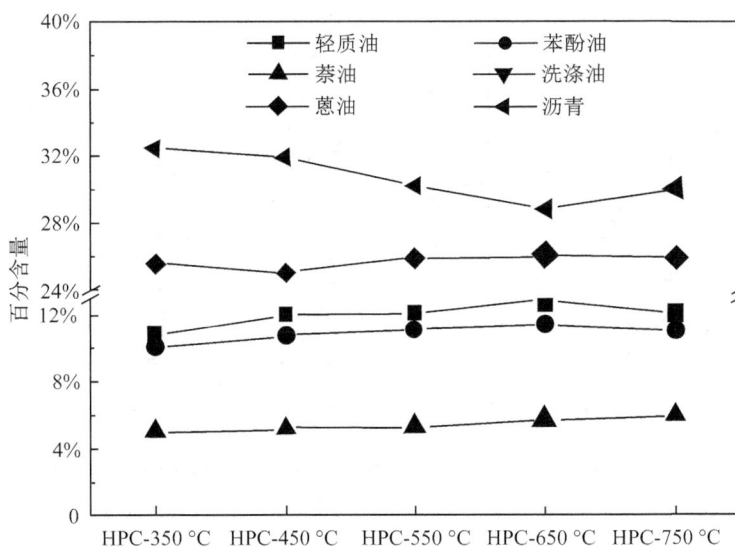

图 9 − 21　水蒸气不同温度改性热解焦对焦油成分的影响

表 9 − 13　水蒸气不同温度改性热解焦裂解焦油后轻质组分和重质组分的变化

温度改性热解焦	HPC − 350 ℃	HPC − 450 ℃	HPC − 550 ℃	HPC − 650 ℃	HPC − 750 ℃
轻质组分/g	0.464 8	0.481 1	0.484 9	0.453 7	0.442 0
重质组分/g	0.645 0	0.638 0	0.619 4	0.551 2	0.559 7

3. 水蒸气不同时间改性热解焦对焦油裂解的影响

将 2 h、750 ℃制备的热解焦催化剂放入管式炉内,利用水蒸气改性热解焦,设定温度为 650 ℃,时间为 30 min、45 min、60 min 和 90 min,恒定流量为 450 mL/min,制备的热解焦催化剂分别命名为 HPC – 30 min、HPC – 45 min、HPC – 60 min 和 HPC – 90 min;称取 3 g 置于二段炉中,催化裂解 20 g 煤样热解产生的气相焦油,探究水蒸气不同时间改性热解焦对气相焦油的裂解效果。

(1)气体积和焦油质量的变化

图 9 – 22 是水蒸气不同时间改性热解焦对气体总体积和焦油质量的影响。从图 9 – 22 可以看出水蒸气改性时间对热解焦的影响不同,当水蒸气改性时间为 30 min 时,气体体积最少和焦油质量最多,分别为 10.9 L 和 1.015 g;当水蒸气改性时间为 60 min 时,气体体积最多和焦油质量最少,分别为 13.8 L 和 1.005 g。因此可以得出,水蒸气改性时间为 60 min 时,气体体积和焦油质量均达到最佳值。

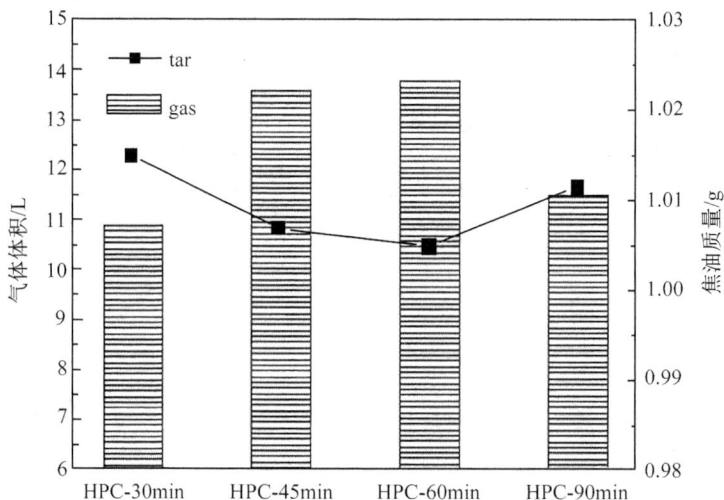

图 9 – 22　水蒸气不同时间改性热解焦对气体体积和焦油质量的影响

(2)气体组分的变化

图 9 – 23 是水蒸气不同改性时间热解焦对各组分气体的影响。从图 9 – 23 中可以看出,加入水蒸气不同改性时间热解焦,裂解焦油产生的 H_2、CO_2、CH_4 和 CO 的体积量均有变化,说明水蒸气不同改性时间的热解焦对焦油催化裂解有不同的影响。HPC – 30 min、HPC – 45 min、HPC – 60 min 和 HPC – 90 min 的 H_2、CO_2、CH_4 的总量分别是 298 mL/g、337 mL/g、370 mL/g 和 343 mL/g,从数据中可以看出 HPC – 60 min 产生的可燃性气体较多,催化效果较好;当超过这个改性时间气体产量就下降。因此,HPC – 60 min 的催化裂解效果最好。

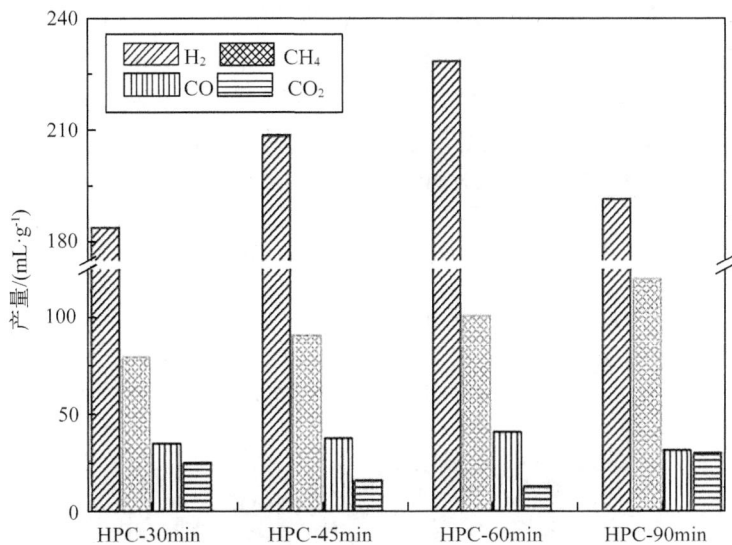

图 9 - 23 水蒸气不同改性时间热解焦对各组分气体的影响

（3）焦油成分的变化

水蒸气不同时间改性热解焦对焦油成分的影响，如图 9 - 24 所示。

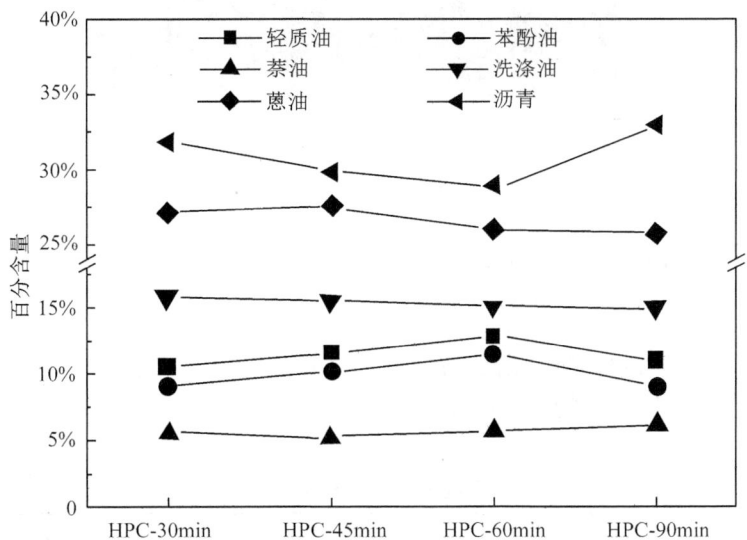

图 9 - 24 水蒸气不同改性时间热解焦对焦油成分的影响

从图 9 - 24 可以看出，当加入水蒸气流量的热解焦，不同沸点的焦油均发生了的裂解使得百分含量发生变化。HPC - 60 min 对焦油裂解明显，使得沥青含量大量减少,蒽油含量增加;明显增加了轻油和酚油的含量;对焦油裂解产生的萘油含量和洗油含量有少量的减少。因此,从焦油成分变化上看,HPC – 60 min 对焦油的裂解效果最好。在图 9 – 25 中可以看出,经过一系列改性后的热解焦对气相焦油的裂解效果变得更好,焦油颜色明显变浅,充分说明了焦油被催化裂解。

表 9 – 14 水蒸气不同时间改性热解焦裂解焦油后轻质组分和重质组分的变化

水蒸气时间改性热解焦	HPC – 30 min	HPC – 45 min	HPC – 60 min	HPC – 90 min
轻质组分/g	0.416 4	0.428 2	0.453 7	0.417 6
重质组分/g	0.598 5	0.578 7	0.551 2	0.593 9

图 9 – 25 焦油裂解后的图

9.2.3 热解焦的表征

1. BET 分析

(1)不同气体改性热解焦比表面积

气体改性的热解焦的比表面积如表 9 – 15 所示。

表 9 – 15 不同气体改性热解焦比表面积

热解焦	CPC	NPC	HPC	反应后 HPC
比表面积($m^2 \cdot g^{-1}$)	123.032 5	136.136 76	151.397 14	73.187 01

从表 9 – 15 中可以看出,经过气体改性的热解焦的比表面积增加很多,其原因是:气体改性的过程就是一个气体洗脱热解焦的过程,在气洗的过程热解

焦内部的一些封闭孔被打开,因此增加了热解焦的比表面积。其中水蒸气改性后的热解焦的比表面积增加最多,达到了 151.397 14 m^2/g。反应后的热解焦的比表面积变小,主要的原因是热解焦的表面会吸附一些焦油大分子,将热解焦的孔堵塞,因此热解焦的比表面积会减小。

（2）最优水蒸气热解焦表面积

最优水蒸气改性热解焦的比表面积如表 9 – 16 所示。

表 9 – 16　最优水蒸气改性热解焦比表面积

热解焦	最优 HPC	反应后最优 HPC
比表面积（$m^2 \cdot g^{-1}$）	331.149 55	142.226 59

在表 9 – 16 可以看出,最优水蒸气改性之后比表面积为 331.149 55 m^2/g,比表面积有了大幅度的提高,主要原因是水蒸气在对热解焦进行改性的过程中有了能够将封闭孔打开,形成更多的通透孔结构以及形成更多的空隙,因此比表面积有了一个很大程度的提高。最优水蒸气改性的热解焦经过裂解之后的比表面积有了下降,下降到 142.226 59 m^2/g,主要原因是焦油在热解过程中形成很多焦油大分子,被吸附在热解焦的空隙中,大部分会发生催化裂解,小部分不能发生催化裂解的焦油大分子在将热解焦的孔结构堵塞,造成比表面积的下降。同时通过比表面积的下降证明了热解焦能够吸附热焦油大分子物质并催化裂解。

2. FT – IR 分析

（1）不同气体改性热解焦 FT – IR 分析

不同气体改性热解焦的 FT – IR 分析,如图 9 – 26 所示。

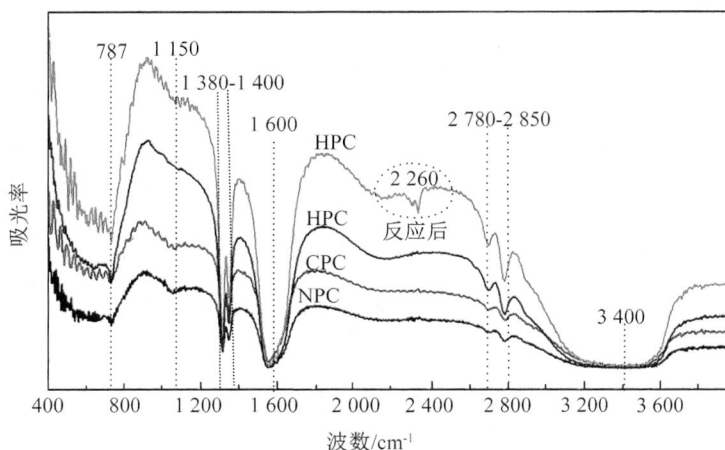

图 9 – 26　不同气体改性热解焦的 FT – IR

图 9-26 是不同热解氛围中制备的褐煤热解焦的红外图谱。从图中可以看出反应前后热解焦的官能团组成没有较大差异。在 3 400 cm^{-1} 附近出现了宽而强的吸收峰,该峰氢键化的多聚及缩聚 OH 基吸收峰,峰强度的大小关系为 HPC < 反应后 HPC < NPC < CPC。1 415 cm^{-1} 处为亚甲基酮的不对称变形峰,HPC 和反应后 HPC 峰值较高,其他两种焦峰值较小。1 800 cm^{-1} 到 800 cm^{-1} 范围内主要是芳香族[═C═O]、[—C═C—]、[C—O]、[═CH$_2$]以及芳核外面的氢原子形成的,而在 1 400 cm^{-1} 左右,即芳香性烷键结构上的 [═CH$_2$]、[—CH$_3$]形成的透射峰。最有在 600 cm^{-1} 左右出现一些相对较宽且有一定强度的峰,可能是酰胺或者含磷基团,在 1 800 cm^{-1} 到 800 cm^{-1} 范围内,反应后的热解焦上形成的峰面积更大一些,而反应前的的峰面积更小一些,主要原因是热解焦在裂解焦油气时与焦油气大分子物质反应,之后再热解焦上形成了这一部分官能团,因此反应后的热解焦在 1 800 cm^{-1} 到 800 cm^{-1} 范围内的峰面积较大一些。总之,在 H$_2$O 蒸汽氛围下进行热解,热解焦中含氧量更高,原因可能是 H$_2$O 分子本身含有氧原子,热解时与褐煤相互作用,阻碍了羧基、醚键、酮基等含氧官能团的裂解反应,使含氧官能团得到保护。

(2)最优水蒸气热解焦 FT-IR 分析

最优水蒸气改性热解焦反应前后的 FT-IR 如图 9-27 所示。

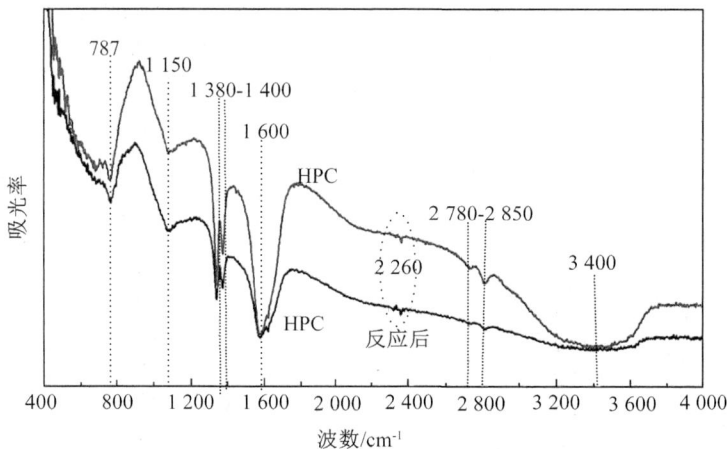

图 9-27　最优水蒸气改性热解焦反应前后的 FT-IR

图 9-27 是焦油裂解前后热解焦的红外光谱,从图中可以看出反应前后热解焦的官能团组成没有较大差异。在 3 400 cm^{-1} 左右是醇、酚、羧基等[—OH]振动形成的吸收峰,由图可以看出,反应前后热解焦中均是[—OH]含量最高,但是反应前的[—OH]更多一些,反应后的[—OH]更少一些,主要原始是在反

应过程中消耗了[—OH]，从而促进了焦油的裂解。在 3 000 cm^{-1} 到 2 800 cm^{-1} 的范围内有几个面积较小的峰存在，分别是有脂肪族的[—CH$_3$]和[=CH$_2$]形成的，反应前的脂肪族的[—CH$_3$]和[=CH$_2$]更多一点，说明这两种官能促进焦油的裂解。1 800 cm^{-1} 到 800 cm^{-1} 范围内主要是芳香族[=C=O]、[—C=C—]、[C—O]、[=CH$_2$]以及芳核外面的氢原子形成的，而在 1 400 cm^{-1} 左右，即芳香性烷键结构上的[=CH$_2$]、[—CH$_3$]形成的透射峰。在 600 cm^{-1} 左右出现一些相对较宽且有一定强度的峰，可能是酰胺或者含磷基团，在 1 800 cm^{-1} 到 800 cm^{-1} 范围内，反应后的热解焦上形成的峰面积更大一些，而反应前的峰面积更小一些，主要原因是热解焦在裂解焦油气时与焦油气大分子物质反应，之后再热解焦上形成了这一部分官能团，因此反应后的热解焦在 1 800 cm^{-1} 到 800 cm^{-1} 范围内的峰面积较大一些。

3. SEM 分析

（1）不同气体改性热解焦的扫描电镜分析

不同气体改性热解焦的扫描电镜如图 9 - 28 所示。

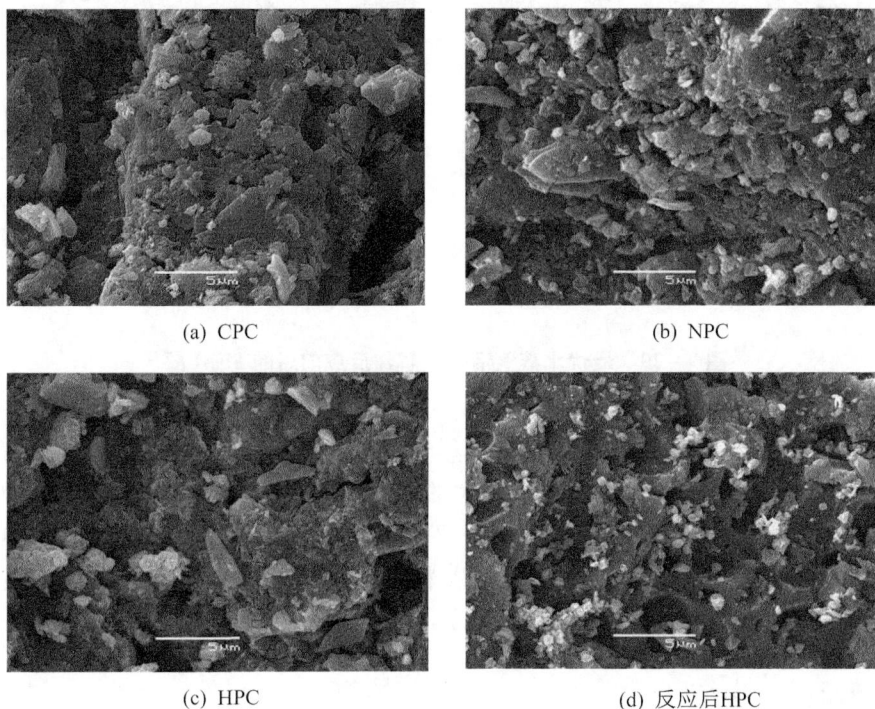

(a) CPC

(b) NPC

(c) HPC

(d) 反应后 HPC

图 9 - 28　不同气体改性热解焦的 SEM 图

图 9 - 28(a)(b)(c)(d)分别是 CO$_2$ 活化热解焦、NH$_3$ 活化热解焦、H$_2$O 活

化热解焦和反应后 H_2O 热解焦的 SEM 图。在图中可以看出,经过气体活化之后,热解焦的表面产生更多的颗粒物,表面的结构变化比较大,产生的颗粒物能够增大热解焦的比表面积,增加热解焦的吸附性能,同时为焦油气提供更多的活性位点。图(a)(b)(c)比较发现,CPC 表面的颗粒物含量较少,颗粒物较大,NPC 表面的颗粒物含量较多,颗粒比较小,而 HPC 表面的颗粒物含量较多并且颗粒较大,因此,颗粒物多而大能够为焦油裂解提供较多的活性位点,能够更好地裂解焦油气。图(c)和(d)比较发现,反应后的 HPC 表面也有很多体积较小的颗粒物,几乎没有较大的颗粒物,因此,在裂解焦油的过程中较大的颗粒物被消耗,变成较小的颗粒物,同时很多活性位点被消耗,达到了裂解焦油的效果。经过水蒸气活化,热解焦的表面产生很多较大的颗粒物,这些颗粒物为焦油的裂解提供活性位点,因此水蒸气活化热解焦对焦油的裂解效果最好。

(2)最优水蒸气活化热解焦的 SEM 图分析

最优水蒸气改性热解焦的扫描电镜如图 9 - 29 所示。

(a)最优HPC　　　　　　　　　　(b)反应后最优HPC

图 9 - 29　最优水蒸气活化热解焦反应前后的 SEM 图

图 9 - 29(a)和(b)分别是最优水蒸气条件活化热解焦裂解焦油反应前后的 SEM。最优 HPC 表面的结构发很大的变化,大量的颗粒分散在热解焦的内部,开裂明显,因此增大了比表面积,进而增加了对焦油的吸附性,促进焦油的裂解效果。反应后最优 HPC 表面的颗粒物变小,活性位点减少,因此,最优HPC 裂解焦油之后表面的活性位点减少,催化裂解效果会减低。

9.2.4　小结

本节以最优条件制备的热解焦为原料,利用不同气体(CO_2、H_2O 和 NH_3)进行改性处理,筛选出最优的改性气体;以最优的气体作为改性气体,筛选最优气体的改性流量、改性温度和改性时间,研究改性气体、改性流量、改性温度和

改性时间对气相焦油催化裂解的影响,研究结果表明:

(1)气体改性热解焦催化裂解气相焦油,得出水蒸气改性的热解焦的效果最好。

(2)水蒸气改性热解焦的最优改性条件为:改性流量为 450 mL/min、改性温度为 650 ℃、改性时间为 60 min。

9.3　等离子体焙烧 ZnO 负载型热解焦催化剂裂解焦油的机理分析

本节以最优水蒸气改性热解焦为载体,负载 ZnO 并利用低温等离子体进行焙烧,探讨等离子体焙烧时间、焙烧功率以及金属负载量热解焦负载型催化剂对焦油裂解,研究等离子体焙烧 ZnO 负载型热解焦催化剂裂解热解产物过程生成的煤焦油组成、焦油产量的影响。

9.3.1　等离子体不同焙烧条件 ZnO 负载型催化剂对焦油裂解的影响

1.等离子体不同焙烧时间热解焦对焦油裂解的影响

将最优水蒸气改性热解焦采用等体积浸渍法制备负载量为 5% 的负载型热解焦催化剂;置于等离子体中,在氧气的氛围中焙烧,焙烧功率为 45 W,焙烧时间分别为 1 min、3 min、5 min 和 8 min,制备 ZnO 负载型热解焦催化剂分别命名为 ZHPC - 1 min、ZHPC - 3 min、ZHPC - 5 min 和 ZHPC - 8 min,称取 3 g 用于焦油裂解,探究等离子体不同焙烧热解焦对焦油的裂解效果。

(1)气体积和焦油质量的变化

等离子体不同焙烧时间热解焦对气体体积和焦油质量的影响,如图 9 - 30 所示。

从图 9 - 30 可以看出,当焙烧时间为 1 min、3 min、5 min 和 8 min 时,催化剂对裂解焦油产生的气体体积分别是 15.5 L、15.6 L、16.3 L 和 15.9 L,焦油质量分别是 0.698 g、0.683 g、0.636 g 和 0.666 g,可以看出,气体体积越多,焦油质量越少。等离子体 5 min 焙烧的热解焦,裂解焦油产生的体积最多,焦油最少,裂解效果最好;等离子体 1 min 焙烧热解焦裂解焦油产生的体积最少,焦油最多,裂解效果最差;因此,等离子体不同焙烧时间热解焦的裂解效果的顺序为:5 min > 8 min > 3 min > 1 min。

(2)气体组分的变化

等离子体不同焙烧时间热解焦热解焦对各组分气体的影响,如图 9 - 31 所示。

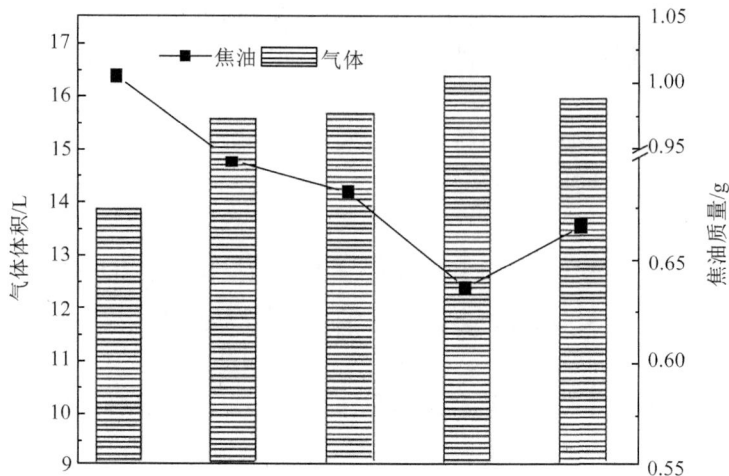

图 9 - 30　等离子体不同焙烧时间热解焦对气体体积和焦油质量的影响

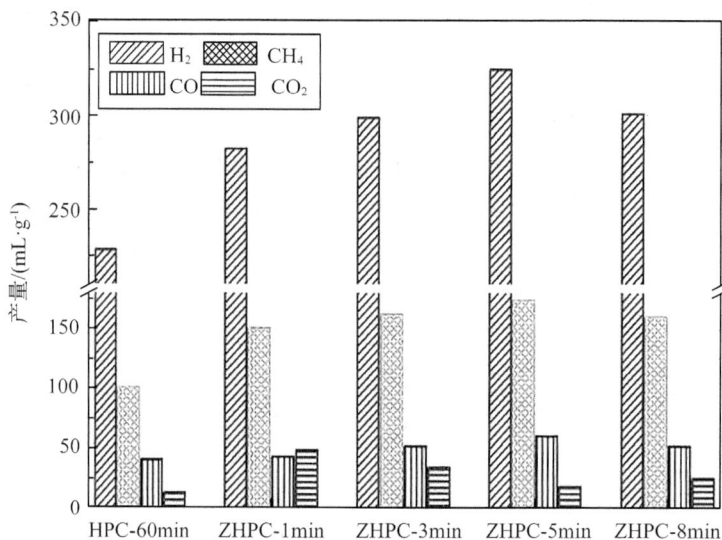

图 9 - 31　等离子体不同焙烧时间热解焦对各组分气体的影响

从图 9 - 31 中可以看出,等离子体不同焙烧时间热解焦后,裂解焦油产生的 H_2、CO_2、CH_4 和 CO 的体积量均有变化,说明等离子体不同焙烧时间热解焦有不同的效果。ZHPC - 1 min、ZHPC - 3 min、ZHPC - 5 min 和 ZHPC - 8 min 裂解焦油产生 H_2、CO_2、CH_4 和 CO 的体积分别是 283 mL/g、299 mL/g、325 mL/g、300.9 mL/g, 49 mL/g、34 mL/g、18 mL/g、25 mL/g, 151 mL/g、162 mL/g、174 mL/g、160 mL/g 和 43 mL/g、52 mL/g、60 mL/g、52 mL/g。ZHPC - 1 min、

ZHPC - 3 min、ZHPC - 5 min 和 ZHPC - 8 min 裂解焦油产生可燃性气体的总量分别是,476 mL/g、513 mL/g、559 mL/g、513 mL/g。ZHPC - 5 min 的可燃性气体总量最多,因此,ZHPC - 5 min 对焦油裂解产生可燃性气体的效果比较好。

（3）焦油成分的变化

等离子体不同焙烧时间热解焦对焦油成分的影响,如图 9 - 32 所示。表 9 - 17 焙烧时间热解焦裂解焦油后轻质组分和重质组分的变化。从图 9 - 32 可以看出,当加入不同终温的热解焦,不同沸点的焦油均发生了裂解使得百分含量发生变化。从表 9 - 17 中可以看出,焦油中轻质组分的比例较高,效果较好。ZHPC - 5 min 对焦油裂解明显,使得沥青含量大量减少,蒽油含量增加;明显增加了轻油和酚油的含量;对焦油裂解产生的萘油的含量和洗油的含量少量的减少。因此,从焦油成分变化上看,ZHPC - 5 min 对焦油的裂解效果最好。

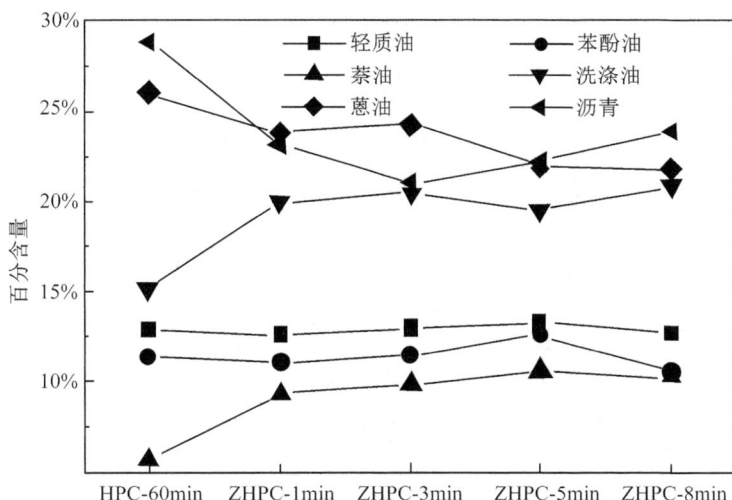

图 9 - 32　等离子体不同焙烧时间热解焦对焦油成分的影响

表 9 - 17　焙烧时间热解焦裂解焦油后轻质组分和重质组分的变化

焙烧时间 热解焦	ZHPC - 1 min	ZHPC - 3 min	ZHPC - 5 min	ZHPC - 8 min
轻质组分/g	0.369 8	0.372 8	0.355 1	0.361 8
重质组分/g	0.327 9	0.310 0	0.281 3	0.304 5

2. 等离子体不同焙烧功率热解焦对焦油裂解的影响

将最优水蒸气改性热解焦采用等体积浸渍法制备负载量为 5% 的负载型热解焦催化剂;置于等离子体中,通入氧气进行焙烧,焙烧功率为 45 W、60 W 和

75 W,焙烧时间分别为 5 min,制备 ZnO 负载型热解焦催化剂分别命名为 ZHPC – 45 W、ZHPC – 60 W 和 ZHPC – 75 W,称取 3 g 用于焦油裂解,探究不同等离子体焙烧热解焦对焦油的裂解效果。

（1）气体积和焦油质量的变化

图 9 – 33 是等离子体不同焙烧功率热解焦对气体体积和焦油质量的影响。从图 9 – 33 可以看出,ZHPC – 45 W、ZHPC – 60 W 和 ZHPC – 75 W 裂解焦油产生的气体体积分别是 16.3 L、16.35 L 和 15.7 L,焦油质量分别是 0.636 g、0.623 g 和 0.686 g,可以看出,气体体积越多,焦油质量越少。H_2O 活化热解焦裂解焦油产生的体积最多,焦油最少,裂解效果最好;ZHPC – 60 W 裂解焦油产生的体积最少,焦油最多,裂解效果最差;因此,等离子体焙烧功率对焦油裂解效果的顺序为:60 W > 45 W > 75 W。

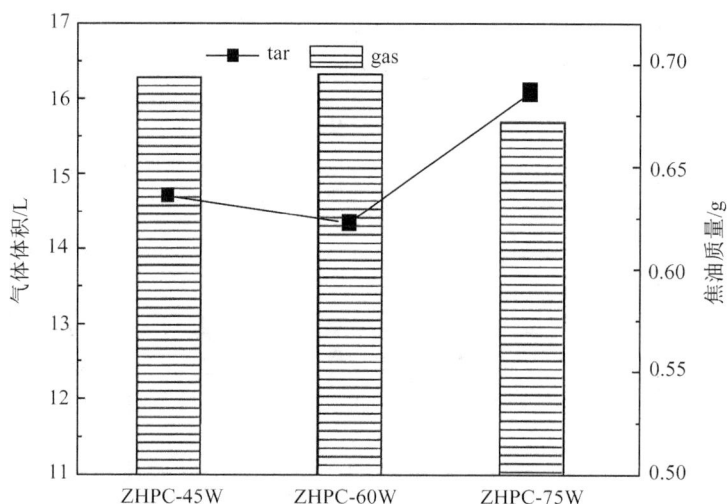

图 9 – 33　等离子体不同焙烧功率热解焦对气体体积和焦油质量的影响

（2）气体组分量的变化

等离子体不同焙烧功率热解焦对各组分气体的影响,如图 9 – 34 所示。

在图 9 – 34 中可以看出,ZHPC – 45 W、ZHPC – 60 W 和 ZHPC – 75 W 裂解焦油产生 H_2、CO_2、CH_4 和 CO 的体积分别是 325 mL/g、341 mL/g、305 mL/g,19 mL/g、18 mL/g、38 mL/g, 174 mL/g、192 mL/g、154 mL/g 和 60 mL/g、72 mL/g、50 mL/g。ZHPC – 45 W、ZHPC – 60 W 和 ZHPC – 75 W 裂解焦油产生可燃性气体的总量分别是 559 mL/g、605 mL/g 和 509.191 6 mL/g。ZHPC – 60 W 的可燃性气体总量最多,因此,ZHPC – 60 W 对焦油裂解产生可燃性气体的效果都比较好。

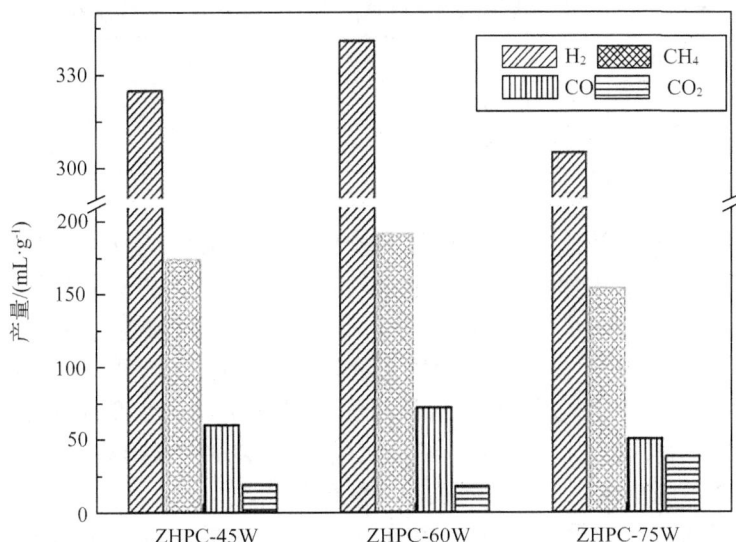

图 9 – 34　等离子体不同焙烧功率热解焦对各组分气体的影响

（3）焦油成分的变化

等离子体不同焙烧功率热解焦对焦油成分的影响，如图 9 – 35 所示。表 9 – 18 是焙烧功率热解焦裂解焦油后轻质组分和重质组分的变化。

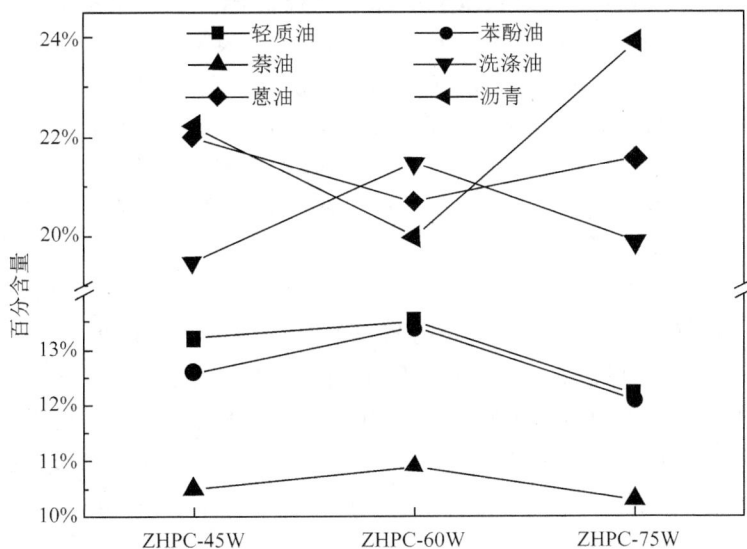

图 9 – 35　等离子体不同焙烧功率热解焦对焦油成分的影响

表 9 - 18　焙烧功率热解焦裂解焦油后轻质组分和重质组分的变化

焙烧功率热解焦	ZHPC - 45 W	ZHPC - 60 W	ZHPC - 75 W
轻质组分/g	0.355 1	0.369 3	0.374 0
重质组分/g	0.281 3	0.253 5	0.312 3

从图 9 - 35 可以看出,当加入等离子体不同焙烧功率的热解焦,不同沸点的焦油均发生了的裂解使得百分含量发生变化。从表 9 - 18 中可以看出,轻质组分的含量有了进一步的提高,焦油的质量有了下降,发生了裂解。ZHPC - 60 W 对焦油裂解明显,使得沥青含量大量减少,蒽油含量增加;明显增加了轻油和酚油的含量;对焦油裂解产生的萘油的含量和洗油的含量少量的减少。因此,从焦油成分变化上看,ZHPC - 60 W 对焦油的裂解效果最好。

3. ZnO 不同负载量热解焦对焦油裂解的影响

将最优水蒸气改性热解焦采用等体积浸渍法制备负载量为 5%、10% 和 15% 的负载型热解焦催化剂,置于等离子体中,通入氧气进行焙烧,焙烧功率为 60 W,焙烧时间分别为 5 min,制备 ZnO 负载型热解焦催化剂分别命名为 ZHPC - 5%、ZHPC - 10% 和 ZHPC - 15%,称取 3 g 用于焦油裂解,探究 ZnO 负载量热解焦对焦油的裂解影响。

(1)气体积和焦油质量的变化

图 9 - 36 是 ZnO 不同负载量热解焦对气体体积和焦油质量的影响。从图 9 - 36 中,ZHPC - 5%、ZHPC - 10% 和 ZHPC - 15% 裂解焦油产生的气体体积分别是 16.35 L、16.45 L 和 16.1 L,焦油质量分别是 0.623 g、0.603 g 和 0.666 g,可以看出,气体体积越多,焦油质量越少。ZHPC - 10% 裂解焦油产生的体积最多,焦油最少,裂解效果最好;CO_2 活化热解焦裂解焦油产生的体积最少,焦油最多,裂解效果最差;因此,气体活化热解焦的裂解效果的顺序为:10% > 15% > 5%。

(2)气体组分的变化

ZnO 不同负载量热解焦对各组分气体的影响,如图 9 - 37 所示。

从图 9 - 37 中可以看出,加入 ZnO 不同负载量热解焦后,裂解焦油产生的 H_2、CO_2、CH_4 和 CO 的体积量均有变化,说明热解焦有不同的裂解效果。ZHPC - 5%、ZHPC - 10% 和 ZHPC - 15% 裂解焦油产生 H_2、CO_2、CH_4 和 CO 的体积分别是 341 mL/g、361 mL/g、325 mL/g,18 mL/g、16 mL/g、37 mL/g、192 mL/g、201 mL/g、174 mL/g 和 72 mL/g、82 mL/g、60 mL/g。HPC、NPC、CPC 裂解焦油产生可燃性气体的总量分别是,319 mL/g、284 mL/g、267 mL/g。HPC 的可燃性气体总量最多,因此,ZHPC - 10% 对焦油裂解产生可燃性气体的效果都比较好。

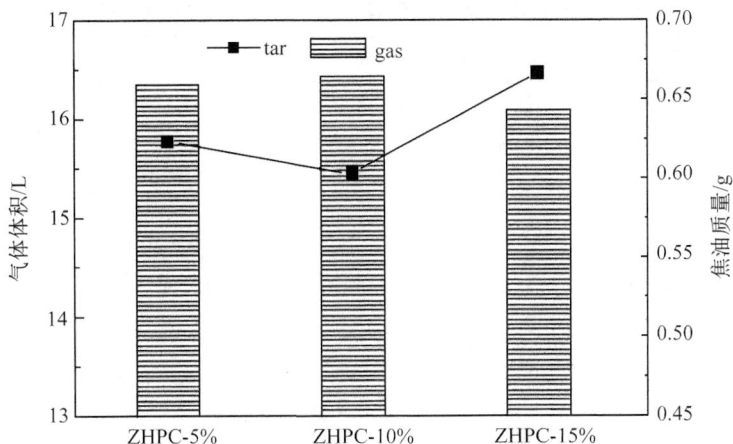

图 9 – 36　ZnO 不同负载量热解焦对气体体积和焦油质量的影响

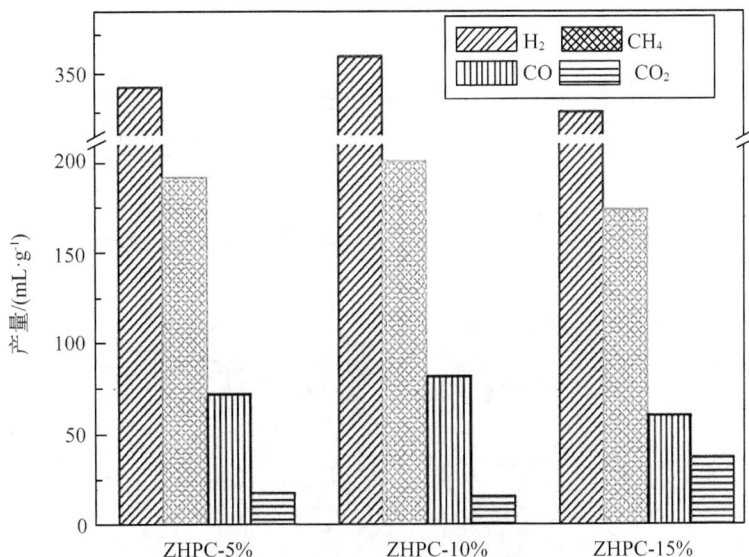

图 9 – 37　ZnO 不同负载量热解焦对各组分气体的影响

（3）焦油成分的变化

ZnO 不同负载量热解焦对焦油成分的影响，如图 9 – 38 所示。表 9 – 19 是 ZnO 负载热解焦裂解焦油后轻质组分和重质组分的变化。图 9 – 39 是焦油裂解后的图。

表 9 – 19　ZnO 负载热解焦裂解焦油后轻质组分和重质组分的变化

ZnO 负载热解焦	ZHPC – 5%	ZHPC – 10%	ZHPC – 15%
轻质组分/g	0.372 4	0.365 9	0.368 5
重质组分/g	0.250 4	0.236 9	0.297 8

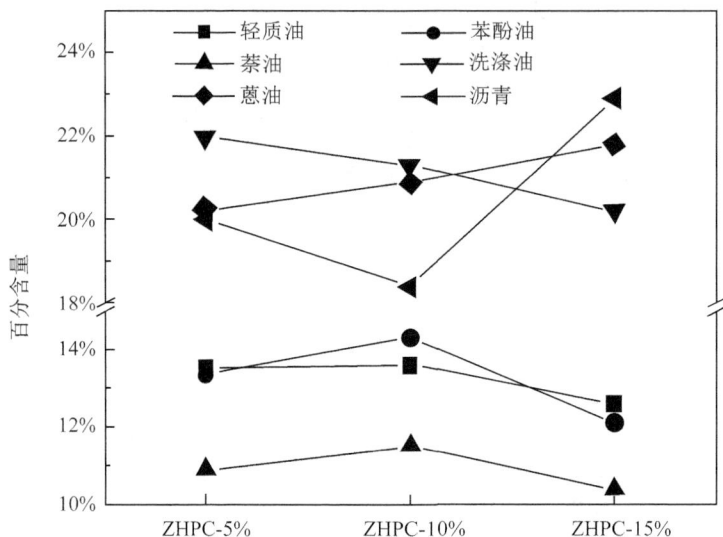

图 9 – 38　ZnO 不同负载量热解焦对焦油成分的影响

图 9 – 39　焦油裂解后的图

从图 9 – 38 可以看出,ZHPC – 10% 对焦油裂解明显,使得沥青含量大量减少,蒽油含量增加;明显增加了轻油和酚油的含量;对焦油裂解产生的萘油的含量和洗油的含量少量的减少。因此,从焦油成分变化上看,ZHPC－10% 对焦油的裂解效果最好。图 9－39(a)、(b)和(c)分别是等离子体焙烧时间 5 min,焙烧功率 60 W 和 ZnO 负载量 10% 的催化剂,从图中可以看出,焦油的颜色变浅,由于焦油发生了裂解使得焦油轻质组分增多,焦油品质提高,因此颜色变浅。

9.3.2 平衡计算过程

1. 裂解过程说明

焦油裂解过程很复杂,在进行衡算时,做出如下的假设:

(1)裂解产生的气体有 H_2、CO、CH_4、CO_2;

(2)裂解产生的热解油中焦油占 80%,热解油中 C:H = 1:1.5,裂解油的分子式可以写成 $CH_{1.5}$;

(3)设生成 a mol H_2;b mol CO;c mol CH_4;d mol CO_2。

2. 裂解过程质量平衡计算

实验使用 20 g 煤进行热解,构建质量平衡。表 9－20 是气相焦油催化裂解产物,表 9－21 是煤样和热解焦的元素分析及工业分析。

表 9－20 煤的裂解产物

	煤质量/g	半焦/g	热解油/g	H_2/moL	CO/moL	CH_4/moL	CO_2/moL
ZHPC－10%	20	13.8	0.602	0.322	0.179	0.073	0.014

表 9－21 煤样和热解焦的工业分析及元素分析(%)

名称	M_{ad}	A_{ad}	V_{ad}	FC	C	H	O
煤样	15.23	16.58	36.56	31.63	58.93	4.093	1.136
半焦	2.4	20.52	1.58	75.5	63.83	0.924	0.758

(1)氢平衡计算过程

氢平衡公式:

$$M_{coal}(H) = M_{H_2}(H) + M_{H_2O}(H) + M_{CH_4}(H) + M_{tar}(H) + M_{char}(H);$$

由表 9－21 氢元素含量可得:

$$M_{coal}(H) = 20 \times 4.093\% = 0.182 \text{ g},$$

$$M_{char}(H) = 13.8 \times 0.924\% = 0.128 \text{ g};$$

由假设可得:

$$M_{H_2}(H) = 2 \ ag, M_{CH_4}(H) = 4 \ cg;$$

由表 9－20 裂解产生焦油质量为 0.602 g,水的质量为 0.150 5 g 可得:

$$M_{H_2O}(H) = 0.150\ 5\ g/18 \times 2 = 0.017\ g,$$
$$M_{tar}(H) = 0.602\ g/(12 + 1.5) \times 1.5 = 0.067\ g;$$

代入氢元素平衡的方程式可得：

$$2a + 4c = 0.606 \tag{9-8}$$

（2）碳平衡计算过程

碳平衡：

$$M_{coal}(C) = M_{CH_4}(C)M_{CO_2}(C) + M_{CO}(C) + M_{tar}(C) + M_{char}(C);$$

由表9.21碳元素含量可得：

$$M_{coal}(C) = 20\ g \times 58.93\% = 11.786\ g,$$
$$M_{char}(C) = 13.8\ g \times 63.83\% = 8.81\ g;$$

由假设可得：

$$M_{CH_4}(C) = 12\ cg, M_{CO}(C) = 12\ bg, M_{CO_2}(C) = 12\ dg;$$

由表9.20裂解产生焦油质量为0.602 g可得：

$$M_{tar}(C) = 0.602\ g/(12 + 1.5) \times 12 = 0.535\ g。$$

代入碳元素平衡的方程式可得：

$$12c + 12b + 12d = 2.441\ 2 \tag{9-9}$$

（3）总物料平衡计算过程

总物料平衡：

$$M_{coal} = M_{H_2} + M_{CH_4} + M_{CO_2} + M_{CO} + M_{tar} + M_{char};$$

由假设可得：

$$M_{H_2} = 2\ ag, M_{CO} = 28\ bg, M_{CH_4} = 16\ cg, M_{CO_2} = 44\ dg;$$

由表9.20得：

$$M_{char} = 13.8\ g, M_{tar} = 0.602\ g;$$

代入系统的物料衡算方程式可得：

$$2a + 28b + 16c + 44d = 5.448 \tag{9-10}$$

3. 裂解过程能量守恒计算

以20 g褐煤为原料进行能量衡算；实验一段炉加热电压220 V，电流为0.3 A，转换效率为90%，热解时间32 min。表9-22和表9-23为各种物质的摩尔热值和各种物质的比热容。

表9-22　各种物质的比热容和摩尔热值

名称	褐煤	焦油	热解焦
比热容 [$C = kJ/(kg \cdot ℃)$]	—	2.09	1.38
热值/($J \cdot g^{-1}$)	26 250	36 784	30 000

表 9 – 23　各种物质的比热容和摩尔热值

分子式	H_2	CO	CH_4	CO_2
比热容(C_j = J/mol·℃)	28.82	29.12	35.31	37.1
摩尔热值(H_i = J/mol)	211 997	285 624	882 577	—

（1）系统的输入总能量

$$Q_{in} = Q_1 + Q_2 \qquad (9-11)$$

式中，Q_1 为煤的总热值，Q_2 为电阻产生的热能。

$$Q_1 = H_{gr}G_1 = 26\ 250\ \text{J/g} \times 20\ \text{g}/1\ 000 = 525\ \text{kJ}$$

式中，H_{gr} 为褐煤的热值，G_1 为煤的质量。

$$Q_2 = UIt\eta = 220\ \text{V} \times 0.33\ \text{A} \times 89.09\% \times 32 \times 60\ \text{s}/1\ 000 = 124.18\ \text{kJ}$$

式中，U 为电压，I 为电流，t 为时间，η 为转化率。

（2）系统输出的总能量

$$Q_{out} = Q_3 + Q_4 + Q_5 + Q_6 + Q_7 + Q_8 \qquad (9-12)$$

式中，Q_3 为热解气体的总热值，Q_4 为热解气体的显热，Q_5 为热解焦的化学热，Q_6 为热解焦的显热，Q_7 为焦油所含的化学热，Q_8 为焦油所含的显热。

$$Q_3 = \sum H_i n_i = 211\ 997\ \text{J/mol} \times a\text{mol} + 285\ 624\ \text{J/mol} \times b\text{mol} + 882\ 577\ \text{J/mol} \times c\text{mol}$$

式中，H_i 为可燃性气体的摩尔热值，n_i 为可燃性气体的物质量。

$$Q_4 = \sum C_i n_i T = (28.82\ \text{J/mol.℃} \times a\text{mol} + 29.12\ \text{J/mol.℃} \times b\text{mol} + 35.31\ \text{J/mol.℃} \times c\text{mol} + 37.1\ \text{J/mol.℃} \times d\text{mol}) \times 450\ ℃/1\ 000$$

式中，C_i 为热解气体比热容，n_i 为热解气体的物质量，T 为气体出口温度。

$$Q_5 = H_t G_2 = 36\ 784.18\ \text{J/g} \times 13.8\ \text{g}/1\ 000 = 507.62\ \text{kJ}$$

式中，G_2 为热解焦的质量，H_t 为热解焦的热值。

$$Q_6 = C_6 T G_2 = 1.38\ \text{kJ/kg·℃} \times 13.8\ \text{g}/1\ 000 \times 450\ ℃ = 8.5698\ \text{kJ}$$

式中，C_6 为热解焦比热容。

$$Q_7 = H_k G_3 = (0.602\ \text{g} \times 30\ 000\ \text{J/g})/1\ 000 = 18.06\ \text{kJ}$$

式中，H_k 为焦油的热值，G_3 为焦油的质量。

$$Q_8 = C_8 T G_3 = 0.602\ \text{g} \times 2.09\ \text{kJ/kg·℃} \times 450\ ℃/1\ 000 = 0.566\ \text{kJ}$$

式中，C_8 为焦油的比热容。

输入系统的总能量等于系统输出的总能量，即 $Q_{in} = Q_{out}$，

由假设可得：

$$224.96a + 298.704b + 898.49c + 16.695d = 114.365 \qquad (9-13)$$

联立方程式（9.5、9.6、9.7、9.10）解得：$a = 0.298$ mol，$b = 0.183$ mol，$c =$

0.068 mol，$d = 0.015\ 1$ mol。

4.裂解计算结果及分析

理论产气值与实际产气值的对比结果见表 9 - 24。

表 9 - 24　理论产气值与实际产气值对比

气体物质的量/mol	H_2	CH_4	CO	CO_2
理论值	0.298	0.183	0.068	0.015 1
实验值	0.322	0.179	0.073	0.014
误差	7.45%	-2.23%	6.8%	-7.86%

从表 9 - 24 中可以看出实验过程中产生的气量与理论值之间存在一定误差，这主要是由实验过程中产生的，但误差值都很小，这说明进行物料衡算和能量衡算的方法正确。

9.3.3　催化剂的表征

1.催化剂的 BET

不同催化剂反应前后的比表面积如表 9 - 25 所示。在表 9 - 25 中看最优水蒸气热解焦的改性条件使得比表面积最大，经过 ZnO 负载之后热解焦的比表面积变小，且随着负载量的增加比表面积而减小，主要原因经过负载的热解焦，在其内部形成 ZnO 颗粒，将热解焦的孔道堵塞，并且负载量越多，形成的氧化物颗粒也越多，堵塞孔道的也就越大，因此随着负载量的增加热解焦的比表面积变小。同时经过反应之后的比表面积也有了一个很大程度的下降，主要原因是有一部焦油分子被吸附在热解焦的表面，堵塞孔道，降低比表面积，反应后 ZHPC - 10% 和最优 HPC 的比表面积相差不多，因此证明了这一点。

表 9 - 25　催化剂的比表面积

热解焦	最优 HPC	ZHPC - 5%	ZHPC - 10%	ZHPC - 15%	反应后 ZHPC - 10%
BET($m^2 \cdot g^{-1}$)	331.149 5	268.132 3	231.561 8	199.247 3	148.754 3

2.ZnO 负载型催化剂的 XRD 图谱

不同负载 ZnO 负载量 ZnO/PC 催化剂的 XRD，如图 9 - 40 所示。

从图 9 - 40 中可以看出，金属负载的热解焦经过等离子焙烧改性之后，在催化剂上形成了两种金属氧化物分别是 ZnO 和 ZnO_2，金属氧化物的分散比较均匀,可以看出等离子体提高金属氧化物的分散性。ZnO 的衍射峰出现在 31.77°、34.42°、36.25°、47.54°、62.25°和67.97°的位置,形成了 ZnO 结晶体,结晶性和分散性均比较好。ZnO_2 的衍射峰出现在 31.7°、37°、53.2°和63.1°的位置,然而 ZnO_2 的稳定性很差,会发生反应:$ZnO_2 \rightarrow ZnO + 1/2\ O_2 \uparrow$,因此催化剂上形成 ZnO_2 的量非常少。在实际的催化裂解反应中起到催化作用的主要是 ZnO。

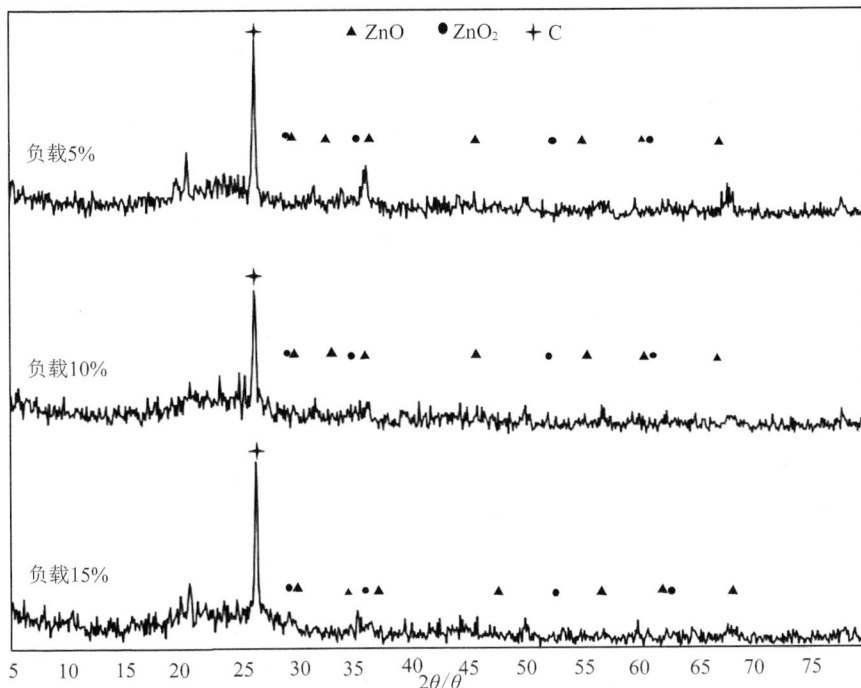

图 9 - 40　ZnO/PC 催化剂的 XRD 图谱

3. ZnO/PC 催化剂的 XPS 图谱

ZHPC - 10% 催化剂反应前后的 XPS,如图 9 - 41 和 9 - 42 所示。

图 9 - 41(c) O 分峰可知,催化剂中存在两种形式的氧,即为 531.8 eV 的晶格氧和 533.6 eV 的化学吸附氧,且晶格氧的强度明显高于化学吸附氧的强度,反应后的晶格氧面积减半,因此,反应后的晶格氧发生量较少。图 9 - 42(c) O 分峰可以知,经过催化裂解后,晶格氧的强度升高,化学吸附氧的强度降低,这说明在反应过程中晶格氧参与了反应,催化剂表面的锌氧化物发生了变化。从图 9 - 41(b) 和 9 - 42(b) 可以看出,催化剂表面金属锌的峰有两个,1 022 eV 为 Zn2 p3/2,1 045 eV 为 Zn2 p1/2,形成的氧化物均是 ZnO。对比图 9 - 41(b) 和 9 - 42(b),发现反应后 ZnO 的强度有所降低,这说明 ZnO 在反应中起到了主要作用。由 XRD 谱图可知,催化剂中含有较多的 ZnO,结合 XPS

可以更好地验证这个结果。这说明等离子体焙烧催化剂的过程中在其表面生成高活性的金属氧化物,有利于促进催化剂对气相焦油的裂解。

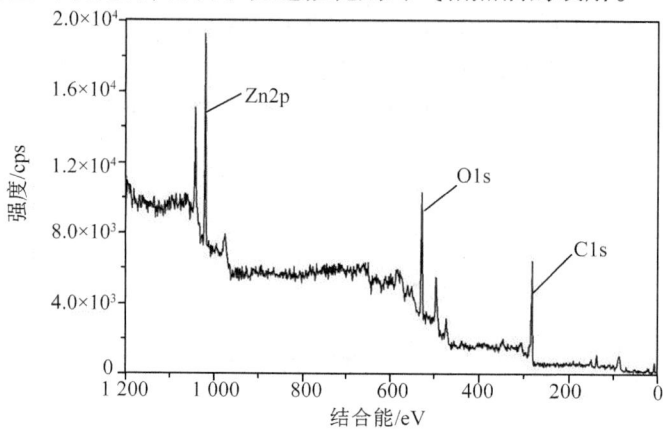

(a)

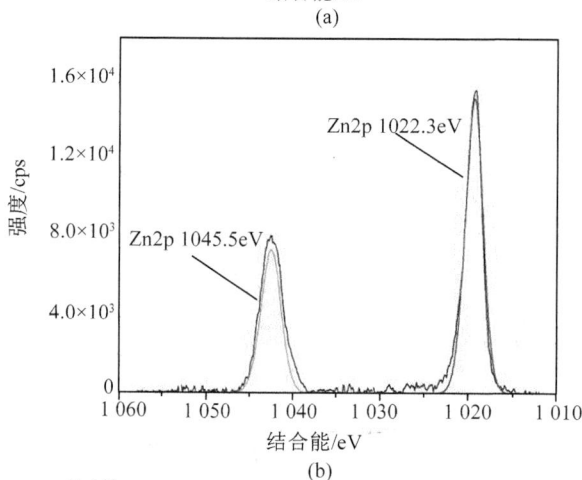

(b)

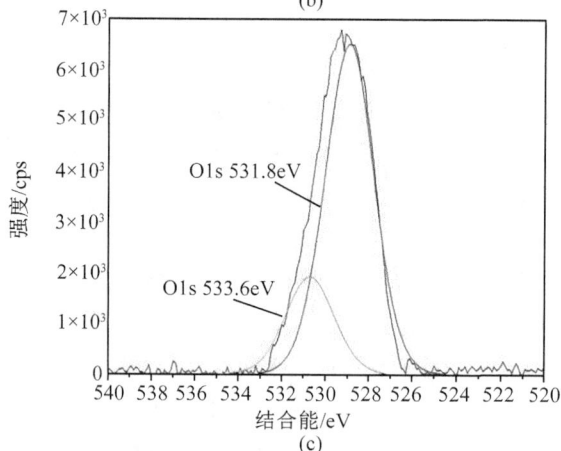

(c)

图 9 - 41 反应前 ZHPC - 10%

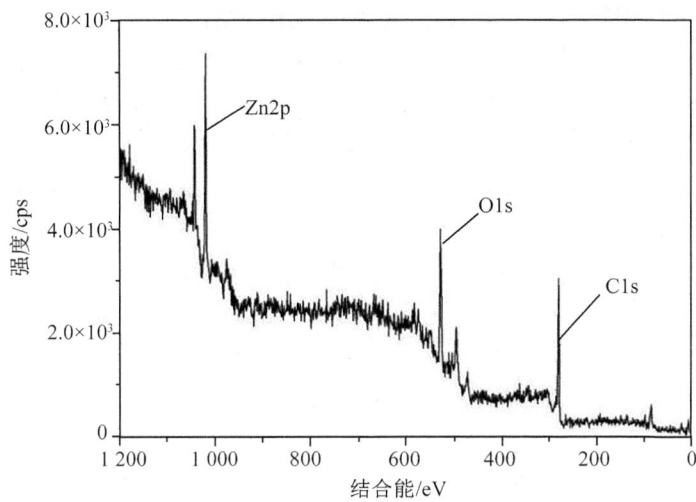

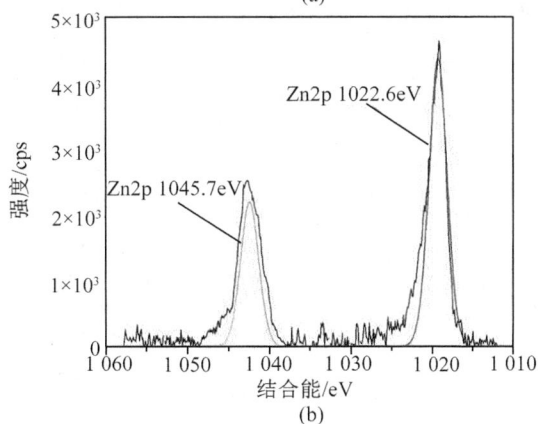

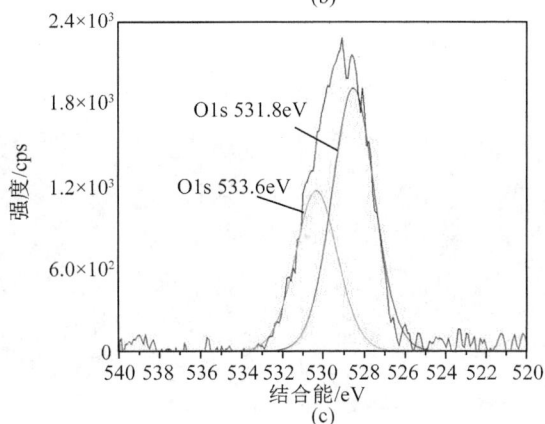

图 9 - 42　反应后 ZHPC - 10％

在整个催化裂解的过程中,起到主要催化作用的是 ZnO。ZnO 是 P 型半导体,有相当的非化学计量氧存在。由于煤在热解阶段主要产生了气态烃,氢气的生成主要是由于气态烃的氧化脱氢。气态烃在 ZnO 上的氧化脱氢机理可推断为:首先气态烃与 ZnO 中晶格氧[O]作用脱出一个 − H 生成烃基自由基,然后进一步脱出一个 − H 生成低阶烃类。为此,我们推测气态烃在 ZnO 催化剂上氧化脱氢的反应机理为:

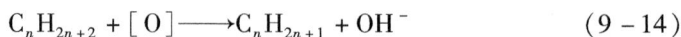

$$C_nH_{2n+2} + [O] \longrightarrow C_nH_{2n+1} + OH^- \tag{9-14}$$

$$C_nH_{2n+1} + [O] \longrightarrow C_nH_{2n} + OH^- \tag{9-15}$$

$$OH^- + OH \longrightarrow H_2 + 2[O] \tag{9-16}$$

表 9 − 26 是 ZHPC − 10% 反应前后的 XPS 数据。

表 9 − 26   ZHPC − 10% 反应前后的 XPS 数据

催化剂	原子轨道结构	结合能(eV)	状态物质	峰面积
ZHPC − 10%	Zn2 p3/2	1 022.3	ZnO	17 551
	Zn2 p1/2	1 045.5	ZnO	11 702
	O1 s	533.6	吸附氧	4 469
		531.8	晶格氧	10 022
反应后 ZHPC − 10%	Zn2 p3/2	1 022.6	ZnO	6 134
	Zn2 p1/2	1 045.7	ZnO	12 309
	O1 s	533.6	吸附氧	3 037
		531.8	晶格氧	4 998

4. ZnO/PC 催化剂的 SEM 图谱

ZHPC − 10% 催化剂反应前后的 SEM,如图 9 − 43 所示。

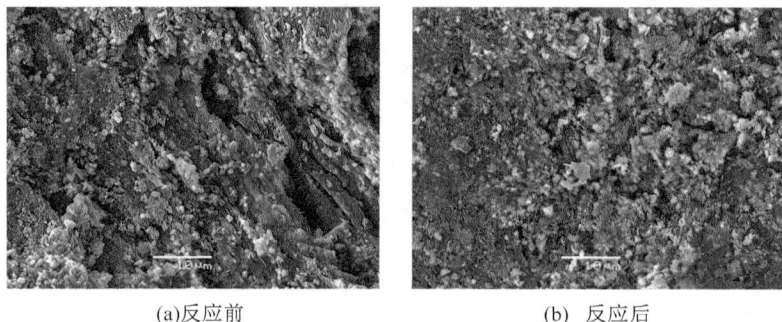

(a)反应前   (b) 反应后

图 9 − 43   ZHPC − 10% 反应前后的 SEM 图

在 9 - 43 图中可以看出,经过 ZnO 负载之后,热解焦的表面产生很多的颗粒物,推测这些颗粒物可能是氧化锌,这些颗粒物为气相焦油提供更多的活性位点。经过焦油裂解之后的 ZnO/PC 催化剂的颗粒发生了大的变化,颗粒物的量减少。因此,在裂解焦油的过程中很多的颗粒物被消耗,很多活性位点被消耗,达到了裂解焦油的效果。

9.3.4　小结

本节以最优水蒸气改性热解焦为原料,采用等体积浸渍的方法制备 ZnO 负载型热解焦催化剂,利用等离子体对负载型热解焦进行焙烧,研究负载量、焙烧时间和焙烧功率对焦油裂解的影响,研究结果表明:

(1)等离子体焙烧时间、焙烧功率和 ZnO 负载量对焦油裂解均有不同的影响,最优焙烧时间为 5 min,最优焙烧功率为 60 W 和最优负载量为 10% 。

(2)最优催化剂催化裂解焦油,相比原煤热解,产气体积由 9.9 L 提高到了 16.45 L,产气量提高了 66.16%;焦油由 1.324 g 下降到了 0.603 g,焦油裂解率提高了 54.46% 。

(3)以最优热解焦催化裂解焦油,轻质焦油有了很大提高,其中轻油、酚油、萘油、洗油由 7.05%、6.32%、3.22%、10.24% 提高到了 13.6%、14.3%、11.5%、21.3%,分别提高了 92.91%、126.27%、257.14%、108.01%;蒽油和沥青由 28.62%、31.48% 降低到了 20.9%、18.4%,降低了 26.97%、41.55%;因此,提高了焦油的裂解。

9.4　结论与展望

9.4.1　结论

褐煤热解后产生的热解焦作为载体,选取不同的终温和不同的热解恒温时间制取热解焦,利用不同的气体(H_2O、CO_2、NH_3)对其进行改性,采用等体积浸渍的方法在其表面负载 ZnO,并用等离子体对其进行焙烧,制备出 ZnO 负载型热解焦催化剂,用来对煤热解后的一次产物进行裂解,制备更多气体和提高焦油品质。考察了不同热解终温、不同恒温时间、不同气体改性及不同改性条件、等离子体不同焙烧条件以及 ZnO 不同负载量对煤热解产物的影响,并使用元素分析法、XRD、FITR、SEM 和 XPS 等手段对催化剂进行表征,进一步确定催化剂的结构和性质对其催化剂活性的影响。结果表明:

(1)以二段炉连接的形式在二段裂解炉中放入热解焦催化剂比不放催化剂时产生的气体总量多,焦油质量减少,减少的焦油质量被催化裂解生成气体,因此气体产量提高;同时,焦油成分中的轻质组分含量也有很大提高。

(2)选取不同的热解终温和热解恒温时间制备热解焦,得出最优的制备条件为:终温 750 ℃、恒温时间 2 h,在最优条件下制备的热解焦的挥发分最少,因此,不论是工业应用还是实验操作都使用的热解焦的性质最稳定。

(3)对最优热解焦进行改性时,选取不同的改性气体、不同改性流量、不同改性温度和不同改性时间对热解焦进行改性,利用改性的热解焦对焦油进行裂解实验,结果表明:水蒸气对热解焦的改性效果最好,更大程度提高了焦油的裂解;且水蒸气改性热解焦的最优改性流量为 450 mL/min、最优改性温度为 650 ℃和最优改性时间为 60 min,更大程度地提高了焦油的裂解效率,以及气体产量。

(4)通过等体积浸渍的方法制备等离子体焙烧 ZnO 负载型热解焦催化剂,进行焦油裂解实验,研究结果表明,等离子体的最优焙烧功率为 60 W,最优焙烧时间为 8 min 时,对焦油的裂解效果最好,焦油裂解率最高,气体产量最高;在此基础上研究了 ZnO 不同负载量(5%、10%、15%)的热解焦对焦油裂解产物的影响,研究结果表明,负载量为 10% 的催化剂的效果最好。

(5)最优等离子体焙烧 ZnO 负载热解焦催化剂对焦油裂解,被裂解焦油质量提高了 119.8%,气体产量提高了 66.2%,焦油中轻油、酚油、萘油和洗油的总含量提高了 85.8%。

9.4.2 展望

热解焦作为煤热解后产生的废弃物,将其作为载体来制备成负载型催化剂,不仅可以对煤热解产生的焦油进行裂解,产生更多的气体并提高焦油的品质,而且还可以变废为宝,将废弃的热解焦合理的利用,可以节约更多的能源。

在今后的研究中,我们会对热解焦进行更深一步的研究,制备出催化效果更好、性能更加稳定的热解焦催化剂,然后将其应用到工业中,使得低阶煤能够得到更好的利用。

参 考 文 献

[1]王海宁.中国煤炭资源分布特征及其基础性作用新思考[J].中国煤炭地质,
2018,30(07):5-9.

[2]张博,彭苏萍,王佟.构建煤炭资源强国的战略路径与对策研究[J].中国工
程科学,2019,21(01):88-96.

[3]李美莹,王航,尹时雨.我国煤炭资源特点及其利用[J].当代石油石化,
2015,23(11):24-28.

[4]苏天雄.浅谈我国低阶煤资源分布及其利用途径[J].广东化工,2012,39
(06):133-134.

[5]傅小康,霍永忠,陈东,等.中国低阶煤储层特征分析[J].中国煤层气,2006
(02):42-46.

[6]王胜春,余振杰,张德祥.溶剂预处理对淮南煤热解产物分布的影响[J].华
东理工大学学报(自然科学版),2016,42(3):335-342.

[7]FIDALGO B,NIEKERK D V,MILLAN M. The effect of syngas on tar quality
and quantity in pyrolysis of a typical South African inertinite-rich coal[J].
Fuel,2014,134(9):90-96.

[8]OKUMURA Y. Effect of heating rate and coal type on the yield of functional tar
components[J]. Proceedings of the Combustion Institute,2017,36(2):
2 075-2 082.

[9]赵树昌,刘桂香,董振温,等.舒兰褐煤快速热解过程温度对焦油化学组成的
影响[J].大连理工大学学报,1982(4):103-109.

[10]LI D,LI Z,LI W,et al. Hydrotreating of low temperature coal tar to produce
clean liquid fuels[J]. Journal of Analytical & Applied Pyrolysis,2013,100
(6):245-252.

[11]KUSY J,ANDEL L,SAFAROVA M,et al. Hydrogenation process of the tar
obtained from the pyrolysis of brown coal[J]. Fuel,2012,101(6):38-44.

[12]TANG W,FANG M,WANG H,et al. Mild hydrotreatment of low temperature
coal tar distillate:Product composition[J]. Chemical Engineering Journal,
2014,236(2):529-537.

［13］王夺,刘运权.生物质气化技术及焦油裂解催化剂的研究进展［J］.生物质化学工程,2012,4(2):39-47.

［14］邹献武.提高焦油品质的煤催化热解研究［D］.北京:中国科学院过程工程研究所,2007.

［15］WU Z, YANG W, TIAN X, et al. Synergistic effects from co-pyrolysis of low-rank coal and model components of microalgae biomass［J］. Energy Conversion & Management, 2017, 135: 212-225.

［16］郝丽芳,李松庚,崔丽杰,等.煤催化热解技术研究进展［J］.煤炭科学技术,2012,40(10):108-112.

［17］张晶,张生军,周凡,等.煤催化热解研究现状［J］.煤炭技术,2014,33(4):238-241.

［18］梁丽彤,黄伟,张乾,等.低阶煤催化热解研究现状与进展［J］.化工进展,2015,34(10):3 617-3 622.

［19］XU S, ZHOU Z, XIONG J, et al. Effects of alkaline metal on coal gasification at pyrolysis and gasification phases［J］. Fuel, 2011, 90 (5):1 723-1 730.

［20］黄秀红.三氧化钼催化剂的制备及其在煤催化热解中的应用［D］.青岛:青岛科技大学,2014.

［21］闫伦靖,孔晓俊,白永辉,等.Mo 和 Ni 改性的 HZSM-5 催化剂对煤热解焦油的改质［J］.燃料化学学报,2016,44(1):30-36.

［22］MA Z, MA X, LUO J, et al. Catalytic hydro pyrolysis of five Chinese coals［J］. Energy & Fuels, 2012, 26 (1): 511-517.

［23］孙任晖,高鹏,刘爱国,等.低阶煤催化热解研究进展及展望［J］.洁净煤技术,2016,22(1):54-59.

［24］韩江则,刘少杰,申淑锋.半焦催化裂解原位煤热解焦油的研究［J］.现代化工,2017(2):62-65.

［25］王兴栋,韩江则,陆江银,等.半焦基催化剂裂解煤热解产物提高油气品质［J］.化工学报,2012,63(12):3 897-3 905.

［26］HAN J, LIU X, YUE J, et al. Catalytic upgrading of in situ coal pyrolysis tar over Ni-Char catalyst with different additives［J］. Energy & Fuels, 2014, 28 (8): 4 934-4 941.

［27］ZHU Y, CHEN X, WANG Y, et al. Online study on the catalytic pyrolysis of bituminous coal over HUSY and HZSM-5 with photoionization time-of-flight mass spectrometry［J］. Energy & Fuels, 2015, 30(3):1 598-1 604.

［28］KONG X, BAI Y, YAN L, et al. Catalytic upgrading of coal gaseous tar over Y-type zeolites［J］. Fuel, 2016, 180:205-210.

[29] LI G, YAN L, ZHAO R, et al. Improving aromatic hydrocarbons yield from coal pyrolysis volatile errproducts over HZSM – 5 and Mo-modified HZSM – 5 [J]. Fuel, 2014, 130(7): 154 – 159.

[30] 何媛媛. HZSM – 5 分子筛对煤热解气态焦油催化改质的研究[D]. 太原：太原理工大学, 2017.

[31] LI S, CHEM J, HAO T, et al. Pyrolysis of Huang Tu Miao coal over fau-jasite zeolite and supported transition metal catalysts[J]. Journal of Analytical & Applied Pyrolysis, 2013, 102(7): 161 – 169.

[32] 吕明超. 煤中挥发分测定影响因素的研究[J]. 煤质技术, 2013(04): 11 – 15.

[33] 许邦. 褐煤及液化残渣共热解特性研究[D]. 北京：中国矿业大学, 2014.

[34] 张蕾, 舒新前. 制备条件对煤热解制氢用 $NiO/\gamma-Al_2O_3$ 催化剂活性影响的研究[J]. 煤炭工程, 2010(11): 100 – 103.

[35] TYLER R J. Flash pyrolysis of coals. Devolatilization of bituminous coals in a small fluidized-bed reactor[J]. Fuel, 1980(04): 218 – 226.

[36] 甄明. 四种不同变质程度煤热解过程研究[D]. 呼和浩特：内蒙古工业大学, 2015.

[37] 朱学栋, 朱子彬. 煤化程度和升温速率对热分解影响的研究[J]. 煤炭转化, 1999, 22(02): 43 – 47.

[38] OZTAS NA, YURUN Y. Pylolysis of Turkish Zonguldak bituminous coal, Part 1. Effect of mineral matter[J]. Fuel, 2000, 79(10): 1 221 – 1 227.

[39] 谢克昌, 赵明举, 凌大琦. 矿物质对煤焦表面性质和煤焦 – CO_2 气化反应的影响[J]. 燃料化学学报, 1990(04): 316 – 319.

[40] 杨玉坤, 王勤辉, 陈朋, 等. CaO 对煤热解的影响[J]. 燃烧科学与技术, 2019, 25(02): 99 – 104.

[41] 郭延红, 伏瑜. Fe_2O_3/CaO 复合催化剂对低阶煤催化热解行为的影响[J]. 煤炭科学技术, 2017, 45(04): 181 – 187.

[42] Nursen A O, Yuda Y. Effect of catalysts on the pyrolysis of Turkish Zonguldak bituminous coal[J]. Energy and Fuel, 2000(04): 820 – 827.

[43] 公旭中, 郭占成, 王志. Fe_2O_3 对高变质程度脱灰煤热解反应性与半焦结构的影响[J]. 化工学报, 2009, 60(09): 2 321 – 2 326.

[44] NEL M V, CHRISIEN A S, HAROLD H S, et al. Comparison of sintering and compressive strength tendencies of a model coal mineral mixture heat-treated in insert and oxidizing atmosphere[J]. Fuel Processing Technology, 2011(05): 1 042 – 1 051.

［45］石晓莉,陈水渺,孙宝林,等.不同水分褐煤快速热解试验研究［J］.洁净煤技术,2018,24(04):60-64,71.

［46］王涛,沈迎,任乾超.不同升温速率下煤粉热解特性研究［J］.青海电力,2018,37(02):22-29,40.

［47］李凯,孟迎,袁秋华.煤间接液化技术的发展现状及工程化转化［J］.煤炭与化工,2017,40(08):34-36.

［48］ATWOOD M, SCHULMAN B. Toscoal process emdash pyrolysis of western coals and lignites for char and oil production［J］. Preprints of Papers American Chemical Society Division of Fuel Chemical, 1997, 22(2): 233-252.

［49］OUGLAS H C, CHRISTOPHER J L. Application of the toscoal process to the electric utility industry［J］. Proceedings-Annual International Conference Coal Gasification, Liquefaction and Conversion, 1982:294-317.

［50］武文丽.基于节能减排的煤低温干馏工艺改进研究［D］.兰州:兰州大学,2014.

［51］郭树才.煤化工工艺学［M］.北京:化学工业出版社,2006.

［52］韩峰,张衍国,蒙爱红,等.煤的低温干馏工艺及开发［J］.煤炭转化,2014,37(03):90-96.

［53］杨生智.低阶煤中低温热解工艺技术研究进展及展望［J］.化工设计通讯,2018,44(04):11.

［54］鲍卫仁,关有俊,吕永康,等.等离子体煤热解与气化工艺的研究进展［J］.现代化工,2003(12):10-14.

［55］杨晓霞,田大香,黄银.钴系催化剂对神府煤热解油收率及品质的影响［J］.煤炭技术,2018,37(05):296-298.

［56］闫伦靖,孔晓俊,白永辉,等.Mo 和 Ni 改性的 HZSM-5 催化剂对煤热解焦油的改质［J］.燃料化学学报,2016,44(01):30-36.

［57］LI S, CHEN J, HAO T, et al. Pyrolysis of Huang Tu Miao Coal over Fanjasite Zeolite and Supported Transition metal catalysts［J］. Journal of Analytical and Applied Pyrolysis, 2013, 102: 161-169.

［58］赵洪宇,李玉环,宋强,等.氧化钙对褐煤和无烟煤热解特性影响［J］.西安科技大学学报,2016,36(01):80-85.

［59］张军民,刘弓.低温煤焦油的综合利用［J］.煤炭转化,2010,33(03):92-96.

［60］姚春雷,全辉,张忠清.中、低温煤焦油加氢生产清洁燃料油技术［J］.化工进展,2013,32(03):501-507.

［61］李学强,郑化安,张生军,等.中低温热解煤气利用途径分析及建议［J］.广

州化工,2016,44(01):147-149.

[62]李世杰.浅谈激光自动焊接技术在二次电池制造中的应用[J].化工管理,2018(10):76-77.

[63]王建国,赵晓红.低阶煤清洁高效梯级利用关键技术与示范[J].中国科学院院刊,2012,27(3):382-388.

[64]LI Y L,WU Z S. Effects of catalytic cracking conditions on biomass tar cracking[J]. Journal of Tsinghua University(Science and Technology),2009,49(02):253-256.

[65]常娜,甘艳萍,陈延信.升温速率及热解温度对煤热解过程的影响[J].煤炭转化,2012,35(3):1-5.

[66]熊杰,周志杰,许慎启.碱金属对煤热解和气化反应速率的影响[J].化工学报,2011,62(01):192-198.

[67]IBARRA J,PALACIOS J,MOLINER R,et al. Evidence of reciprocal organic matter-pyrite interactions affecting sulfur removal during coal pyrolysis[J]. Fuel,1994,73(7):1 046-1 050.

[68]BASSILAKIS R,ZHAO Y,SOLOMON P R,et al. Sulfur and nitrogen evolution in the Argonne coals. Experiment and modeling[J]. Energy & Fuels,1993,7(6):710-720.

[69]韩德虎,胡耀青,王进尚.煤热解影响因素分析研究[J].煤炭技术,2011(7):164-166.

[70]卫小芳,刘铁峰,黄戒介.澳大利亚高盐煤中钠在热解过程中的形态变迁[J].燃料化学学报,2010,38(2):144-148.

[71]刘灿伟.我国低碳能源发展战略研究[D].济南:山东大学,2010.

[72]张秀霞.焦炭燃烧过程中氮转化机理与低 NOx 燃烧技术的开发[D].杭州:浙江大学,2012.

[73]范冬梅.低阶煤热解半焦的气化反应特性研究[D].中国科学院研究生院:工程热物理研究所,2013.

[74]ZZHANG L,CHEN J H. Preparation of hydrogen-rich gas by heavy tar cracking with pyrolysis coke catalyst modified by plasma[J]. Energy Sources Part A Recovery Utilization & Environmental Effects,2017,39(15):1 647-1 657.

[75]BEJARANO C A,JIA C Q,CHUNG K H. A Study on Carbothermal Reduction of Sulfur Dioxide to Elemental Sulfur Using Oilsands Fluid Coke[J]. Environmental Science & Technology,2001,35(4):800-804.

[76]彭锦.CO$_2$气氛下高灰分劣质煤气化特性研究[D].重庆:重庆大学,2012.

[77]朱亦男.微波热解褐煤生成热解气的特性研究[D].武汉:武汉科技大

学,2015.

[78] 赵聪,阎志中,杨颂.煤热解过程中氮元素迁移规律影响因素[J].应用化工,2018,14(04):208-211.

[79] 陈丽丽,刘守军,杨颂.炭基燃料燃烧利用过程中 NO_x 释放控制技术进展[J].应用化工,2018,47(10):241-248.

[80] 吴爱坪,潘铁英,史新梅.中低阶煤热解过程中自由基的研究[J].煤炭转化,2012,35(02):1-5.

[81] 郝丽芳,李松庚,崔丽杰.煤催化热解技术研究进展[J].煤炭科学技术,2012,40(10):108-112.

[82] ARTHUR M J R, YUAN W, BOYETTE M D. In-Chamber thermocatalytic tar cracking and syngas reforming using Char-Supported niocatalyst in an updraft biomass gasifier [J]. International Journal of Agricultural and Biological Engineering, 2014, 7(6): 91.

[83] 袁帅,陈雪莉,李军.煤快速热解固相和气相产物生成规律[J].化工学报,2011,62(5):1 382-1 388.

[84] 赵丽红,楚希杰,辛桂艳.煤热解特性及热解动力学的研究[J].煤质技术,2010(1):40-42.

[85] 李珍,李稳宏,胡静.中低温煤焦油加氢技术对比与分析[J].应用化工,2012,41(2):337-340.

[86] GERBER M A. Review of Novel Catalysts for Biomass Tar Cracking and Methane Reforming[J]. Technical Report, 2007.

[87] 付鹏.生物质热解气化气相产物释放特性和焦结构演化行为研究[D].武汉:华中科技大学,2010.

[88] LUO S, MAJUMDER A, CHUNG E. Conversion of Woody Biomass Materials by Chemical Looping Process-Kinetics, Light Tar Cracking, and Moving Bed Reactor Behavior[J]. Industrial & Engineering Chemistry Research, 2013, 52 (39): 14 116-14 124.

[89] 王向辉,门卓武,许明.低阶煤粉煤热解提质技术研究现状及发展建议[J].洁净煤技术,2014(6):36-41.

[90] 王晋伟.升温速率对煤热解特性的影响[J].山西煤炭,2010,30(11):66-67.

[91] HUSÁR, JAKUB, HAYDARY J, et al. Potential of tire pyrolysis char as tar-cracking catalyst in solid waste and biomass gasification[J]. Chemical Papers, 2019,22(73):2 091-2 101.

[92] SIAHAAN S, HOMMA H, HOMMA H. Development of secondary chamber for

tar cracking-improvement of wood pyrolysis performance in prevacuum chamber [J]. 2018,308(1):42 - 47.

[93] 刘源,贺新福,杨伏生. 热解温度及气氛变化对神府煤热解产物分布的影响 [J]. 煤炭学报,2015,40(S2):497 - 504.

[94] 何选明,潘叶,陈康. 生物质与低阶煤低温共热解转化研究[J]. 煤炭转化, 2012,35(4):82 - 84.

[95] 石金明. 典型煤种热解气化特性研究[D]. 武汉:华中科技大学,2010.

[96] 马利锦. 煤焦燃烧过程中燃料氮转化规律研究[D]. 哈尔滨:哈尔滨工业大 学,2013.

[97] 范冬梅. 低阶煤热解半焦的气化反应特性研究[D]. 北京:中国科学院大 学,2013.

[98] 刘子姣,芦晓芳. 生物质焦油裂解用催化剂研究进展[J]. 资源节约与环保, 2014(10):66 - 67.

[99] 梁鹏,张亚青,魏爱芳. 镍基焦油裂解催化剂再生特性及粉尘作用机理研究 [J]. 燃料化学学报,2014(8):945 - 951.

[100] 孙亭亭,肖军,宋敏. 铜基催化剂对不同气氛下麦秆热解产生焦油和芳烃 的作用[J]. 发电设备,2018,255(03):20 - 26.

[101] SHEN Y, CHEN X, WANG J, et al. Oil sludge recycling by ash-catalyzed pyrolysis-reforming processes[J]. Fuel, 2016, 182: 871 - 878.

[102] 罗阳成,刘升学,卿德藩. 焦油裂解低压引射式燃烧器的结构优化研究 [J]. 南华大学学报(自然科学版),2015(1):75 - 79.

[103] 孟献梁,刘亚军,褚睿智. 贫瘦煤 - 柳木气化焦油裂解研究[J]. 煤炭技术, 2017(01):310 - 312.

[104] 王聪哲,许桂英. 天然非均相焦油裂解催化剂研究进展[J]. 现代化工, 2018,38(12):40 - 44.

[105] 黄黎明,马凤云,刘月娥. 煤热解耦合焦油裂解对焦油品质的影响[J]. 煤 炭学报,2016,41(06):1 533 - 1 539.

[106] 刘殊远,汪印,武荣成. 热态半焦和冷态半焦催化裂解煤焦油研究[J]. 燃 料化学学报,2013(1):1 041 - 1 049.

[107] 马晨,罗思义,卜庆洁. 焦油模型化合物萘裂解耦合铁矿直接还原炼铁 [J]. 可再生能源,2015,33(7):109 - 110.

[108] 韩江则,刘少杰,申淑锋. 半焦催化裂解原位煤热解焦油的研究[J]. 现代 化工,2017(02):68 - 71.

[109] 王金玉,李勇鹏,巩建. 煤焦油化学链气化裂解产物与载氧体反应趋势研 究[J]. 青岛大学学报(工程技术版),2018,1(33):69 - 72.

[110] HUSÁR, JAKUB, HAYDARY J, et al. Potential of tire pyrolysis char as tar-cracking catalyst in solid waste and biomass gasification [J]. Chemical Papers, 2019,73(8):2 091 - 2 101.

[111] ZHANG L, CHEN J H. Preparation of hydrogen-rich gas by heavy tar cracking with pyrolysis coke catalyst modified by plasma [J]. Energy Sources Part A Recovery Utilization & Environmental Effects, 2017, 39(15):1 647 - 1 657.

[112] 申恬,王永刚,程相龙,等.不同水蒸气浓度下褐煤气化半焦的活化及机理 [J].燃料化学学报,2017,45(5):513 - 522.

[113] CHEN J P, Wu S N. Acid/Base-Treated Activated Carbons：Characterization of Functional Groups and Metal Adsorpive Properties [J]. Langmuir, 2004, 20：2 233 - 2 242.

[114] 卢雯婷,陈敬超,冯晶,等.贵金属催化剂的应用研究进展[J].稀有金属材料与工程,2012,41(1):185 - 186.

[115] 黄小瑜,李冠伦,于开录,等.等离子体制备催化剂的研究进展[J].舰船防化,2010,5(5):1 - 3.

[116] LI H, TANG X L, YI H H, et al. Low-temperature catalytic oxidation of NO over Mn-Ce-O$_X$ catalyst[J]. Journal of earths, 2010, 28(1)：64.

[117] 徐文青,赵俊,王海蕊,等.TiO$_2$负载Mn-Co复合氧化物催化剂上NO催化氧化性能[J].物理化学学报,2013,29(2):385 - 390.

[118] INABA M, MURATA K, SAITO M, et al. Hydrogen production by gasification of cellulose over Ni catalyss supported on zeolites[J]. Energy & Fuels, 2016, 20(2):432 - 438.

[119] ZENG X, WANG Y, YU J, et al. Coal Pyrolysis in a Fluidized Bed for Adapting to a Two-Stage Gasification Process[J]. Energy Fuels, 2011, 25(3):1 092 - 1 098.

[120] 冯勇强.火花放电等离子体活化CH$_4$ - CO$_2$重整与煤热解耦合过程研究 [D].大连:大连理工大学,2016.

[121] 何家平.射频热等离子体反应器模拟及优化[D].北京:中国科学院大学（中国科学院过程工程研究所）,2017.

[122] TRINH Q H, MOK Y S. Environmental plasma-catalysis for the energy-efficient treatment of volatile organic compounds [J]. Korean Journal of Chemical Engineering, 2016, 33(3)：735 - 748.

[123] LELIEVRE C, PICKLES C A, HULTGREN S. Plasma-Augmented Fluidized Bed Gasification of Sub-bituminous Coal in CO$_2$ - O$_2$ Atmospheres[J]. High Temperature Materials & Processes, 2016, 35(1):89 - 101.

[124]孙任晖,高鹏,刘爱国,等.低阶煤催化热解研究进展及展望[J].洁净煤技术,2016,22(1):54-59.

[125]YANG G X, LI Y L, CHEN S S, et al. Summary of 100 000 t/a high temperature coal tar hydrogenation plant technology calibration [J]. Coal Chemical Industry, 2011, 39(2): 39-43.

[126]YAN J, LV C S, L A H, et al. Production of gasoline and diesel oil by Hydrogenation of high tempetature coal tar[J]. Petrochemical Technology, 2014, 35(1):33-36.

[127]HUANG Y P. Study on slurrybed hydrocracking reactions of high temperature coal tar[J]. Clean coal technology, 2011, 17(3): 61-63.